AWSによる
サーバーレス
アーキテクチャ

Peter Sbarski 著
長尾 高弘 訳
吉田 真吾 監修

本書内容に関するお問い合わせについて

このたびは翔泳社の書籍をお買い上げいただき、誠にありがとうございます。弊社では、読者の皆様からのお問い合わせに適切に対応させていただくため、以下のガイドラインへのご協力をお願い致しております。下記項目をお読みいただき、手順に従ってお問い合わせください。

●ご質問される前に

弊社Webサイトの「正誤表」をご参照ください。これまでに判明した正誤や追加情報を掲載しています。

　　正誤表　　　　http://www.shoeisha.co.jp/book/errata/

●ご質問方法

弊社Webサイトの「刊行物Q&A」をご利用ください。

　　刊行物Q&A　　http://www.shoeisha.co.jp/book/qa/

インターネットをご利用でない場合は、FAXまたは郵便にて、下記"愛読者サービスセンター"までお問い合わせください。

電話でのご質問は、お受けしておりません。

●回答について

回答は、ご質問いただいた手段によってご返事申し上げます。ご質問の内容によっては、回答に数日ないしはそれ以上の期間を要する場合があります。

●ご質問に際してのご注意

本書の対象を越えるもの、記述個所を特定されないもの、また読者固有の環境に起因するご質問等にはお答えできませんので、あらかじめご了承ください。

●郵便物送付先およびFAX番号

送付先住所　　〒160-0006　東京都新宿区舟町5
FAX番号　　　03-5362-3818
宛先　　　　　（株）翔泳社　愛読者サービスセンター

※本書に記載されたURL等は予告なく変更される場合があります。
※本書の出版にあたっては正確な記述につとめましたが、著者や出版社などのいずれも、本書の内容に対してなんらかの保証をするものではなく、内容やサンプルに基づくいかなる運用結果に関してもいっさいの責任を負いません。
※本書に掲載されているサンプルプログラムやスクリプト、および実行結果を記した画面イメージなどは、特定の設定に基づいた環境にて再現される一例です。
※本書に記載されている会社名、製品名はそれぞれ各社の商標および登録商標です。
※本書では™、®、©は割愛させていただいております。

Serverless Architectures on AWS: With examples using AWS Lambda
by Peter Sbarski
ISBN 9781617293825

Original English language edition published by Manning Publications
Copyright © 2017 by Manning Publications
Japanese-language edition copyright © 2018 by SHOEISHA Co., LTD.
All rights reserved.
Japanese translation rights arranged with
Waterside Productions, Inc.
through Japan UNI Agency, Inc., Tokyo

序文

　1つのことをしっかりと行うプログラムを書け。組み合わせて使えるように設計されたプログラムを書け。これは、UNIXの考え方の中心であり、UNIXを設計したKen Thompsonが述べたことです。近年になって、現代の分散システムでは、この教えにある「プログラム」という言葉は「サービス」という言葉に置き換えられることが、Google、Netflix、Uber、Airbnbなどの企業によって実証されました。この考え方の最も新しいバリエーションであるサーバーレスコンピューティングは、プラットフォームにホストされたサービスと自己管理インフラストラクチャとをインテリジェントに結合することが開発時間の短縮と運用コストの削減に大きな効果を生むことを示しています。

　『AWSによるサーバーレスアーキテクチャ（原書名：Serverless Architecture on AWS）』は、発展途上のサーバーレスのデザインパターンと実践的で地に足のついたケーススタディを絶妙のバランスで融合させ、初心者にも上級者にも適した本に仕上がっています。サーバーレスは新しい分野ですが、著者は重要ポイントを外さずに、さまざまなテーマを深く説明することに成功しています。彼は、執筆に情熱を傾け、細部に目配りを効かせながら、知識の宝庫を惜しげもなく分け与えてくれています。

　サーバーレスコンピューティングは、ソフトウェアアーキテクチャの根本的なシフトを要求し、多くのパラダイムシフトと同様に、従来の慣習の一部を捨てなければ習得できません。著者は、新しいテクノロジーに夢中になりつつも、新しいタイプのアーキテクチャの長所と限界をしっかりと指摘しています。しかも、実際にサーバーレスアーキテクチャを稼働するまでの自分自身の経験から得た洞察も披露してくれています。「口で言うだけでなく、行動せよ」という態度で書かれた本書はサーバーレスの最高の成果を示すものであり、読者のみなさんのビジネスの成功を助けるでしょう。

DevOps戦士、DevOpsDays創設者、
Small Town Heros CTO[1]
Patrick Debois

※1　原書執筆時。

序文

アプリケーションの開発、テスト、デリバリーを根本から変化させたテクノロジーはたくさんあります。クラウドコンピューティングとさまざまな形態の「as-a-service」は、アプリケーション開発とデリバリーの定義を変えたテクノロジーの例です。多くの企業が新しいテクノロジーを活用しようとして苦闘し、ときには失敗してきました。失敗の最大の原因は、まったく新しいテクノロジーに古いアーキテクチャとプログラミングモデルを当てはめようとしたことです。しっかりと設計、実装、デリバリーされたクラウドアプリケーションは、従来のアプリケーションとは根本的に違います。本書は、新しいアプリケーションアーキテクチャを見事に解説し、成功するための方法を実践的に詳しく教えてくれています。

IaaS（Infrastructure as a Service）、SaaS（Software as a Service）、PaaS（Platform as a Service）は、オンプレミスのアプリケーションとインフラストラクチャアーキテクチャのクラウド版です。これらのモデルは価値を与えてくれますが、決してクラウドのポテンシャルを最大限に引き出すことはできません。SaaSは、ビジネス問題の半ば標準的なソリューションとなっていますが、ターゲットが絞り込まれたアプリケーションの開発、デプロイを実現してはいません。IaaSとPaaSは、リソースを効率よく使えるようにしてくれますが、サーバーインフラストラクチャの設定、管理にかかるコストを下げてくれるわけではありません。これらのモデルでは、ウェブを介して呼び出せるAPIの爆発的な増加によるAPI経済の形成についていくことはできないのです。サーバーソフトウェアのコストを削減し、ターゲットを絞ったクラウドアプリケーションをスピーディに開発、デプロイ、管理するために必要な柔軟性を与えてくれるアーキテクチャは、サーバーレスアーキテクチャだけです。

本書第1部の「はじめの一歩」は、サーバーレスアーキテクチャを構築するための基礎知識を教えてくれます。この部分では、サーバーレスアーキテクチャの本質的な特長とメリットを教えてくれます。このテクノロジーの長所、短所と選択基準の明快な説明が含まれているだけでなく、アーキテクチャのデザインパターンも紹介してくれているところが重要です。デザインパターンを通じてベストプラクティスを理解していくことは、革命的なコンピューティングテクノロジーの導入を成功させるためにもっとも重要なことです。この部分では、著者がサーバーレスアーキテクチャを使って実装した本物のソリューションのコンテキストの中で、パターンを説明してくれています。「コードはおしゃべりに勝る」私が本書をおすすめする最大の理由は、著者が実践的な経験を持ち、成功を収めていることです。

人々は、とかく特定のテクノロジー、たとえばLambda関数とサーバーレスを同一視する過ちを犯します。サーバーレスアーキテクチャはそれよりもずっと広く、UI設計、Pub/Subインフラストラクチャ、ワークフロー／オーケストレーション、アクティブデータベース、APIゲートウェイとその管理、データサービスなども含んだものです。これらのテクノロジーがたばになってか

かってくると、圧倒されるでしょう。本書はこういった関連テクノロジーの役割と使い方をきちんと説明してくれます。そして、実際に動作するアプリケーションを作りながら、これらのテクノロジーについて、AWSでの使い方を詳しくステップバイステップで教えてくれます。テクノロジーを繰り返し確実に利用できるようになるためには、最初のクックブック、チュートリアルが大切です。

どのようなアプリケーションでも、データ層とセキュリティはアーキテクチャの中で最も難しい部分です。本書には、この2つのテーマを詳しく説明する部分が含まれています。その部分では、概念（たとえば認証と認可）を説明し、アプリケーションのシナリオ（たとえばウェブアプリケーション）の中に概念を位置づけ、設計、実装方法の具体的で詳細な例を示しています。Auth0やGoogle Firebaseなど、AWS以外のテクノロジーの使い方も細かく説明されています。

私の会社は、AWSとサーバーレスアーキテクチャを使ってソリューションを構築しているところです。その過程で、私は本書と著者の他の作品が私たちの前進のために必要不可欠だということを感じました。私はコロンビア大学でコンピュータ科学の高度なテーマを教えており、授業ではインターネットアプリケーションとクラウドアプリケーションに的を絞って説明しています。本書の内容は、私が教えていることの多くの基礎となっています。私の経験からも、本書はクラウドコンピューティングを活用するために必要不可欠な、画期的な本だと言えます。実際のアプリケーションのコンテキストでAWSが詳しく説明されているのはとても貴重なことであり、本書で説明されているコンセプトとパターンは、使っているテクノロジーが何かにかかわらず、あらゆるサーバーレスソリューションに応用できます。

Sparq TV 共同設立者兼CTO、
コロンビア大学コンピューター科学科非常勤教授
Donald F. Ferguson 博士

イントロダクション

AWS Lambdaのことをはじめて聞いたのは、Sam Kroonenburgからでした。AWS Lambdaはまだリリースされたばかりでしたが、Samはその可能性にすでにすっかり魅了されていました。彼は、クラウドの関数を実行するということについて、AWS内でのオートメーションの可能性や、イベント駆動のワークフロー開発について話してくれました。たしかにそれは魅力的であり、無限の可能性を秘めていました。プロビジョンが不要で、インフラストラクチャの面倒を見なくても自分のコードを実行できるということを考えると、とてもすばらしく感じ、時期尚早などということは決してないと思いました。私はソフトウェアエンジニアであり、いつもインフラストラクチャ、運用、システム管理よりもアーキテクチャとコードのことに集中したいと思っていました。AWS Lambdaは、AWSのもとでそれが可能になるチャンスでした。

それから数か月後、Amazon API Gatewayが登場して、当時のAWS Lambdaが抱えていた最大の問題の1つが解決されました。標準のHTTPリクエストでLambda関数を呼び出せるようになったのです。サーバーに手を触れずにアプリケーションのために高速でスケーラブルなバックエンドを作る、という夢にまで見た世界が私たちのすぐ目の前で実現しようとしていました。私がはじめて取り組んだ大規模なサーバーレスプロジェクトは、Sam Kroonenburgが始めたA Cloud Guruで、大規模な学習管理システムに育っていきました。このプラットフォームは完全にサーバーレスで、実行のためにかかるコストはごくわずかで、イテレーションサイクルをすばやくまわしていくことができました。私たちは、インフラストラクチャ管理や複雑な運用のことを心配せずにビジネス価値と新機能を追加することに集中できたので、とても楽しい仕事でした。そんなことをしても、プラットフォームは極端なくらいのペースでスケーリングできるのです。

A Cloud Guruを開発する過程で、私たちは、サーバーレスとはAWS Lambdaでのコードの実行に限られないことを学びました。サードパーティサービス、製品を使うときもそうなのです。マネージド認証サービスとマネージドデータベースを使ったおかげで、開発期間は、数か月とまではいわないまでも、数週間短縮されました。私たちは、支払い処理や顧客とのメッセージ交換など、システムの中で重要ではあっても私たちが自分で構築しなくてもよい部分を見極めていきました。サーバーレスバックエンドのもとで快適に動作する優れたサードパーティサービスを見つけ、それをシステムの他の部分と統合しました。

第3の重要ポイントは、もちろん適切なパターンとアーキテクチャの選択でした。私たちは、サーバーレスアプリケーションにとって自然なのはイベント駆動アーキテクチャだと考え、システム全体をイベント駆動にしていきました。私たちはセキュリティ、信頼性、スケーラビリティについて考え、このシステムをフル活用するために関数とバックエンドサービスをどのように組み立てるべきかについて考えました。

最初の大規模なサーバーレスアプリケーションの1つの構築に参加し、それ以来他のサーバーレスシステムを評価してきて、はっきりとわかったことがあります。スケーラブルなクラウド関数、信頼性の高いサードパーティサービス、サーバーレスアーキテクチャとパターンの組み合わせは、クラウドコンピューティングの発展の次のステップだということです。これからの数年間、スタートアップか既存企業かにかかわらず、多くの企業がサーバーレスなアプローチを採用していくことでしょう。そうすれば、競合他社よりも早く前に進むことができ、イノベーションが活性化するのです。本書は、そのような未来の可能性を垣間見るとともに、今日からこの新しい世界に入るための説明書です。みなさんが本書『AWSによるサーバーレスアーキテクチャ』を面白いと思い、サーバーレスの世界をともに歩んでいただけるこを心から期待しています。

謝辞

本書は、同僚、同業者、家族、友人の励まし、意見、支援がなければ書けなかったでしょう。私の話に耳を傾け、貴重なアドバイス、意見を言ってくれる優秀な人々に囲まれていて私はとても幸運だと思います。

助けてくれた多くの人々に感謝していますが、その中には特に名前を挙げて感謝の気持ちを伝えたい人々がいます。まず第1に、本書の執筆という経験をすばらしいものにしてくれた本書の編集者、Toni Arritolaです。本書の構造、言葉遣い、語り口に対する彼女の意見はよく考えられたもので、役に立ちました。細部に目配りが利き、いつでも質問に答えてくれ、情熱を傾けてくれた彼女はかけがえのない存在でした（今もそうです）。

Serverless Frameworkの作者であるAusten Collinsは、Serverless Frameworkのセクションの執筆という形で本書に大きく貢献してくれました。フレームワークの説明の執筆者として作者に勝る人はいないでしょう。本書のために時間と労力を割いてくれたAustenには感謝の言葉もありません。本書のすべての読者、特にAustenのすばらしい説明を読んだ人々には、ぜひServerless Frameworkを学び、理解し、取り入れていただきたいと思っています。

私のサーバーレスという方法を教え、本書の執筆を通じてよく考えられた意見、批判を与えてくれたSam Kroonenburgにも感謝しています。そもそも、本を書いてみようという気持ちになったのは、SamのAWS Lambdaにかける情熱とアーキテクチャや設計に関するアイデアからです。本書を読み、とても細かく批評と感想を述べてくれたRyan Brownにも特に感謝しています。Ryanが本書を読み、しっかりと考えられたフィードバックを返してくれたおかげで、本書はかなりよくなったと思います。

本書のためにすばらしい序文を書いてくれたDonald FergusonとPatrick Deboisにも、とても感謝しています。DonaldとPatrickは、ソフトウェア工学、特にサーバーレスコミュニティのために非常に大きな貢献をしてきた人々です。すばらしい業績を上げてきた人々に時間を割いて本書にかかわっていただき、とても感謝しています。

それ以外にも、意見や感想と励ましの言葉をくれたRyan Kroonenburg、Mike Chambers、John McKim、Adrian Cantrill、Daniel Parker、Allan Brown、Nick Triantafillou、Drew Firment、Neil Walker、Alex Mackey、Ilia Mogilevskyに感謝したいと思います。本書の完成のために力になってくれたMike Stephens of Manning、Kostas Passadis、David Fombella Pombalにも感謝しています。そして、製作中に本文を読んでコメントしてくれたManningレビュアーのAlain Couniot、Andy Wiesendanger、Colin Joyce、Craig Smith、Daniel Vásquez、Diego Santiviago、John Huffman、Josiah Dykstra、Kent R. Spillner、Markus Breuer、Saioa Picado Fernández、Sau Fai Fong、Sean Hull、Vijaykumar Borkarにも感謝しています。

最後に家族である父と兄、その他会うたびに私が本書のことを話すのを聞いてくれた親戚たちに感謝しています。そして、執筆期間を通じて私を明るく励まし、インスピレーションを与えてくれるとともに、草稿で使ったオリジナルイメージの色の選定のために数え切れないほどのカラーパレットを見てくれたDurdana Masudに感謝の気持ちを捧げたいと思います。

日本語版監修者によるまえがき

　Serverlessconfという、サーバーレスアーキテクチャに関する国際カンファレンスをご存じでしょうか。2016年5月にニューヨークで初開催されたことを皮切りに、ロンドンやオースティン、パリなどで開催されており、東京開催については私が主催を務めております。

　このカンファレンスで毎回、カンファレンスデーの前にワークショップデーがあり、4つから5つのサーバーレスアーキテクチャを構築するワークショップが実施されるのですが、本書でハンズオンする動画シェアサイトはそこで毎回実施されているコンテンツがベースになっています。

　本書には以下のような素晴らしいポイントがあります。

- A Cloud GuruというITスペシャリスト向けのオンライン学習プラットフォームの根幹部分に実際に使われている、動画のアップロード、変換、配信にかかわるサーバーレスでの構築方法を学ぶことができる
- ハンズオンで構築するための設定やコードをオンラインでダウンロードすることができ、不具合があればイシューやプルリクエストを投げることができる
- 要件にフィットして簡単に構築ができるように、AWSに限らず、FirebaseやAuth0を組み合わせている。特に事業者の違うサービス同士を連携する際の認証の方法やJWTの仕組みを実践できる

　また、本書の一部の機能は現状では非推奨なものもありますが、注釈をしたうえで原著を尊重しています。必要に応じて書き換えてみてください。

　先日CNCFのServerless WGからホワイトペーパーが発行され、サーバーレスの定義や歴史的経緯、ユースケースなどがまとめられました。おそらく、これをもってサーバーレスのエコシステムにおけるひとつのフェーズは完了したといえるでしょう。今後の話題の中心は、より複雑化する関数やマイクロサービス間の信頼性、Observability、オープン系FaaSといった話題にシフトしていくことが予想されます。

　ますます大きくなるサーバーレスエコシステムに期待しつつ、プロダクションレベルでの実装を下敷きにした本書のハンズオンを通じて、サーバーレスの真の実力やポテンシャルを感じていただければ幸いです。

吉田 真吾

本書について

初心者かエキスパートか、ITの世界に入ったばかりか何年も経験があるかにかかわらず、本書は皆さんをサーバーレスアーキテクチャの旅にお連れします。皆さんは主要なパターンを学び、サーバーレスのメソドロジの長所と短所を知り、AWS Lambda、Amazon API Gateway、Amazon Elastic Transcoder、Amazon S3、Auth0、Firebaseを使ってサーバーレス動画シェアサイトを構築します。そしてAWSについて、あるいはサーバーレスアプリケーションを組み立て、デプロイするための推奨フレームワークについて多くのことを学びます。

本書は3部構成になっています。第1部は、サーバーレスの基本原則を一通りお見せして、主要なアーキテクチャとパターンについて考えます。AWS Lambdaを使った最初のイベント駆動パイプラインの構築に手を付け、神のように強力なIAMサービスをはじめとする主要なAWSサービスについて学びます。

第2部では、認証と認可（権限付与、授権）、AWS Lambda、Amazon API Gatewayを重点的に取り上げます。サーバーレスアプリケーションを理解し、構築していくためには、この部のすべての章が大切です。第2部を読み、その内容をマスターすれば、サーバーレスアプリケーションを書くために必要な主要テクノロジーは完全に把握できています。

第3部は、実際に使えるアプリケーションを構築するために必要なその他のサービスやアーキテクチャを説明します。特に重点を置くのは、ファイルストレージであるAmazon S3と、データベースであるFirebaseです。最後の章では、サーバーレスアプリケーションをさらに発展させていくために使えるテクニックやサービスについて説明します。

巻末には、さまざまなテーマについての補足情報をまとめた7つの付録が付いています。例えば、最後の付録では、Serverless FrameworkとAWS SAM（Serverless Application Model）を取り上げます。この付録はぜひ読み通して、試してみてください。

AWSやAuth0、Firebaseといったサービスはものすごい勢いで進化しているので、みなさんが本書を読む頃には、すでに本書に掲載されている画面や手順が使われていないかもしれませんが、そうしたことにはいちいち驚かないようにしてください。サーバーレスなイベント駆動アーキテクチャには変わりはありませんが、ボタンの位置やラベルなどの細かいことは時間とともに変わっていく可能性があります。本書は、AWSやクラウドコンピューティングを始めたばかりのデベロッパー、ソリューションアーキテクトにも、ベテランになっている人々にもお役に立ちます。今までよりも低コスト、スケーラブルで、楽しいアプリケーション構築の新しい方法が見つかるはずです。

■コードの凡例

本書にはたくさんのコード例が含まれています。本文の中に埋め込まれているものも、独立したリストとしてまとめられているものもあります。コードはすべて固定幅のフォントで印刷され

ているので、すぐにわかるはずです。

■ ソースコードの入手方法

本書で使われているすべてのソースコードは、以下のサイトから入手できます。

Manning ウェブサイト
URL https://manning.com/books/serverless-architectures-on-aws

著者の GitHub リポジトリ
URL https://github.com/sbarski/serverless-architectures-aws

ソースコードにコントリビュートする場合、プルリクエストも可能です。

> ■ **翔泳社による追加情報**
>
> 　本書で解説する内容については、可能な限り翻訳時点における状況、および日本語版のサイト画面を反映させております。ただし、翻訳時に一部の機能（第9章294ページなど）が非推奨（deprecated）になりました。公式情報の公開後、以下の翔泳社Webサイトにて日本語監修者による追加情報を公開予定です。
>
> URL http://www.shoeisha.co.jp/book/detail/9784798155166/

著者について

　Peter Sbarski氏は、A Cloud Guruの技術担当VPで、世界で唯一のサーバーレスアーキテクチャ、テクノロジーの専門カンファレンス、Serverlessconfのオーガナイザーです。サーバーレスアーキテクチャについて、直接参加のワークショップを運営するとともに、ときどきブログポストを執筆しています。IT業界で長いキャリアを積んでおり、ウェブ、AWSクラウドテクノロジーを中心として、大規模なエンタープライズソリューションの開発チームのリーダーを務めてきています。

　オーストラリアのモナシュ大学でコンピューター科学の博士号を取得しています。Twitterは@sbarski、GitHubには以下のURLでアクセスできます。

sbarski (Peter Sbarski)・GitHub
　`URL` https://github.com/sbarski

目次

序文　Patrick Debois iii
序文　Donald F. Ferguson博士 iv
イントロダクション vi
謝辞 viii
日本語版監修者によるまえがき ix
本書について x
著者について xii

第1部　導入　　1

第1章　サーバーレスの世界へ　　3

1.1　ここに至るまでの流れ 4
1.1.1　SOAとマイクロサービス 6
1.1.2　ソフトウェア設計 7

1.2　サーバーレスアーキテクチャの原則 9
1.2.1　コンピューティングサービスを使ったオンデマンドによるコードの実行 .. 10
1.2.2　目的が1つでステートレスな関数 10
1.2.3　プッシュベースのイベント駆動パイプライン 11
1.2.4　より厚くより強力なフロントエンド 12
1.2.5　サードパーティサービスの活用 13

1.3　サーバーからサーバーレスへの乗り換え 13

1.4　サーバーレスの長所と短所 14
1.4.1　採用の判断基準 15
1.4.2　サーバーレスを使うべきとき 16

1.5　まとめ 18

第2章　アーキテクチャとパターン　　19

2.1　ユースケース 19
2.1.1　アプリケーションのバックエンド 20
2.1.2　データ処理 21

	2.1.3	リアルタイム分析	21
	2.1.4	レガシー API プロキシ	22
	2.1.5	スケジューリングされたサービス	22
	2.1.6	ボットとスキル	22
2.2	アーキテクチャ		23
	2.2.1	バックエンド	23
	2.2.2	レガシー API プロキシ	28
	2.2.3	ハイブリッドシステム	29
	2.2.4	GraphQL	32
	2.2.5	グルー	34
	2.2.6	リアルタイム処理	36
2.3	パターン		37
	2.3.1	Command パターン	37
	2.3.2	Messaging パターン	39
	2.3.3	Priority queue パターン	40
	2.3.4	Fanout パターン	41
	2.3.5	Pipes and filters パターン	43
2.4	まとめ		44

第3章　サーバーレスアプリケーションの構築　　47

3.1	24-Hour Video		47
	3.1.1	一般的な要件	49
	3.1.2	AWS（Amazon Web Services）	51
	3.1.3	最初の Lambda 関数の作成	52
	3.1.4	Lambda 関数の命名	55
	3.1.5	ローカルテスト	55
	3.1.6	AWS へのデプロイ	58
	3.1.7	Amazon S3 の AWS Lambda への接続	60
	3.1.8	AWS でのテスト	62
	3.1.9	ログの確認	63
3.2	Amazon SNS の設定		65
	3.2.1	Amazon SNS の Amazon S3 への接続	65
	3.2.2	Amazon SNS によるメール送信	68
	3.2.3	Amazon SNS のテスト	68
3.3	動画ファイルのアクセス権限の設定		69
	3.3.1	第2の Lambda 関数のコーディング	69
	3.3.2	設定とセキュリティ	70
	3.3.3	第2の関数のテスト	71
3.4	メタデータの生成		72
	3.4.1	第3の関数の作成と ffprobe	72
3.5	仕上げ		76
3.6	演習問題		77
3.7	まとめ		79

第4章　クラウドの設定　　81

4.1　セキュリティモデルとID管理　　82
- 4.1.1　IAMユーザーの作成と管理　　82
- 4.1.2　グループの作成　　85
- 4.1.3　ロールの作成　　88
- 4.1.4　リソース　　89
- 4.1.5　アクセス権限とポリシー　　90

4.2　ログとアラート　　92
- 4.2.1　ログのセットアップ　　93
- 4.2.2　ログデータの有効期限　　94
- 4.2.3　フィルタ、メトリクス、アラーム　　94
- 4.2.4　ログデータの検索　　96
- 4.2.5　Amazon S3とログ　　96
- 4.2.6　アラームの詳細　　98
- 4.2.7　AWS CloudTrail　　102

4.3　料金　　105
- 4.3.1　請求アラートの作り方　　105
- 4.3.2　料金のモニタリングと最適化　　107
- 4.3.3　AWS Simple Monthly Calculatorの使い方　　108
- 4.3.4　AWS Lambda と API Gatewayの料金計算　　109

4.4　演習問題　　111
4.5　まとめ　　112

第2部　コア機能　　113

第5章　認証と認可　　115

5.1　サーバーレス環境における認証　　115
- 5.1.1　サーバーレスのアプローチ　　116
- 5.1.2　Amazon Cognito　　118
- 5.1.3　Auth0　　119

5.2　24-Hour Videoへの認証の追加　　120
- 5.2.1　プラン　　121
- 5.2.2　Lambda関数の直接呼び出し　　122
- 5.2.3　24-Hour Videoのウェブサイト　　122
- 5.2.4　Auth0 の設定　　124
- 5.2.5　ウェブサイトへのAuth0の追加　　128
- 5.2.6　Auth0 統合のテスト　　132

5.3　AWSとの統合　　133
- 5.3.1　ユーザープロフィールLambda関数　　135
- 5.3.2　API Gateway　　139
- 5.3.3　マッピング　　142

	5.3.4 Amazon API Gateway経由でのLambda関数呼び出し	145
	5.3.5 カスタムオーソライザー	146
5.4	委任トークン	151
	5.4.1 実世界での例	151
	5.4.2 委任トークンのプロビジョニング	152
5.5	演習問題	153
5.6	まとめ	154

第6章 オーケストレーターとしてのAWS Lambda　　155

6.1	AWS Lambdaの内部	155
	6.1.1 イベントモデルとイベントソース	156
	6.1.2 イベント駆動のプッシュモデルとプルモデル	157
	6.1.3 同時実行	158
	6.1.4 コンテナの再利用	159
	6.1.5 AWS Lambdaのコールド状態とウォーム状態	160
6.2	プログラミングモデル	162
	6.2.1 関数ハンドラ	162
	6.2.2 イベントオブジェクト	162
	6.2.3 コンテキストオブジェクト	163
	6.2.4 コールバック関数	164
	6.2.5 ログ	165
6.3	バージョニング、エイリアス、環境変数	165
	6.3.1 バージョニング	165
	6.3.2 エイリアス	167
	6.3.3 環境変数	170
6.4	CLIの使い方	172
	6.4.1 コマンドの実行	172
	6.4.2 関数の作成とデプロイ	173
6.5	AWS Lambdaのパターン	176
	6.5.1 非同期ウォーターフォール	176
	6.5.2 seriesとparallel	182
	6.5.3 ライブラリの使い方	183
	6.5.4 他のファイルへのロジックの分離	186
6.6	Lambda関数のテスト	187
	6.6.1 ローカルテスト	187
	6.6.2 テストの作成	188
	6.6.3 AWSでのテスト	190
6.7	演習問題	192
6.8	まとめ	193

第7章　Amazon API Gateway　195

- **7.1** インターフェイスとしてのAmazon API Gateway 195
  - 7.1.1 AWS サービスとの統合 197
  - 7.1.2 キャッシング、スロットリング、ロギング 198
  - 7.1.3 ステージングとバージョニング 198
  - 7.1.4 スクリプティング 198
- **7.2** Amazon API Gatewayの操作 199
  - 7.2.1 プラン 200
  - 7.2.2 リソースとメソッドの作成 201
  - 7.2.3 メソッド実行の設定 206
  - 7.2.4 Lambda関数 208
  - 7.2.5 ウェブサイトの修正 214
- **7.3** ゲートウェイの最適化 216
  - 7.3.1 スロットリング 217
  - 7.3.2 ロギング 219
  - 7.3.3 キャッシング 221
- **7.4** ステージとバージョン 225
  - 7.4.1 ステージ変数の作成 225
  - 7.4.2 ステージ変数の使い方 226
  - 7.4.3 バージョン 228
- **7.5** 演習問題 229
- **7.6** まとめ 230

第3部　アーキテクチャの拡張　231

第8章　ストレージ　233

- **8.1** 賢いストレージ 233
  - 8.1.1 バージョニング 234
  - 8.1.2 静的ウェブサイトのホスティング 236
  - 8.1.3 ストレージクラス 239
  - 8.1.4 オブジェクトのライフサイクル管理 241
  - 8.1.5 Transfer Acceleration 243
  - 8.1.6 イベント通知 244
- **8.2** セキュアなアップロード 246
  - 8.2.1 アーキテクチャ 247
  - 8.2.2 アップロードポリシー Lambda関数 248
  - 8.2.3 S3 CORS設定 254
  - 8.2.4 ウェブサイトからのアップロード 255
- **8.3** ファイルへのアクセス制限 259
  - 8.3.1 公開アクセスの無効化 260
  - 8.3.2 署名済みURLの生成 260

| 8.4 | 演習問題 | 262 |
| 8.5 | まとめ | 262 |

第9章　データベース　265

9.1	Firebase入門	265
	9.1.1　データ構造	266
	9.1.2　セキュリティルール	268
9.2	24-Hour VideoへのFirebaseの追加	269
	9.2.1　アーキテクチャ	270
	9.2.2　Firebaseのセットアップ	271
	9.2.3　動画トランスコードLambdaの修正	273
	9.2.4　動画のトランスコード後のFirebaseの更新	278
	9.2.5　Lambda関数の接続	280
	9.2.6　ウェブサイト	281
	9.2.7　エンドツーエンドのテスト	287
9.3	ファイルへのアクセスの保護	288
	9.3.1　署名済みURL Lambda関数	289
	9.3.2　Amazon API Gatewayの設定	290
	9.3.3　ウェブサイトの再度の書き換え	290
	9.3.4　パフォーマンスの向上	291
	9.3.5　Firebaseのセキュリティの向上	294
9.4	演習問題	300
9.5	まとめ	301

第10章　仕上げの学習　303

10.1	デプロイとフレームワーク	303
10.2	よりよいマイクロサービスのために	304
	10.2.1　エラー処理	307
10.3	AWS Step Functions	310
	10.3.1　プログラム例	310
10.4	AWS Marketplaceが開くビジネスチャンス	316
10.5	これからの展開のために	318

付録A サーバーレスアーキテクチャのためのサービス　321

- A.1 Amazon API Gateway ... 321
- A.2 Amazon SNS（Simple Notification Service） ... 322
- A.3 Amazon S3（Simple Storage Service） ... 322
- A.4 Amazon SQS（Simple Queue Service） ... 323
- A.5 Amazon SES（Simple Email Service） ... 323
- A.6 Amazon RDS（Relational Database Service）とAmazon DynamoDB ... 323
- A.7 Amazon CloudSearch ... 324
- A.8 Amazon Elastic Transcoder ... 324
- A.9 Amazon Kinesis Data Streams ... 324
- A.10 Amazon Cognito ... 325
- A.11 Auth0 ... 325
- A.12 Firebase ... 325
- A.13 その他のサービス ... 326

付録B インストールとセットアップ　327

- B.1 システムの準備 ... 327
- B.2 IAMユーザーとCLIのセットアップ ... 328
- B.3 ユーザーアクセス権限の設定 ... 331
- B.4 新しいS3バケットの作成 ... 332
- B.5 IAMロールの作成 ... 334
- B.6 Lambda関数のための準備 ... 335
- B.7 Amazon Elastic Transcoderの設定 ... 337
- B.8 npmのセットアップ ... 338

付録C 認証と認可について　341

- C.1 認証と認可の基本 ... 341
- C.2 JWT ... 344

付録D AWS Lambdaの内部　347

- D.1 実行環境 ... 347
- D.2 制限 ... 350
- D.3 古いランタイムの扱い方 ... 350
  - D.3.1 succeed ... 351
  - D.3.2 fail ... 351
  - D.3.3 done ... 351

付録 E　モデルとマッピング　353

- **E.1** 動画リストの取得 353
  - E.1.1　GETメソッド 354
  - E.1.2　エラー処理 364
  - E.1.3　Amazon API Gatewayのデプロイ 369

付録 F　Amazon S3のイベントメッセージ構造　371

- **F.1** S3イベントメッセージの構造 371
- **F.2** 覚えておくべきこと 372

付録 G　Serverless FrameworkとAWS SAM　373

- **G.1** Serverless Framework 373
  - G.1.1　インストール 374
  - G.1.2　Serverless Frameworkの初歩 376
  - G.1.3　Serverless Frameworkの使い方 380
  - G.1.4　パッケージング 382
  - G.1.5　テスト 383
  - G.1.6　プラグイン 386
  - G.1.7　例 391
- **G.2** AWS SAM 394
  - G.2.1　始め方 395
  - G.2.2　AWS SAMを使った例 396
- **G.3** まとめ 398

索引 399

第1部

導入

　皆さんは今、サーバーレスアーキテクチャのマスターに向かって第一歩を踏み出そうとしています。本書の第1部では、基本概念とともに、サーバーレスアーキテクチャの5つの原則を説明します。役に立つ、複数の設計やアーキテクチャについて学び、AWS Lambda、Amazon S3（Simple Storage Service）、Amazon Elastic Transcoderを使ったメディアトランスコードパイプラインの開発に着手します。

　第3章以降には面白い演習問題を入れてあるので、ぜひ試してみてください。演習問題は、解かないと先に進めなくなるわけではありませんが、サーバーレスのテクノロジーとアーキテクチャの知識と理解を深めるのに役立つため、解いてみることを強くおすすめします。

第1章 サーバーレスの世界へ

この章の内容
- □ 従来型のシステムおよびアプリケーションのアーキテクチャ
- □ サーバーレスアーキテクチャの特徴とメリット
- □ サーバーレスアーキテクチャとマイクロサービスの相性のよさ
- □ サーバーからサーバーレスに移行するときに考えるべきこと

　ソフトウェア開発者に「ソフトウェアアーキテクチャとは何か」と尋ねれば、「青写真とか計画図といったものだよ」とか、「概念モデルかな」「大きな見取り図さ」といった答えが返ってくるでしょう。いずれにしても、ソフトウェアを形にするのも台無しにするのもアーキテクチャ次第だということは間違いありません。優れたアーキテクチャはウェブ、モバイルアプリケーションをスケールしやすくしてくれるのに対し、ダメなアーキテクチャは重大な問題を引き起こします。作り直しが必要になって、大きなコストがかかってしまう場合もあります。高性能で、役に立ち、最終的に成功をつかむソフトウェアシステムを作るには、アーキテクチャの選択が持つ意味を理解し、開発に先立ってその計画を立てられるようにしておくことが非常に重要です。

　本書は、なんらかの形でサーバーとのやり取りが必要な「従来型の」バックエンドアーキテクチャを乗り越えるにはどうすればよいかを説明していきます。それは、AWS（Amazon Web Services）Lambdaやその他の役に立つサードパーティ製のAPI、サービス群、製品群に全面的に依拠したサーバーレスバックエンドを作るための方法です。そして、1台のサーバーもプロビジョニング／管理することなく、厳しい要件を満たしつつ、スケーラビリティが確保された次世代システムの構築方法を明らかにしていきます。特に大切なのは、現代のクラウドが提供しているサービスとアーキテクチャを使って、品質とパフォーマンスの高さを維持しながら、製品を素早く市場に届けるために役立つテクニックを示しているということです。

　本書の第1章では、「サーバーレスがソフトウェア開発者とソリューションアーキテクトの世界を一変させる」と我々が考えているのはなぜかを説明していきます。本物のサーバーレスシステムがどのように作られるかを理解しやすくするために、AWS Lambdaなどの主要サービスを紹介し、サーバーレスアーキテクチャの原則を示します。

サーバーレスという名称について

　話を始める前に、サーバーレスというのは少し間違った名称だ、ということに触れておいたほうがよいでしょう。AWS Lambdaのようなコンピューティングサービスを使ってコードを実行したり、APIとやり取りしたりしても、サーバーはその背後で実行されています。違いは、サーバーが隠蔽されているということです。考えなければいけないインフラがなく、オペレーティングシステムに加えるべき設定変更もありません。インフラ管理に関する細部は他の誰かが面倒を見てくれるので、皆さんは他の仕事のために時間を使えるわけです。サーバーレスとは、あるコンピューティングサービスの中でコードを実行し、サービスやAPIとやり取りして仕事をこなすことなのです。

1.1 ここに至るまでの流れ

　今日のWebアプリケーションの大半を支えているシステムには、さまざまな形態の計算を実行するバックエンドサーバーと、ユーザーがブラウザやモバイル、デスクトップデバイスを通じてシステムを操作するためのインターフェイスを提供するクライアントサイドのフロントエンドがあります。

　ごく一般的なウェブアプリケーションでは、サーバーがフロントエンドからのHTTPリクエストを受け付けて処理します。データは無数のアプリケーション層を通過して、データベースに保存されます。そして、最終的にバックエンドはレスポンスを生成します。レスポンスはJSON（JavaScript Object Notation）かもしれませんし、マークアップかもしれませんが、それがクライアントに送り返されます（**図1.1**）。さらにほとんどのシステムでは、ロードバランシング、トランザクション、クラスタリング、キャッシュ管理、メッセージング、データの冗長性といった要素が絡んできて、より複雑なものになっています。そして、こういったソフトウェアの大半は、データセンターかクラウドで実行されるサーバーを必要とし、それらサーバーは管理、メンテナンス、パッチ、バックアップを必要としています。

　サーバーのプロビジョニングや管理、そしてパッチは、専任の運用技術者を必要とする、時間のかかる仕事です。ごく普通の環境でも、効果的にセットアップし、運用するのは大変です。インフラとハードウェアはあらゆるITシステムで必要不可欠なコンポーネントですが、「ビジネス問題の解決」という、最も力を入れなければならない仕事に集中することを妨げる要因になることもしばしばです。

　数年前から、インフラの環境の不統一や矛盾、サーバー管理のオーバーヘッドという頭の痛い問題を解決するための方法として、PaaS（Platform as a Service）やコンテナといったテクノロジーが登場してきています。PaaSとは、「背後にあるインフラの一部を隠蔽し、ユーザーがソフ

トウェアを実行できるプラットフォームを提供する」というクラウドコンピューティングの一形態です。開発者がPaaSを効果的に利用するには、プラットフォームの機能を活かすようなソフトウェアを書かなければなりません。スタンドアロンサーバーで実行するよう作られた古いアプリケーションをPaaSサービスに移植する場合、あらゆるPaaSが新たに加えられた機能に最適化しているため、余分な開発作業が必要になることがたびたびあります。それでも、もっと古くて必要な手作業が多いソリューションとPaaSのどちらにするかを自由に選べるなら、多くの開発者はメンテナンスやプラットフォームサポートのために費やす作業が減るPaaSを選ぶでしょう。

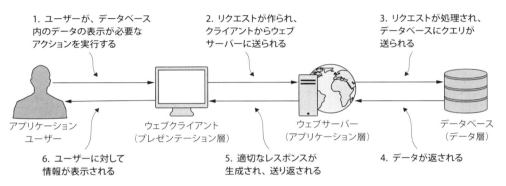

図1.1 リクエスト－レスポンス（クライアント－サーバー）のメッセージ交換についての基本的概要

　コンテナ化は、アプリケーションを環境ごと分離します。コンテナ化は本格的な仮想化のように厳密に分離せずに済みますが、パブリッククラウド、プライベートクラウド、あるいはオンプレミスのサーバーへのデプロイが必要になります。依存ファイルがある場合には最適なソリューションですが、コンテナにはコンテナの複雑な管理の問題があります。クラウドで直接コードを実行できるのと比べれば簡単ではありません。

　最後にやってきたのが、AWS（Amazon Web Services）のコンピュートサービスの1つであるAWS Lambdaです。AWS Lambdaは、イベントに応答して超並列的にコードを実行できます。AWS Lambdaを使えば、サーバーをプロビジョニングしたり、ソフトウェアをインストールしたり、コンテナをデプロイしたりといった低ティアの詳細について考えることなく、コードを用意して渡すだけで実行できます。実際にコードを実行するEC2（Elastic Compute Cloud）サーバーのプロビジョニングや管理はAWSが処理してくれるため、開発者の側では考える必要がありません。キャパシティプロビジョニングや自動スケーリングといった機能を持つ、可用性の高い計算インフラの提供も同様です。**サーバーレスアーキテクチャ**（serverless architecture）は、この種の「サーバーに直接アクセスしなくても仕事ができる」新しいソフトウェアアーキテクチャを指す言葉です。AWS Lambdaを取り入れ、目的を1つに絞り込んだ強力なAPIやウェブサービスを利用すれば、疎結合でスケーラブルな、効率のよいアーキテクチャを素早く組み立てることが

できます。サーバーレスの究極の目標は、開発者が、サーバーやインフラを気にかけずに、コードに全力を注げるようにすることです。

◆ 1.1.1　SOA とマイクロサービス

システムとアプリケーションのアーキテクチャの世界では、SOA（Service-Oriented Architecture：サービス指向アーキテクチャ）はよく知られた存在です。SOAは、「システムは多くの独立したサービスにより組み立てられる」ということを明確に概念化したアーキテクチャです。これまでSOAについて多くのことが書かれてきましたが、設計哲学と、具体的な実装やその特徴を混同している開発者が多いため、いまだに論争の的となり、誤解されています。

SOAは、特定のテクノロジーを使うことを要求するものではありません。自律的な、つまり「メッセージのやり取りにより通信し、メッセージの作成／交換の方法を定義したスキーマやコントラクト（契約）を持つ」サービスを作るべきとする、アーキテクチャ上のアプローチです。サービスが自律的であり、再利用可能で、組み立てやすく作られており、粒度が細かく、発見しやすくなっていることは、すべてSOAの重要な設計原則です。

マイクロサービスとサーバーレスアーキテクチャは、SOAの精神を受け継いでいます。これらは、古いタイプのSOAの複雑さを緩和することを試みつつ、SOAの原則の多くをそのまま残しています。

マイクロサービス

最近になって、マイクロサービスによるシステム実装がトレンドになっています。開発者たちは、マイクロサービスのことを、特定のビジネス目的や機能を中心として構築された、小さくて、スタンドアローンで、完全に独立したサービスと考えることが多いようです。理想的には、適切なフレームワークと言語で書かれた個々のマイクロサービスは互いに、簡単に交換できるようなものであるべきです。マイクロサービスをさまざまな汎用言語やドメイン固有言語（Domain Specific Language：DSL）で書けるということは、多くの開発者にとって注目すべきポイントです。適切な言語や仕事に合った専用ライブラリが使えることは、たしかにメリットをもたらします。しかし、それは落とし穴になることもよくあります。多くの言語やフレームワークが混ざり合っているとサポートが難しくなり、しっかりとした規律が保たれなければ、簡単に混乱に陥ります。

個々のマイクロサービスは状態を維持し、データを格納できます。そして、マイクロサービスが適切に切り分けられていれば、開発チームは互いに独立してマイクロサービスを書き、デプロイできます。しかしその一方で、結果整合性、トランザクション管理、複雑なエラー修復のために、話が難しくなる場合があります（まともな計画がなければ特にそうなるでしょう）。

サーバーレスアーキテクチャは、マイクロサービスの原則の多くを体現しています。システム

をどのように設計するかによりますが、すべての関数は、独自のスタンドアローンサービスだと考えることもできます。しかし、気に入らなければ、マイクロサービスの教義をいちいち守る必要はありません。

サーバーレスアーキテクチャは、好みに合わせてマイクロサービスの原則をたくさん取り入れても、少しだけ取り入れてもかまわないようにできています。道を1つに絞り込む必要もありません。本書では、マイクロサービスの教義を一部だけ取り入れたサーバーレスアーキテクチャによって、モノリシックなシステムの一部を実装し直すという例をお見せします。ただ、アーキテクチャをどこまでマイクロサービスに似せるかは、要件と好みにより自由に決めてかまいません（マイクロサービスと設計の問題については、第10章で詳しく説明します）。

◆ 1.1.2　ソフトウェア設計

ソフトウェア設計は、メインフレームでコードを実行していた時代から、プレゼンテーション、データ、アプリケーションロジック層のマルチティアシステムが主流になった時代まで進化してきました。個々の層には、機能やドメインの特定の側面を処理する複数の論理階層が含まれている場合があります。また、ロギングや例外処理システムのように、多数の階層構造に含まれる領域横断的なコンポーネントもあります。階層構造が好まれるのは理解できます。階層化すると個々の問題が切り離され、メンテナンスしやすいアプリケーションを作れるからです。

しかし、逆もまた成り立ちます。階層が多くなりすぎると、効率が悪くなることがあります。小さな変更を加えただけなのに、それが波及的に影響し、システム全体の下位層を書き換えなければならなくなることもあります。そうなると、実装とテストのために、かなりの時間と労力が必要になります。階層が多ければ多いほど、システムは時間とともに複雑で扱いにくいものになっていきます。**図1.2**は、複数の階層を持つマルチティアアーキテクチャの例を示しています。

ティアと階層（レイヤー）

一部の開発者の間では、ティアと階層の違いについて混乱が見られます。**ティア**は、システムの大きなコンポーネントを分離するためのモジュール境界です。ユーザーから見えるプレゼンテーションティアは、ビジネスロジックを含むアプリケーションティアから分離されています。そして、データティアは、データを管理および永続化し、データへのアクセスを提供するまた別のシステムです。同じティアにまとめられるコンポーネントでも、物理的に別のインフラに配置されることがあります。

階層（レイヤー） は、アプリケーションの中の特定の機能を実行する論理的な断片です。個々のティアは複数の階層を持つことができ、それらの階層はドメインサービスなどの別々の機能の処理を任されます。

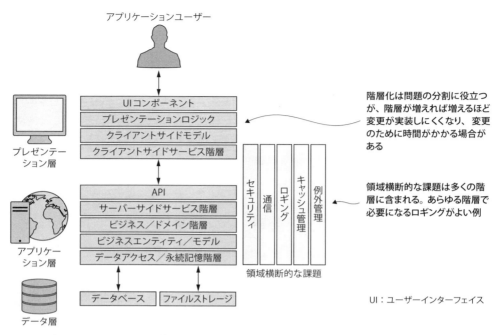

図1.2 ごく一般的な3ティアアプリケーション。各ティア（層）には、特定の問題を処理するための複数の階層構造が含まれる

　サーバーレスアーキテクチャは、階層化の問題や、更新が多くなりすぎる問題の解決に役立ちます。**図1.3**に示すように、システムを関数に分割し、フロントエンドがサービスだけでなくデータベースとも直接セキュアに通信できるようになるため、階層を最小限に抑えたり、取り除いたりする余裕が生まれるのです。スパゲッティコードと依存関係の悪夢を防ぐために、サービス境界を明確に定義し、AWS Lambdaのようなコンピュートサービス関数に自律性を与え、関数とサービスをどのように相互作用させるかを計画すれば、これらすべてを整然と行うことができます。

　サーバーレスのアプローチは、これらすべての問題を解決してくれるわけではありませんし、システムの土台の複雑さをなくしてくれるわけでもありません。しかし、正しく実装すれば、複雑さを軽減し、整理し、管理するチャンスが得られます。しっかりと計画されたサーバーレスアーキテクチャでは将来の変更が簡単になりますが、これは長期間使われるアプリケーションでは重要なことです。次節および今後の章では、サービスの組織化とオーケストレーションについて詳しく説明します。

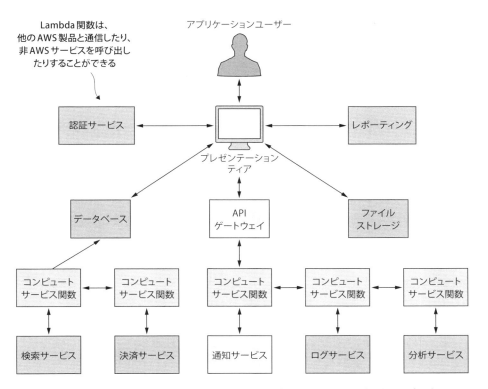

サーバーレスアーキテクチャには、従来型のシステムのようなバックエンドは一切存在しない。プレゼンテーションティア（フロントエンド）が直接サービス、データベースにアクセスするとともに、APIゲートウェイ（たとえばAmazon API Gateway）を介してコンピュートサービス関数（たとえばLambda関数）にアクセスする。フロントエンドは多くのサービスに直接アクセスできるが、一部のサービスはコンピュートサービス関数の背後に隠し、この関数の中で追加的にセキュリティ関連の操作や正当性チェックを行う必要がある。

図1.3 サーバーレスアーキテクチャのイメージ

1.2 サーバーレスアーキテクチャの原則

　この節では、理想的なサーバーレスシステムをどのように構築すべきかを示す、5つの原則を定義します。サーバーレスアプリケーションを構築する際には、これらを意思決定の指導原則にしてください。

1. オンデマンドでコードを実行するために、（サーバーではなく）コンピューティングサービスを使う
2. 目的が1つでステートレスな関数を書く
3. プッシュベースのイベント駆動パイプラインを設計する

4. より厚く、より強力なフロントエンドを作る
5. サードパーティサービスを活用する

それでは、これらの原則を1つずつ詳しく見ていきましょう。

◆ 1.2.1　コンピューティングサービスを使ったオンデマンドによるコードの実行

サーバーレスアーキテクチャは、SOAで提起された考え方を自然な形で拡張したものです。サーバーレスアーキテクチャでは、すべてのカスタムコードが、AWS Lambdaのようなステートレスなコンピューティングサービスで実行されるよう、単独で独立して実行されます。また、カスタムコードの多くは粒度の細かい関数として記述されています。開発者は、データソースの読み書き、他の関数の呼び出し、計算の実行など、一般的なタスクの大半を実行するために関数を書くことができます。複雑なタスクの場合は、複雑なパイプラインを作り、複数の関数呼び出しをオーケストレートすることもできます。それでも、あるタスクのためにはサーバーが依然として必要になる場合があるかもしれません。しかし、そのようなケースは非常に稀なはずであり、皆さんは開発者として、できる限りサーバーを稼働したりサーバーとやり取りしたりすることは避けるようにしてください。

◆ 1.2.2　目的が1つでステートレスな関数

およそあらゆるソフトウェアエンジニアは、単一責任原則（Single Responsibility Principle：SRP）を念頭に置いて関数を設計すべきです。たった1つだけのことをする関数はテストしやすく堅牢で、バグや予想外の副作用は少なくなります。緩やかなオーケストレーションのもとで関数やサービスを組み合わせ、結合していくと、理解しやすく管理しやすい状態を保ちながら、複雑なバックエンドシステムを構築できます。明確に定義されたインターフェイスを持つ粒度の細かい関数は、サーバーレスアーキテクチャで、再利用しやすいものにもなっているはずです。

AWS Lambdaなどのコンピューティングサービスを対象とするコードは、ステートレスなスタイルで書くようにすべきです。今あるセッションを越えてリソースやプロセスが生き残っていることを前提としてコードを書いてはなりません（これについては第6章でさらに詳しく説明します）。ステートレスなコードを書けば、プラットフォームは絶えず変化する入力イベント、リクエストの数に合わせて素早くスケーリングできます。ステートレスだということはとても強力なのです。

では、AWS Lambdaとはいったい何なのか？

AWS Lambdaは、AWSのインフラストラクチャでJavaScript（Node.js）、Python、C#、Javaのいずれかで書かれたコードを実行するコンピューティングサービスです。ソースコード（Javaの場合はJAR、C#の場合はDLL）はzipファイルにまとめられ、メモリー、ディスクスペース、CPUを与えられ、周囲から切り離されたコンテナにデプロイされます。コード、設定、依存ファイルの組み合わせ全体を**Lambda関数**と呼びます。AWS Lambdaランタイムは、関数を並列に複数回起動できます。AWS Lambdaは、プッシュ、プルの両イベントモデルをサポートし、多くのAWSサービスと統合されています。第6章では、イベントモデル、呼び出し方法、設計上のベストプラクティスを含め、AWS Lambdaについて詳しく説明します。この分野のコンピューティングサービスとして提供されているものは、AWS Lambdaだけではありません。Microsoft Azure Functions、IBM Bluemix OpenWhisk（現・IBM Cloud Functions）、Google Cloud Functionsといったコンピューティングサービスにも注目すべきです。

1.2.3　プッシュベースのイベント駆動パイプライン

　サーバーレスアーキテクチャは、どのような目的を持つサービスの構築にも対応できます。システムは最初からサーバーレスで作ることもできますし、既存のモノリシックアプリケーションを少しずつ作り直して、このアーキテクチャを利用する形に変身させることもできます。最も柔軟で強力なサーバーレス設計はイベント駆動です。たとえば第3章では、プッシュベースのイベント駆動パイプラインを作って、動画をビットレートや形式の異なるものにトランスコードするシステムをいかに素早く作れるかを見ていきます。このシステムは、Amazon S3、AWS Lambda、Amazon Elastic Transcoderを組み合わせて作ります（**図1.4**）。

　プッシュベースのイベント駆動システムを構築すると、コストが下がり複雑さが軽減されることが多く（変更をポーリングするための余分なコードを書かなくて済むため）、ユーザーエクスペリエンス全体がスムースになる場合もあります。しかし、プッシュベースのイベント駆動モデルはよい目標ですが、必ずしも常に適切だというわけではなく、実現が不可能なこともあります。イベントソースをポーリングしたり、スケジュールに従って実行されたりするLambda関数が必要な場合もあります。次章以降では、これらのイベントモデルも取り上げ、コード例を見ていきます。

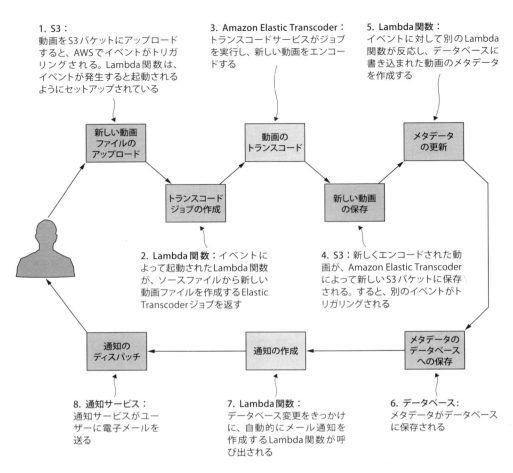

図1.4 サーバーレスアーキテクチャの設計スタイルの例。プッシュベースパイプラインでユーザーがアップロードした動画が別の形式にトランスコードされる

1.2.4　より厚くより強力なフロントエンド

「AWS Lambdaで実行されるカスタムコードは、素早く実行できるものでなければならない」というのは、忘れてはいけない大切なポイントです。AWS Lambdaサービスの料金は、リクエストの数、実行時間、割り当てられたメモリのサイズによって決まるため、処理がすぐに終わる関数を作れば料金が下がります。AWS Lambdaでしなければならないことが減れば、コストが下がるのです。（複雑なバックエンドではなく）サードパーティサービスと直接やり取りできる豊かなフロントエンドを作れば、ユーザーエクスペリエンスの向上にもつながることがあります。オンラインリソース間のホップ数が減り、レイテンシーが下がると、アプリケーションの

パフォーマンスやユーザビリティが改善されます。つまり、すべてのサービスをいちいちコンピューティングサービス経由でルーティングする必要はない、ということです。フロントエンドは、検索プロバイダー、データベース、その他の役に立つAPIと直接通信することもできるのです。

電子署名されたトークンを使えば、フロントエンドはデータベースなどの別々のサービスとセキュアにやり取りすることができます。これは、すべての通信フローがバックエンドサーバーを経由していた従来型のシステムとは対照的です。

しかし、フロントエンドですべてのことができるわけではありませんし、すべきでもありません。たとえば、秘密情報の処理では、クライアントサービスを信頼するわけにはいきません。クレジットカードの処理や契約者へのメールの送信は、エンドユーザーが手を出せないサービスで実行しなければなりません。その場合、コンピューティングサービスは、アクションの調整、データのチェック、セキュリティの確保のために使う必要があります。

他にも、考慮すべき重要ポイントとして、整合性が挙げられます。複数のサービスにリクエストを送るフロントエンドが途中で失敗すると、システムは整合性が取れていない状態になります。このようなときには、エラーを穏便に処理し、失敗したオペレーションを再試行するような形に作ることができるLambda関数を使うべきです。

◆ 1.2.5 サードパーティサービスの活用

価値を提供し、カスタムコードを減らせるサードパーティサービスは、どんどん使ってかまいません。もちろん、サードパーティサービスを検討するときには、価格、性能、可用性、ドキュメント、サポートといった要素を評価する必要があります。自分に与えられた時間は、誰かがすでに実装した機能を改めて作るのではなく、自分の領域に固有の問題を解決することに使ったほうがずっとよいでしょう。すぐに使えるサードパーティ製のサービスやAPIがあるのに、新たに作ることを自己目的化すべきではありません。新しい高みに達するためには、「巨人の肩の上に立つ」べきです。付録Aでは、私たちが役に立つと考えているAWSおよびAWS以外のさまざまなウェブサービスを簡単に紹介しています。これらのサービスの大半については、文中で詳しく取り上げる予定です。

1.3 サーバーからサーバーレスへの乗り換え

既存のアプリケーションを少しずつサーバーレスアーキテクチャにコンバートできることは、サーバーレスアプローチの長所の1つです。モノリシックなコードベースに直面した開発者は、それらを少しずつ切り出し、アプリケーションとやり取りできるLambda関数を作っていくことができます。

アプローチとしては、システムの一部または全部をサーバーレスにしたとき、システムがどのように機能するかについて、開発者が考えたことがどれだけ正しいかをテストするために、まずプロトタイプを作ってみるとよいでしょう。古いシステムは、クリエイティブな解決方法が必要になるような、興味深い制約を抱えていることがよくあります。そして、アーキテクチャの大規模なリファクタリングでは、妥協を強いられる場面があります。そのため、ハイブリッドシステムに甘んじなければならない場合もあります（**図1.5**）。しかし、スケーリングの余地がなくなったり、高価なインフラを必要としたりする古いアーキテクチャのままでいるよりも、一部のコンポーネントがAWS Lambdaやサードパーティサービスを使えるようにすべきです。

古いサーバーベースのアプリケーションをスケーラブルなサーバーレスアーキテクチャに正しく移植するには時間がかかります。事前に優れたテストプランとDevOps戦略を用意し、ゆっくりと慎重に作業を進めなければなりません。

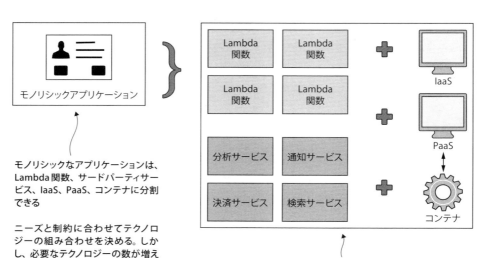

図1.5　モノリシックとサーバーレスのハイブリッドなシステム

1.4　サーバーレスの長所と短所

全面的または部分的にサーバーレスなシステムを作れば、コスト削減や市場投入までの時間の短縮といったメリットを得られます。しかし、作ろうとしているアプリケーションのコンテキストに基づいて、サーバーレスアーキテクチャへの道のりについて慎重に検討する必要があります。

◆ 1.4.1　採用の判断基準

　サーバーレスは、あらゆる状況に最適な「銀の弾丸」ではありません。具体的なSLA（Service Level Agreement）のもとで、レイテンシーに厳しい制約のあるようなアプリケーションやソフトウェアには向かないでしょう。大企業や政府機関では、ベンダーロックインが問題になるでしょうし、サービスの脱中央集権化は難しい課題です。

万能ではないサーバーレス

　AWS Lambdaはパブリッククラウドで実行されるので、ミッションクリティカルなアプリケーションについて、AWS Lambdaベースで作るべきだとは言いにくいものがあります。大量のトランザクションが飛び交う銀行のオンラインシステムや、医療機関で使われる生命維持装置は、パブリッククラウドが提供できる水準よりもはるかに高いパフォーマンスと信頼性を必要とします。大組織であれば、専用のハードウェアを用意して、プライベート／ハイブリッドクラウドのもとでサービス提供能力と信頼性の要件を満たす、独自のコンピューティングサービスを実行することができるかもしれません。そのようなケースでは、サーバーレスアーキテクチャを採用できる場合もあるでしょう。

サービスレベル

　AWSにはSLAを用意しているサービスとそうでないサービスとがあるので、それが判断要素の1つになります。ほとんどのシステムではAWSの信頼性は十分なものですが、大企業のユースケースの中にはさらなる保証が必要なものもあるでしょう。AWS以外のサードパーティのサービスも、その点では似たり寄ったりです。強力なSLAを持つものもあれば、SLAがまったくないものもあります。

カスタマイズ

　AWS Lambdaの場合、Amazonにプラットフォームとスケーリングを任せることによって効率が上がる分、オペレーティングシステムのカスタマイズやその下のインスタンスの調整は犠牲になります。関数に割り当てられるRAMの容量やタイムアウトは変更できますが、できるのはそこまでです（詳しくは第6章を参照）。AWS以外のサービスでも、カスタマイズと柔軟性のレベルはまちまちです。

ベンダーロックイン

　ベンダーロックインも大きな問題です。特定のサードパーティ製のAPIやサービス（AWSを

含む）を使うことに決めると、アーキテクチャはそのプラットフォームに密結合する危険性があります。ベンダーロックインが持つ意味と、サードパーティサービスを使うリスク（会社の存続、データ主権とプライバシー、コスト、サポート、ドキュメント、使える機能セットなど）も徹底的に検討すべきです。

脱中央集権化

モノリシックなアプローチから、より脱中央集権化されたサーバーレスアプローチに移行したからといって、「土台となるシステムの複雑さも自動的に軽減される」というわけではありません。サーバーレスによるソリューションは分散的な性質を持つため、プロセス内の呼び出しではなく、リモート呼び出しが必要とされることや、ネットワーク越しのエラー処理やネットワークのレイテンシーの処理が必要とされることによる、サーバーレスアプローチ固有の問題に悩まされる場合があります。

◆ 1.4.2　サーバーレスを使うべきとき

サーバーレスアーキテクチャのもとでは、開発者はインフラではなくソフトウェアの設計とコーディングに全力を注ぐことができます。スケーラビリティや高可用性も実現しやすく、使った部分だけに課金されるため、サーバーを使うときよりもコストを抑えられます。そして、サーバーレスで特に重要なのは、階層の数や書かなければならないコードの量を減らすことによって、システムの複雑さがある程度軽減される可能性があるということです。

サーバー不要

サーバーの構成や管理、パッチ、メンテナンスなどはベンダーが行ってくれるので、その分時間とコストが削減できます。Amazonは、AWS Lambdaを動かしているサーバー群の健全性に注意を払っています。コンピューティングリソースの管理、変更に関して特別な要件がなければ、Amazonその他のベンダーにサーバー管理を任せられるのは大きなメリットです。自社では自社のコードだけに責任を負い、運用、管理のタスクは有能な外部の会社に任せられるのです。

多くの用途

ステートレスでスケーラビリティが高いため、並列処理が効果的である問題の解決に使えます。CRUDアプリケーション、電子商取引システム、バックオフィスシステム、複雑なウェブアプリケーション、あらゆるタイプのモバイル、デスクトップソフトウェアは、サーバーレスアーキテクチャなら素早く構築できます。適切なテクノロジーの組み合わせを選びさえすれば、従来数週間かかっていた仕事でも、数日あるいは数時間で終わらせることができます。サー

バーレスアプローチは、イノベーションを引き起こし、速いペースで前進したいスタートアップにとって特に効果的です。

低コスト

従来型のサーバーベースのアーキテクチャでは、システム稼働率がピークのときに備えてマシンパワーに余裕を持たせてサーバーを用意する必要がありました。自動化されたシステムでも、スケーリングでは新しいサーバーが必要になりますが、トラフィックや新しいデータの一時的な急増が発生するまで、そのようなサーバーは無駄になることがよくあります。しかし、特に負荷のピークがばらばらで予測しづらいような場合には、スケーリングの単位がはるかに細かく、無駄なコストがかかりにくいサーバーレスシステムは、コスト削減に役立ちます。AWS Lambdaを使えば、その利用に応じた額だけに支払いを抑えられるのです（第4章では、AWS LambdaとAmazon API Gatewayにかかるコストの算出方法を解説します）。

コード量の削減

本章の冒頭でも触れたように、サーバーレスアーキテクチャでは、従来型のシステムと比べてコードの複雑さを軽減するチャンスが生まれる場合があります。特に、フロントエンドに従来よりも多くの仕事をさせ、サービス（およびデータベース）と直接やり取りさせるようにすれば、多階層のバックエンドシステムを用意する必要性は薄れます。

スケーラブルで柔軟

バックエンド全体をサーバーレスアーキテクチャに置き換えたくない場合、もしくは置き換えられない場合には、無理に置き換える必要はありません。特に並列化によるメリットが得られる場合などは、1つの問題を解決するためにAWS Lambdaを使うことができます。そして言うまでもなく、サーバーレスシステムは従来型のシステムよりも簡単にスケーリングできます。たとえば、次のソリューションについて考えてみてください。

- ITサービス企業のConnectWiseは、インバウンドログの処理のためにAWS Lambdaを使うようになり、サーバーのメンテナンスに必要な時間が週単位から時間単位になりました（ URL https://aws.amazon.com/solutions/case-studies/connectwise/）。
- Netflixは、AWS Lambdaを使ってバックアップ完了のチェックと、メディアのエンコーディングプロセスを自動化しました（ URL https://aws.amazon.com/solutions/case-studies/netflix-and-aws-lambda/）。

既存のコードベースに手を付けずに、ETL（Extract-Transform-Load：抽出、変換、ロード）、

リアルタイムファイル処理、その他ほぼあらゆる処理のためにAWS Lambdaを使うことができます。それも、関数を書いて実行するだけなのです。

1.5 まとめ

　クラウドは、ITインフラとソフトウェア開発を根本から変革する存在であり続けてきました。ソフトウェア会社が市場で競争優位を得ようと思うなら、クラウドプラットフォームを最大限に活用できる方法について考えなければなりません。

　サーバーレスアーキテクチャは、企業が検討、研究、採用すべきクラウドの最新の形です。ソフトウェア業界はAWS Lambdaなどのコンピューティングサービスを支持しているだけに、アーキテクチャのこのすばらしい新機軸は急速に発展していくでしょう。そして多くの場合、サーバーレスアプリケーションは実行のコストを下げ、実装にかかる時間を短縮します。

　インフラの稼働や今までのシステム開発の複雑さを軽減し、コストを引き下げたいというニーズもあります。企業にとっては、インフラのメンテナンスに使っていたコストと時間が削減され、スケーラビリティが得られるということは、サーバーレスアーキテクチャの導入を検討する十分な理由になるはずです。

　この章では、サーバーレスアーキテクチャとは何か、その原則はどのようなものかについて学び、従来型のアーキテクチャとどのように違うのかを見てきました。次章では、重要なアーキテクチャとパターンを掘り下げ、問題解決のためにサーバーレスアーキテクチャが使われてきた具体的なユースケースを見ていきます。

第2章 アーキテクチャとパターン

この章の内容
- サーバーレスアーキテクチャのユースケース
- パターンとアーキテクチャの例

　サーバーレスアーキテクチャのユースケースはどのようなもので、役に立つアーキテクチャやパターンはどのようなものでしょうか。サーバーレスアプローチを使ったシステム設計について勉強している人々から、どんなユースケースがあるのかとよく尋ねられます。他の人々がこのテクノロジーをどのように応用し、どのようなユースケース、設計、アーキテクチャを生み出してきたかを学ぶことには大きな意味があります。本章では、そういったユースケースとアーキテクチャの例を中心として、話を進めていきます。本章を読めば、サーバーレスアーキテクチャがどのような場面に適しているか、サーバーレスシステムの設計をどのように考えたらよいかがしっかりと理解できるはずです。

2.1 ユースケース

　サーバーレステクノロジーとアーキテクチャは、システムをまるごと構築するためにも、独立したコンポーネントを作るためにも、具体的な粒度の細かいタスクを実装するためにも使えます。サーバーレスな設計の応用範囲は非常に広く、大小のタスクで同じように使えることはサーバーレスな設計の利点の1つになっています。私たちは、数万人のユーザーが使うウェブアプリケーションやモバイルアプリケーションの構築においても、限定されたごく小さな問題を解決するための単純なシステムの開発においても、サーバーレスシステムを設計してきました。大切なのは、サーバーレスとはAWS Lambdaなどのコンピューティングサービスでコードを実行することだけではない、ということです。しなければならない仕事を減らすためにサードパーティ製のサービスやAPIを利用することもサーバーレスに含まれるのです。

◆ 2.1.1　アプリケーションのバックエンド

　本書では、YouTubeのような、動画ファイルをシェアするためのアプリケーションのバックエンドを作っていきます。このアプリケーションのユーザーは、動画ファイルをアップロードしたり、動画ファイルを他の再生形式にトランスコードしたり、他のユーザーが動画を見られるようにしたりすることができます。データベースとRESTful APIを備えた本格的なウェブアプリケーションの、完全にサーバーレスなバックエンドを作るのです。本書では、ウェブ、モバイル、デスクトップといったあらゆるタイプのアプリケーションへのスケーラブルなバックエンドの構築に、サーバーレステクノロジーが適していることを示していきます。

　AWS Lambdaなどのテクノロジーは比較的新しいものですが、すでに企業のビジネス全体を支える大規模なサーバーレスバックエンドが作られています。私たちのサーバーレスプラットフォームは、A Cloud Guru（URL http://acloud.guru）というもので、数千、数万のユーザーに対して、リアルタイムのコラボレーションと数百GBの動画のストリーミングを提供しています。静的ウェブサイトのためのコンテンツ管理システムであるInstant（URL http://instant.cm）[※1]も、そのような大規模システムの1つです。EPX Labsが作ったハイブリッドサーバーレスシステムもあります。これらのシステムについては本章で後述します。

　ウェブ、モバイル用途のアプリケーション以外では、サーバーレスはIoTアプリケーションに向いています。AWS（Amazon Web Services）には、次の機能を組み合わせたIoTプラットフォームがあります。

AWS IoT Core Features - Amazon Web Services
URL https://aws.amazon.com/iot-platform/how-it-works/

- 認証と認可（権限付与）
- デバイスゲートウェイ
- レジストリ（個々のデバイスに一意なIDを割り当てるための手段）
- デバイス（永続的なデバイスの状態情報）のシャドウ
- ルールエンジン（デバイスのメッセージを変換し、AWSサービスにルーティングするサービス）

　たとえばルールエンジンは、Amazon S3にファイルを保存し、Amazon SQS（Simple Queue Service）キューにデータをプッシュし、Lambda関数を起動できます。AmazonのIoTプラットフォームは、サーバーを実行することなく、デバイスのスケーラブルなIoTバックエンドを簡単に構築できます。

　サーバーレスによるアプリケーションバックエンドは、インフラ管理の負担が大幅に軽減さ

※1　［監注］現在はunless（URL https://unless.com）にブランド名が変わっている。

れ、料金計算が緻密で予測可能であり（特にAWS Lambdaなどのサーバーレス計算サービスを使った場合）、突発的な需要に対応できるスケーラビリティも備えているため、非常に魅力的です。

◆ 2.1.2 データ処理

　サーバーレステクノロジーは、データ処理、変換、操作、トランスコードなどでもよく使われています。実際、他の開発者たちが、CSV、JSON、XMLファイルの処理、データの照合、集計、イメージのサイズ変更、フォーマットの変換といった用途のために作った、さまざまなLambda関数を見たことがあります。AWS LambdaとAWSサービスは、データ処理タスクのためのイベント駆動パイプラインを作るのに非常に適しています。

　第3章では、アプリケーションの最初の部分を作りますが、それは動画を別の形式にトランスコードする強力なパイプラインです。このパイプラインは、ファイルへのアクセス権限を設定し、メタデータファイルを生成します。指定されたS3バケットに新しい動画ファイルが追加されたときだけ実行されます。そのため、料金は、AWS Lambdaを実行した時間にだけかかり、システムがアイドル状態のときにはかかりません。しかし、私たちはより広い意味で、データ処理がサーバーレステクノロジーに特に適したユースケースだと考えています。特に、Lambda関数と他のサービスを組み合わせたときには強力です。

◆ 2.1.3 リアルタイム分析

　Amazon Kinesis Data Streams（詳細については付録Aを参照）などのサービスを使えば、ログ、システムイベント、トランザクション、ユーザークリックなどのデータを取得できます。Lambda関数は、ストリームに新しいレコードが追加されると素早く反応し、データを処理、保存、破棄することができます。

　Amazon Kinesis Data StreamsとLambda関数は、分析、集計、格納しなければならないデータを大量に生成するアプリケーションに非常に適しています。Amazon Kinesis Data Streamsの場合、ストリームのメッセージを処理するために起動される関数の数は、シャードの数と同じです（そのため、シャードごとにLambda関数が1つずつあります）。さらに、Lambda関数は、バッチの処理に失敗すると、再度バッチを実行します。処理が失敗し続ければ、24時間までこの再試行が続けられます（24時間は、Amazon Kinesis Data Streamsのデータ保持期間です）。しかし、この小さな問題（今はじめて聞いたかもしれませんが）があるにしても、Amazon Kinesis Data StreamsとAWS Lambdaの組み合わせは、データのリアルタイム処理と分析が必要なときには非常に強力です。

◆ 2.1.4 レガシーAPIプロキシ

　Amazon API GatewayとAWS Lambdaには、私たちがレガシーAPIプロキシと呼んでいる革新的なユースケースがあります（私たちは実際の例を何度か見ています）。これは、Amazon API GatewayとAWS Lambdaを使って古いAPIの上に新しいAPIの階層を作り、古いAPIを使いやすくするというものです。Amazon API GatewayはRESTfulインターフェイスの作成のために使われ、Lambda関数はリクエストとレスポンスを入れ替えて、古いサービスが理解する形式にデータを変換するために使われます。このアプローチによって、古いサービスは、古いプロトコルやデータ形式をサポートしない新しいクライアントからの呼び出しにも対応できるようになります。

◆ 2.1.5 スケジューリングされたサービス

　Lambda関数は、スケジュールに従って実行することができるため、データのバックアップ、インポートとエクスポート、リマインダー、アラートなどの用途に適しています。私たちは、Lambda関数をスケジューリングして、定期的にウェブサイトにpingを送り、つながっているかどうかをチェックし、そうでなければメールやテキストメッセージを送るようにしている事例を見たことがあります。AWS Lambdaにはこの目的のための設計図（Blueprint）があります（ここでいう「設計図」とは、新しいLambda関数を作るときに選択できる、サンプルコード付きのテンプレートのことです）。また、Lambda関数を使って夜間にサーバーからファイルをダウンロードし、ユーザーに日次取引明細を送る事例も知っています。設定したら忘れられるスケジューリング機能のおかげで、AWS Lambdaを使えば、ファイルのバックアップやファイルの有効性チェックなどの反復作業を簡単にこなせます。

◆ 2.1.6 ボットとスキル

　Slack（ URL https://slack.com）などのサービスで使えるボット（「ボット」とは、自動化されたタスクを起動する、アプリケーションやスクリプトのことです）の開発も、Lambda関数とサーバーレステクノロジーのユースケースの好例です。Slack用のボットはコマンドに反応して小さなタスクをこなし、報告や通知を送ります。たとえば筆者は、自社の教育プラットフォームを通じたオンライン販売の成約数を毎日報告するSlackボットをAWS Lambdaで書きました。他にも、Telegram、Skype、Facebookのメッセンジャープラットフォームのためのボットを作った開発者を知っています。

　同様にLambda関数は、Amazon Echoのスキルの実装にも使えます。Amazon Echoは、音声コマンドに応えるハンズフリーのスピーカーであり、スキルを実装すると、Echoの機能を拡張できます（「スキル」とは、人の声に応答できるアプリケーションのことです）。詳しくは、 URL http://amzn.to/2b5NMFjを参照)。たとえば、ピザを注文するスキルや、地理についてのクイズを出してくるスキルを作ることができます。Amazon Echoは音声コマンドだけを受け付け、スキルはAWS Lambdaで作られています。

2.2 アーキテクチャ

本書で詳しく説明していくアーキテクチャを大別すると、バックエンド(つまり、ウェブおよびモバイルアプリケーションのバックエンド)とグルー(ワークフローを実行するために組み立てられるパイプライン)の2つです。この2つのアーキテクチャは相互補完的です。実際に使われるサーバーレスシステムの開発に取り組むことになったら、この2つのアーキテクチャによる仕組みを作り、組み合わせることになるでしょう。本章で説明するアーキテクチャとパターンの大半は、これら2つをある程度専門特化させ、多様化したものです。

◆ 2.2.1 バックエンド

Compute-as-back-endアーキテクチャは、AWS Lambdaなどのサーバーレスコンピュートサービスとサードパーティサービスを使って、ウェブ、モバイル、デスクトップアプリケーションのバックエンドを構築するアプローチです。図2.1では、フロントエンドがデータベースや認証サービスと直接リンクしていることに注目してください。このような形になるのは、フロントエンドがこういったものとセキュアに通信できれば(たとえば、委任トークン:delegation tokenを使った通信。このテーマについては第5章、第9章で詳しく説明します)、すべてのサービスをAmazon API Gatewayの背後に置く必要はないからです。フロントエンドにサービスと通信させ、カスタムロジックをLambda関数にまとめ、RESTfulインターフェイスを介した関数に対する統一的なアクセスを提供することは、このアーキテクチャの目的の1つです。

サーバーレスアーキテクチャの原則については第1章(9ページ)で説明しましたが、その中に分厚いフロントエンド(原則4)とサードパーティサービスの活用(原則5)が含まれていました。イベント駆動パイプラインではなく、サーバーレスバックエンドを構築するときには、これら2つの原則が特に重要です。優れたサーバーレスシステムは、Lambda関数が使われる範囲と量を極力減らすために努力しています。そのようにして、Lambda関数は最小限の処理だけを行うようにするとともに(ナノ関数と言ってもいいほど)、プライバシーやセキュリティの問題からフロントエンドでは実行してはならないタスクを主として実行するようにしているのです。それでも、関数の適切な粒度を見つけるのは難しい仕事です。関数の粒度を細かくしすぎると、バックエンドがふくれあがってしまい、時間が経つうちにデバッグやメンテナンスがしにくくなってしまいます。しかし、粒度を気にしないで作ると、誰も望まないようなモノリシックな仕組みを作り上げる危険性があります(複雑さをコントロールできる範囲に抑えるためには、

Lambda関数内のデータ変換の数を最小限に抑えるようにすべきだ、というのが私たちの得た教訓です）。

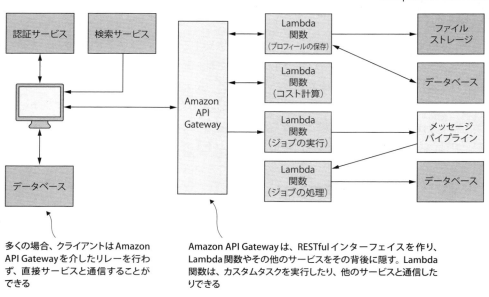

図2.1 データを格納、計算して読み出せる比較的単純なバックエンドアーキテクチャ

A Cloud Guru

A Cloud Guru（ URL https://acloud.guru）は、AWSを学びたいソリューションアーキテクトやシステム管理者、そして開発者のためのオンライン教育プラットフォームです。基本機能は、（ストリーミング）動画による授業、演習問題、クイズとリアルタイムのディスカッションフォーラムです。A Cloud Guruは、学習者が講座を購入するためのeコマースプラットフォームにもなっています（空き時間に動画を見るというわけです）。A Cloud Guruのための授業を作る講師は、S3バケットに動画を直接アップロードできます。アップロードされた動画は、すぐにさまざまな形式（1080p、720p、HLS、WebMなど）にトランスコードされ、学習者がすぐに視聴できる形になります。A Cloud Guruのプラットフォームは、クライアントと直接つながっているメインのデータベースとしてFirebaseを使っているため、クライアントはリフレッシュやポーリングをすることなく、ほぼリアルタイムで更新情報を受け取ることができます（Firebaseは、接続されているすべてのデバイスに同時に更新情報をプッシュするためにウェブソケットを使っています）。図2.2は、A Cloud Guruが使っているアーキテクチャを単純化したものを示しています。

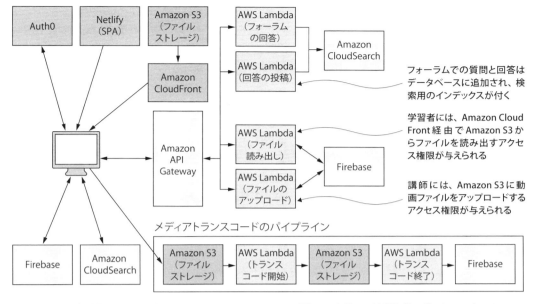

図2.2 単純化されたA Cloud Guruのアーキテクチャ。現在は、支払い、管理作業、ゲーミフィケーション、報告、分析のためのLambda関数とサービスが追加されている

A Cloud Guru（**図2.2**）のアーキテクチャについては、次のことに注意してください。

- フロントエンドは、AngularJSで構築され、Netlify（ URL https://netlify.com）によってホスティングされています。NetlifyではなくAmazon S3とAmazon CloudFront（AWSが提供しているグローバルなコンテンツデリバリーネットワーク）を使いたい場合は、そうすることもできます。
- 登録、認証機能のためにAuth0を使っています。Auth0は、フロントエンドがFirebaseなどの他のサービスと直接セキュアに通信するための委任トークンを作ります。
- Firebaseは、A Cloud Guruが使っているリアルタイムデータベースです。クライアントは、それぞれウェブソケットを使ってFirebaseと接続し、ほぼリアルタイムでFirebaseから更新情報を受け取ります。つまり、クライアントは更新があるとポーリングなどをしないで更新についての情報を受け取ります。
- このプラットフォームのためのコンテンツを作る講師は、それぞれのブラウザを使ってS3バケットに直接ファイルをアップロードできます（通常は動画ですが、他のタイプのファイルを送ることもできます）。ウェブアプリケーションは、この仕組みを動かすために、Lambda関数を呼び出して（Amazon API Gatewayを介し）、必要とされるアップロード認証情報の要求を最初に行います。クライアント側のウェブアプリケーションは、認証情報を入手すると、直ちにHTTPによるAmazon S3へのファイルのアップロードを開始します。この処理はすべて内部的に行われており、ユーザーからは見えません。

- ファイルが Amazon S3 にアップロードされると、自動的にイベントの連鎖が発生し（イベント駆動パイプライン）、動画のトランスコード、新ファイルの別のバケットへの保存、データベース更新が行われます。他のユーザーは、直ちにトランスコードされた動画を視聴できるようになります（本書全体を通じて、読者も同じようなシステムを書いて、その仕組みを細かく検討してもらう予定です）。
- ユーザーは、他の Lambda 関数から動画を視聴するアクセス権限を受け取ります。アクセス権限は 24 時間有効で、24 時間が経過したあとは更新が必要になります。ファイルには Amazon CloudFront でアクセスします。
- ユーザーは、フォーラムに質問と回答を投稿できます。質問、回答、コメントは、データベースに格納されます。データはインデックス作成のために Amazon CloudSearch に送られます。Amazon CloudSearch は、AWS の検索、インデックス管理のためのマネージドサービスで、これにより、ユーザーは他のユーザーが書いた質問、回答、コメントを検索、表示することができます。

Instant

Instant（ URL http://instant.cm）[※2] は、静的ウェブサイトにインラインテキスト編集、ローカライズなどのコンテンツ管理機能を追加したいウェブサイトオーナーを支援するスタートアップ企業です。創設者の Marcel Panse と Sander Nagtegaal は、自分たちのシステムをインスタントコンテンツ管理システムだと言っています。Instant は、ウェブサイトに小さな JavaScript ライブラリを追加し、HTML に小さな変更を加えるという方法で動いています。こうすると、開発者や管理者は、ウェブサイトのユーザーインターフェイスを使ってテキスト要素を直接編集できます。草稿段階のテキストは、Amazon DynamoDB（付録A参照）に格納され、最終的な本番バージョンのテキスト（エンドユーザーに対して表示されるもの）は、Amazon CloudFront を介して S3 バケットから送られます（**図2.3**）。

図2.4は、Instant のアーキテクチャを単純化したものを示しています。Instant のアーキテクチャについては、次のことに注意してください。

- （図には描かれていませんが）Instant で作成するウェブサイトには、JavaScript ライブラリを追加しなければなりません。認証は、特別な URL（たとえば、yourwebsite.com/#edit）のウェブサイトに表示されるウィジェットをクリックして、Google 経由で行います（ユーザー自身の Google アカウントを使って）。Google での認証が成功すると、Instant JavaScript ウィジェットは AWS Cognito の認証を受け、AWS IAM の一時的な認証情報をプロビジョニングしてもらいます（AWS Cognito については付録 A を参照）。

※2 ［監注］現在は unless（ URL https://unless.com）にブランド名が変わっている。

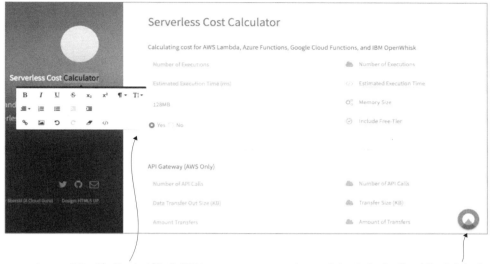

図2.3 Instantを使えば、多言語サポートも追加できる

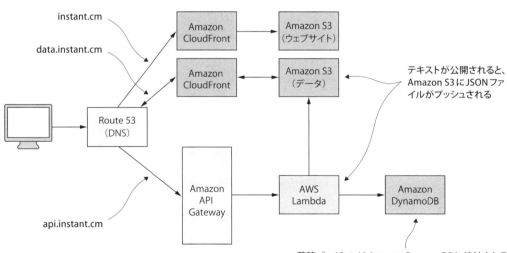

図2.4 単純化されたInstantシステム。システムは多くのクライアントをサポートするためにスケーリングされる

- Route 53 は、Amazon の DNS ウェブサービスで、リクエストを Amazon CloudFront か Amazon API Gateway にルーティングするために使われています（Route 53 については付録 A を参照）。
- ユーザーがウェブサイトのテキストを編集すると、Instant ウィジェットは変更を Amazon API Gateway に送り、Amazon API Gateway はある Lambda 関数を呼び出します。この Lambda 関数は、草稿と関連するメタデータを Amazon DynamoDB に保存します。
- ユーザーが草稿を公開することに決めると（Instant ウィジェットのオプションを選択して）、Amazon DynamoDB からデータが読み出され、静的な JSON ファイルという形式で Amazon S3 に保存され、さらに Amazon S3 から Amazon CloudFront 経由で JSON ファイルが返されます。Instant ウィジェットは、Amazon CloudFront から受け取った JSON ファイルをパースし、エンドユーザー向けに表示されるウェブサイトのテキストを更新します。

Marcel と Sander がシステムについて言っていることを紹介しておきましょう。

> Lambda 関数を使うと、マイクロサービスのアーキテクチャがごく自然にできあがります。すべての関数がコードの他の部分から完全に遮断されます。しかも、同じ Lambda 関数をほとんど無限に並列実行できます。しかも、それらがすべて自動的に行われるのです。

Marcel と Sander は、コストについても発言しています。

> 私たちのサーバーレスの構成では、料金は主として CloudFront を介したデータ転送から発生し、ストレージと Lambda 関数を実行したミリ秒数からもわずかに発生します。新しい顧客が使う平均は把握しているので、顧客あたりのコストは正確に計算できます。複数のユーザーが同じインフラを共有していた頃には、そういうわけにはいきませんでした。

結論として、Marcel と Sander は、完全サーバーレスアプローチを採用したことにより、主として運用、パフォーマンス、コストの面で大きな効果があったと考えています。

◆ 2.2.2　レガシー API プロキシ

　レガシー API プロキシアーキテクチャは、サーバーレステクノロジーを使った革新的な問題解決方法の一例です。2.1.4「レガシー API プロキシ」でも説明したように、時代遅れになったサービスや API を使ったシステムは、今の環境では使いづらくなることがあります。今使われているプロトコルや標準に適合しなくなったり、今使われているシステムとのやり取りが難しくなったりするのです。この問題は古いサービスを呼び出す前に Amazon API Gateway と AWS Lambda を使えば緩和できます。Amazon API Gateway と Lambda 関数は、**図 2.5** に示すように、クライアントが送ってきたリクエストを変換して古いサービスを直接呼び出せます。

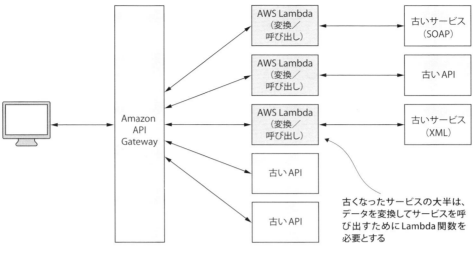

図2.5 APIプロキシアーキテクチャは、古いサービスやAPIを使った、今風のAPIインターフェイスを構築するために使われる

　Amazon API Gatewayは、リクエストを変換して（ある程度まで）他のHTTPエンドポイントに対してリクエストを発行することができます（第7章参照）。しかし、使えるのは、JSON変換だけで済むごく初歩的で限定的なユースケースだけです。複雑なシナリオでは、データの変換、リクエストの発行、レスポンスの処理のためにLambda関数が必要になります。たとえば、SOAP（Simple Object Access Protocol）サービスについて考えてみましょう。SOAPサービスに接続してレスポンスをJSONに変換するために、Lambda関数を書く必要があります。もっとも、Lambda関数内で行わなければならない面倒な作業の多くは、ライブラリで処理できます（たとえば、npmにはダウンロードして使えるSOAPライブラリがあります）。

- soap - npm
  URL　https://www.npmjs.com/package/soap

2.2.3　ハイブリッドシステム

　第1章でも触れたように、サーバーレステクノロジー／アーキテクチャは、全面的に使うかまったく使わないかという選択を迫られるものではありません。レガシーシステムと共存する形で取り入れることができます。このようなハイブリッドアプローチは、既存インフラの一部がすでにAWSにあるときには、特にうまく機能します。開発者たちがもともとスタンドアローンのコンポーネントを作っていて（補助的なデータ処理、データベースのバックアップ、初歩的なアラートなどのために）、時間とともにそれらのコンポーネントをメインシステムに統合してきた組織でも、サーバーレステクノロジー／アーキテクチャを導入している事例があります。

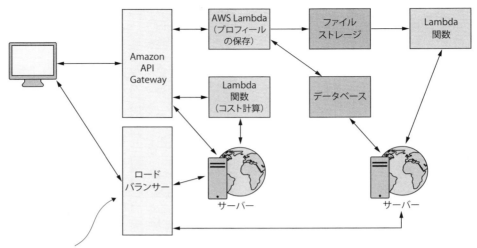

レガシーシステムでも、Lambda関数とサービスが使える。
そのため、システムの秩序を大きくいじらなくても、サーバー
レステクノロジーをゆっくりと導入することができる

図2.6 サーバーを使っている古いシステムがある場合は、ハイブリッドアプローチがうまく機能する

効率のよいハイブリッドサーバーレスのジョブ管理システム

　EPX Labs（ URL http://epxlabs.com）は、自信を持って「これからのIT運用とアプリケーション開発では、サーバーの比重が下がり、サービスの比重が上がる」と言い切っています。同社はサーバーレスアーキテクチャを得意としていますが、最近作ったソリューションの1つは、Amazon EC2（Elastic Compute Cloud）で実行されているサーバーベースの分散インフラで実行されるジョブのメンテナンス、管理を行うハイブリッドサーバーレスシステムです（**図2.7**）。

　EPX LabsのEvan SinicinとPrachetas Prabhuは、自分たちが相手にしなければならないシステムは、複数のフロントエンドサーバーで実行されているマルチテナントのMagento（ URL https://magento.com）アプリケーションだと言っています。Magentoを使うためには、サーバー上で、キャッシュのクリアやメンテナンスなどのプロセスを実行しなければなりません。また、構築、削除、変更などのサイト管理作業では、ディレクトリ構造の構築、設定ファイルの変更など、サーバー上でのさまざまな操作が必要になります。そこで、EvanとPrachetasは、これらのタスクを助けるスケーラブルなサーバーレスシステムを作りました。このシステムの構築方法や仕組みをまとめると、次のようになります。

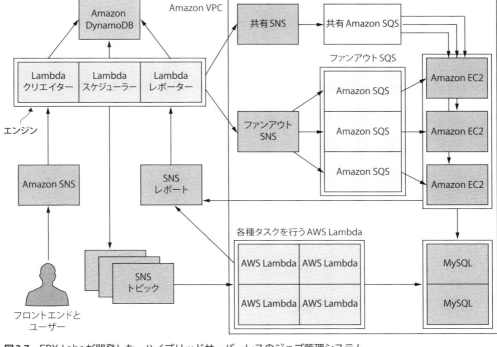

図2.7 EPX Labsが開発した、ハイブリッドサーバーレスのジョブ管理システム

- システムは、ジョブの作成、ディスパッチ、管理を行うエンジンとタスクプロセッサの2つの部分に分かれます。
- エンジンは、Amazon SNS（Simple Notification Service、詳細は付録A参照）に先導された複数のLambda関数から構成されます。タスクプロセッサは、一連のAWS LambdaとPythonプロセスから構成されます。
- ジョブの作成では、SNSトピックを介してクリエイター（エンジンの一部）にJSONデータを送ります。個々のジョブは別々のタスクに分割されます。タスクは、次の3種類に分類されます。
    - 個々のサーバーのタスク —— すべてのサーバーで実行しなければならない
    - 共有サーバーのタスク —— 1台のサーバーで実行しなければならない
    - Lambdaタスク —— Lambda関数によって実行される
- Amazon DynamoDB内に作成されたジョブは、スケジューラーに送られます。スケジューラーは、次に実行するタスクを判断してディスパッチします。ディスパッチの方法はタスクのタイプによって、Amazon SNSを介してAWS Lambdaにタスクをpingするか、共有／ファンアウトSQS（Simple Queue Service）にメッセージをプッシュするかが選択されます（これらのパターンの詳細については、2.3節を参照）。
- サーバー上でのタスクの実行は、カスタムのPythonサービスで処理されます。個々のサー

バーでは、2つのサービスが実行されます。片方が共有サーバーキューをポーリングして共有サーバータスクを取り出すのに対し、もう片方はそれぞれのサーバーの個別キューをポーリングします（EC2インスタンスのみ）。これらのサービスは、継続的にSQSキューをポーリングして、送られてきたタスクメッセージを取り出し、含まれている情報に基づいてタスクを実行します。サービスをステートレスに保つために、処理で必要なデータはすべて暗号化メッセージにカプセル化されます。

- 個々のLambdaタスクは、SNSトピックを前に置いた別々のLambda関数に対応しています。一般に、LambdaタスクはMagentoのMySQLデータベースを操作するので、Lambda関数はVPC（Virtual Private Cloud：仮想プライベートクラウド）で実行されます。Lambda関数をステートレスに保つために、処理で必要なデータはすべて暗号化メッセージにカプセル化されます。

- タスクが完了するか失敗すると、タスクプロセッサはAmazon SNS経由でレポーターLambdaを呼び出し、エンジンにタスクの成否を報告します。レポーターLambdaは、Amazon DynamoDBのジョブを更新し、クリーンアップ処理（タスクが失敗した場合）か、次のタスクのディスパッチのためにスケジューラーを呼び出します。

◆ 2.2.4　GraphQL

　GraphQL（ URL http://graphql.org）は、Facebookが2012年に開発し、2015年にリリースした人気の高いデータクエリ言語です。複数のラウンドトリップ、オーバーフェッチ、バージョニングに弱点のあるREST（Representational State Transfer）に替わるものとして設計されました。GraphQLは、単一のエンドポイント（たとえば、api/graphql）で、宣言的な階層構造でクエリを実行する方法を提供して、これらの問題の解決を試みます（図2.8）。

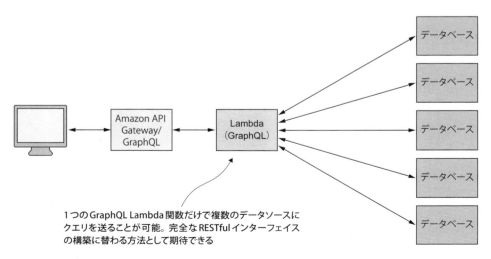

図2.8　サーバーレスコミュニティで人気を集めている、GraphQLとAWS Lambdaアーキテクチャ

> **Column**
>
> ## GraphQLをサポートした新サービスAWS AppSyncについて
> (日本語監修者による補足情報)
>
> 　2017年のAWS re:Inventで、モバイルサービスのカテゴリに分類される新サービス「AWS AppSync」がプレビュー公開されました（2018年2月現在も限定プレビュー中）。
> 　このサービスは、iOSやReact Native、Webなどのクライアントアプリケーションに対して、データの検索やリアルタイム同期、オフライン実行や通知などの機能を提供します。その中でも、検索などのデータアクセスに使われるのがGraphQLです。
> 　それぞれのAPI（GraphQLプロキシ）は受け取るクエリとデータソースをマッピングするために、あらかじめGraphQL SDLでスキーマを定義し、Resolverでデータソースとして DynamoDBのテーブルやAWS Lambda関数、Amazon Elasticsearch Serviceを選択します。これにより異なるデータソースに対してエンドポイントを一元化して、機能ごとに異なるレスポンス構造でクライアントからのデータアクセスが可能になります。AppSyncには他にもモバイルアプリ開発を助ける強力なiOS/Android/Web/React Native向けのSDKが配布されています。ぜひ試してみてください。
>
> URL https://aws.amazon.com/jp/appsync/

GraphQLは、クライアントに権限を与えます。レスポンスの構造は、サーバーで決めてしまうのではなく、クライアントで定義できます（URL https://medium.com/chute-engineering/graphql-in-the-age-of-rest-apis-b10f2bf09bba）。どのプロパティや関係を返すかも、クライアントで指定できます。GraphQLは、一度のラウンドトリップで複数のソースからのデータを1つにまとめてクライアントに返すため、効率よくデータを取り出せます。Facebookによれば、GraphQLは、ほぼ1,000種類のバージョンのアプリケーションから毎秒数百万個も送られてくるリクエストを処理しています。

サーバーレスアーキテクチャでは、GraphQLは通常1つのLambda関数でホスティング、実行されます。Lambda関数は、Amazon API Gatewayに接続することもできます。Scaphold（URL https://scaphold.io）のように、GraphQLをホスティングするサービスもあります。GraphQLは、Amazon DynamoDBなどの複数のデータソースを読み書きでき、リクエストに合わせてレスポンスを組み立てます。サーバーレスGraphQLは、次にAPIからデータをクエリするためのインターフェイスを設計しなければならないときに、ぜひ検討してみたい面白いアプローチです。サーバーレスアーキテクチャでGraphQLを使いたいときには、次の記事を読むとよいでしょう。

- 「A Serverless Blog leveraging GraphQL to offer a REST API with only 1 endpoint using Serverless v0.5（GraphQLを活用して1個のエンドポイントだけでREST APIを提

供する、サーバーレスなブログ）」
  URL https://github.com/serverless/serverless-graphql-blog

- 「Serverless GraphQL（サーバーレス GraphQL）」
  URL http://kevinold.com/2016/02/01/serverless-graphql.html

- 「Pokémon Go and GraphQL with AWS Lambda（Pokémon Go と AWS Lambda による GraphQL）」
  URL https://medium.com/scaphold/pok%C3%A9mon-go-and-graphql-with-aws-lambda-a6d53f254424

◆ 2.2.5 グルー

　Compute-as-glueアーキテクチャ（**図2.9**）は、Lambda関数を使って強力な実行パイプラインとワークフローを作ろうという考え方です。この方法では、サービスとサービスの間のグルー（糊(のり)）として、サーバー間の調整やサーバーの起動のためにLambda関数を使います。このスタイルのアーキテクチャでは、開発者はパイプラインの設計、調整、データのフローに重点を置くことになります。AWS Lambdaなどのサーバーレス計算サービスの並列性は、この種のアーキテクチャを魅力的なものにするために役立ちます。本書で紹介するコード例では、このパターンを使って動画をトランスコードするイベント駆動型のパイプラインを作ります（特に第3章では、パイプラインの作り方とこのパターンを使って、複雑なタスクを比較的簡単にこなす方法を詳しく説明します）。

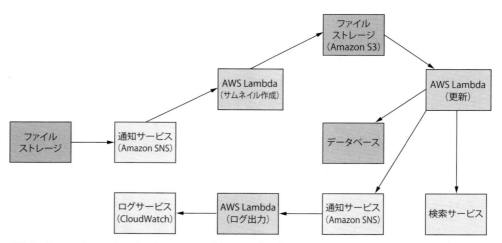

図2.9 Compute-as-glueアーキテクチャの例。このパイプラインは、新ファイルにイメージ変換結果を格納し、データベースと検索サービスを更新して、ログサービスに新しいエントリを追加している

ListHubの処理エンジン

EPX Labsは、大規模なXMLの新規不動産情報を処理できるシステムを作っています（**図2.10**）。Evan SinicinとPrachetas Prabhuによれば、システムの目標は「新規情報をプルし、大きなファイルを1つずつのXMLドキュメントに分割して、それらを並列処理すること」です。また、彼らは処理の具体的な内容として、パース、チェック、書き出し、格納を挙げています。

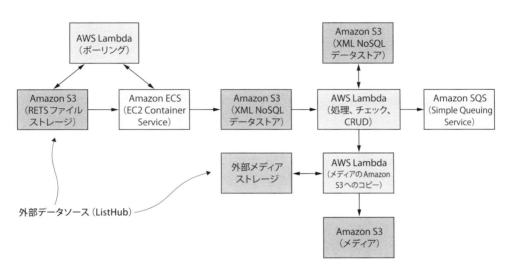

図2.10 EPX Labsが構築した、大規模な（10GB以上の）XMLドキュメントを処理できるシステム

彼らが説明するシステムの詳細は次のとおりです。

- システムの目的は、XML形式の不動産情報の入力を処理することです。入力は、ListHubから無数にネストされたリスト情報が含まれた大規模な（10GB以上）XMLドキュメントという形で与えられます。ファイルは、直接ダウンロード、処理できるようにAmazon S3経由で提供されます。リストは、RETS（Real Estate Transaction Standard：不動産取引情報標準規格）形式に準拠しています。
- ListHubはプッシュ機能を一切持っていないので、ポーリングLambdaでS3オブジェクトの最終変更日時のメタデータをチェックして、新しいデータが追加されているかどうかを確認します。通常は12時間ごとにポーリングしています。
- 新しいデータが追加されていたら、ポーリングLambdaはAmazon ECS（EC2 Container Service）のコンテナを起動して、巨大ファイルをパースします。この処理に時間がかかるため、Amazon ECSを使っています（AWS Lambdaの実行時間の上限は5分）。ECSコンテナでは、入力ファイルを非同期に処理してパースした結果をAmazon S3に書き込むClojureプログラムが実行されます。

- EPX Labsは、NoSQLストアとしてAmazon S3を使っています。Amazon S3のPut Objectイベントトリガーを使うと、Amazon S3に新しいXMLリストが書き込まれるたびに、チェックとハイドレーション（書き出し）を行うAWS Lambdaが起動されます。他のS3バケットに、処理済みのリストID（オブジェクトキーとして使われる）が格納されており、AWS LambdaはID／キーがすでにあるかどうかをチェックすれば、以前の実行でリストが処理されていないことをすぐに確かめられます。
- チェックLambdaは、書き出しLambda（メディアのAmazon S3へのコピーLambda）も起動します。このAWS Lambdaは、写真や動画などのアセットをS3バケットにコピーし、フロントエンドに表示できるようにします。
- 最後のステップでは、正規化された関連するリストデータを最終的なデータストアに保存します。フロントエンドや他のシステムにデータを送るときには、このデータストアが使われます。膨大な書き込みにデータが追いつかなくなるのを避けるために、リストデータはSQSキューにプッシュされ、最終データストアが処理できるスピードで処理されます。

EvanとPrachetasは他にも、安くて高性能でスケーラブルなNoSQLデータストアとしてAmazon S3を使えていることや、膨大な並列処理のためにAWS Lambdaを使えていることなど、自分たちのアプローチには数々のメリットがあると述べています。

◆ 2.2.6　リアルタイム処理

2.1.3「リアルタイム分析」でも述べたように、Amazon Kinesis Data Streamsは、膨大なストリーミングデータの処理、分析を助けられるテクノロジーです。そのようなデータには、**図2.11**に

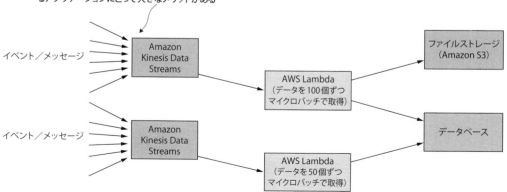

図2.11　AWS Lambdaは、ほぼリアルタイムのデータ処理に最適なツール

示すように、ログ、イベント、トランザクション、ソーシャルメディアからの入力など、考えられるほぼあらゆるデータが含まれます。時間とともに変化するデータを継続的に収集するには、Amazon Kinesis Data Streamsはよい選択肢です。AWS Lambdaは処理しなければならないデータの量に応じて自動的にスケーリングするため、Amazon Kinesis Data Streamsのデータ処理には最適なツールです。

Amazon Kinesis Data Streamsを使うと、次のようなことを実現できます。

- Lambda関数を起動する前にKinesisデータストリームに渡されるデータの量を決め、最初にKinesisデータストリームにどのようにデータを送り込むかを制御すること
- Kinesisデータストリームを、Amazon API Gatewayの背後に配置すること
- クライアントから直接ストリームにデータをプッシュしたり、Lambda関数にレコードを追加させたりすること

2.3 パターン

パターンとは、ソフトウェア設計の問題に対するアーキテクチャ上の解決策です。パターンは、ソフトウェア開発で広く見られる問題に対処するために設計されています。また、ソリューションを共同で開発する開発者たちにとっては、非常にすばらしいコミュニケーションツールになります。同じ部屋にいる全員が適用できるパターンはどれか、そのパターンはどのように機能するか、どのような長所と短所を持っているかを知っていれば、問題に対する答えはずっと見つけやすくなります。この節で示すパターンは、サーバーレスアーキテクチャの設計問題を解決するのに役に立ちます。しかし、これらのパターンは、サーバーレスだけのものではありません。サーバーレステクノロジーが有望な存在になるよりもはるか前から、分散システムでは使われてきたものなのです。本章で取り上げるパターン以外でも、認証（Federated Identityパターンについては第4章を参照）、データ管理（CQRS：コマンドクエリ責務分離、イベントソーシング、マテリアライズドビュー、シャーディング）、エラー処理（Retryパターン）に関連したパターンについて、よく理解しておくことをおすすめします。これらのパターンを学び、応用すると、どのプラットフォームを選ぶかにかかわらず、より優れたソフトウェア技術者になれます。

2.3.1 Commandパターン

GraphQLアーキテクチャ（32ページ）では、1つのエンドポイントだけで、異なるデータを伴った異なるリクエストを処理できることについて触れました（1個のGraphQLエンドポイントが、クライアントフィールドの任意の組み合わせを受け付けて、リクエストに合ったレスポンスを作ることができます）。この考え方を一般化すれば、特定のLambda関数が他の関数を制御して呼

び出すシステムも設計できます。このAWS LambdaをAmazon API Gatewayに接続するか、マニュアルで呼び出すことで、他のLambda関数を起動できます。

　ソフトウェア工学では、Commandパターン（図2.12）とは、「リクエストの違いに基づいてクライアントをパラメータ化したり、リクエストをキューイング、ロギングしたり、取り消し可能な操作をサポートしたりするために、リクエストをオブジェクトにカプセル化すること」とされています。カプセル化とは、「要求されている操作やリクエストのレシーバーについて何も知らずにオブジェクトにリクエストを発行できるようにするために必要」とされています（ URL https://sourcemaking.com/design_patterns/command）。Commandパターンを使えば、要求された処理を実行するエンティティから操作の呼び出し元を切り離すことができます。

　実際、すべてのリクエストタイプごとにRESTful URIを作るのは避けたいことであり、不必要なことでもあります。そのため、このパターンを使えばAmazon API Gatewayの実装を単純化でき、バージョン管理も簡単になります。CommandパターンのLambda関数で、異なるバージョンのクライアントを処理し、クライアントが要求する正しいLambda関数を呼び出すことができます。

使うべきとき

　このパターンは、呼び出し元とレシーバーを切り離したいときに役に立ちます。引数としてオブジェクトを渡せるようにして、クライアントがパラメータによって異なるリクエストを指定できるようにすると、コンポーネント間の密結合が軽減され、システムの拡張性を高めるのに役立ちます。Amazon API Gatewayにレスポンスを返さなければならない際は、このアプローチを使うのは注意が必要です。関数を追加するとレイテンシーは増大します。

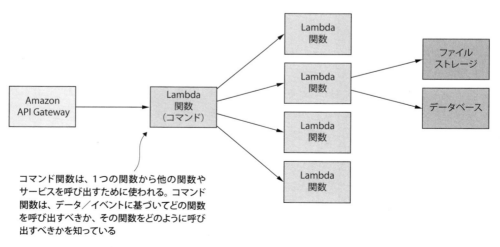

図2.12　Commandパターン

2.3.2 Messaging パターン

図2.13のMessagingパターンは、関数やサービスを直接的な相互依存関係から切り離し、イベント、レコード、リクエストをキューに格納するパターンです。スケーラブルで堅牢なシステムを構築できるため、分散システムで非常によく使われています。コンシューマーサービスがオフラインになっても、メッセージはキューに残り、あとで処理できる状態を保つことから、高い信頼性が得られます。

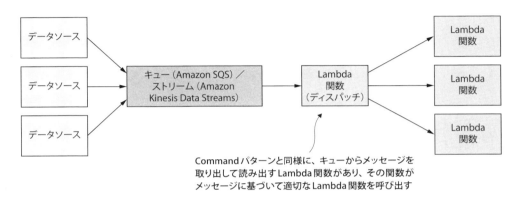

図2.13 Messagingパターン。さまざまな変種が、分散環境で広く使われている

このパターンは、キューにポストできるセンダーとキューからメッセージを取り出すレシーバーとを持つメッセージキューによって形作られます。AWSでは、Amazon SQS（Simple Queue Service）をベースとして実装できます。しかし、現時点ではAWS LambdaはAmazon SQSと直接統合されていないため、定期的にLambda関数を実行してキューをチェックする、といった方法で我慢しなければなりません。

システムの設計次第で、メッセージキューのセンダー／レシーバーは1つでも多数でもかまいません。SQSキューは、一般にキューごとに1つのレシーバーを持ちます。複数のコンシューマーを持ちたい場合には、システムに複数のキューを導入するのが素直な方法でしょう（**図2.14**）。これを実現するには、Amazon SQSとAmazon SNSを組み合わせます。SQSキューは、SNSトピックにサブスクライブできます。トピックにメッセージをプッシュすると、サブスクライブしているすべてのキューに自動的にメッセージがプッシュされます。

デッドレターキュー（ URL http://amzn.to/2a3HJzH）などの機能はありませんが、Amazon SQSの代わりにAmazon Kinesis Data Streamsを使うこともできます。Amazon Kinesis Data Streamsは、AWS Lambdaと統合されているため、レコードの順序付けられたシーケンスを提供し、マルチコンシューマーをサポートします。

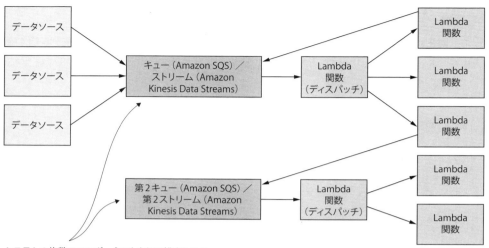

システムの複数のコンポーネントを切り離すために、
複数のキュー／ストリームを使う

図2.14 送られてくるあらゆるデータを処理するために、複数のキュー／ストリームとLambda関数を持つシステム

使うべきとき

これはワークロード処理、データ処理でよく使われているパターンです。キューはバッファーとしても機能しており、コンシューマーがクラッシュしてもデータは失われません。コンシューマーが再起動して再び処理を始めるまでキューに残ります。メッセージキューを使うと、関数間の密結合が減るため、将来の変更も楽になります。データ、メッセージ、リクエストを大量に処理する環境では、他の関数に直接依存する関数の数を最小限に抑え、Messagingパターンを使うことを検討すべきです。

2.3.3 Priority queue パターン

AWSのようなプラットフォームとサーバーレスアーキテクチャを使うと、キャパシティプランニングやスケーラビリティの確保が、自分で解決すべき問題ではなく、Amazonの技術者が解決すべき問題になるという大きなメリットがあります。しかし、メッセージをいつどのように処理するかをシステム自身が決められるようにしたい場合もあります。そのような場合には、関数にメッセージを送るときに複数のキュー、トピック、ストリームを使い分けなければならないかもしれません。そのため、1歩先に進んで、図2.15に示すように優先順位の異なるメッセージに対してまったく異なるワークフローを用意するのです。すぐに処理しなければならないメッセージは、コストのかかるサービスや能力の高いAPIを使って素早く処理します。急いで処理しなくて

もよいメッセージは、別のワークフローで処理します。

このパターンでは、まったく異なるSNSトピック、Kinesisデータストリーム、SQSキュー、Lambda関数を作り、場合によってはサードパーティサービスさえ別々に作ることになります。このようにコンポーネント、依存ファイル、ワークフローを増やしていくと、複雑度が増すことになるため、このパターンは控え目に使うようにすべきです。

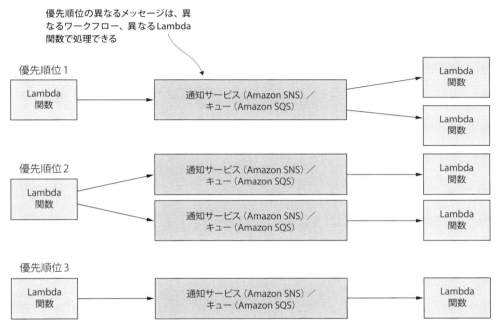

図2.15 Priority queueパターンは、Messagingパターンの進化形

使うべきとき

このパターンは、メッセージに優先順位を付けて処理方法を変えなければならないときに役に立ちます。システムはさまざまなタイプのニーズ、ユーザー（たとえば、有料ユーザーと無料ユーザー）に対して異なるサービスやAPIを使うワークフローを定義できます。

◆ 2.3.4　Fanout パターン

Fanoutは、AWSのユーザーの多くがよく知っている、メッセージングのパターンです。一般に、Fanoutパターンは、特定のキューやメッセージパイプラインをリスン／サブスクライブするすべてのクライアントにメッセージをプッシュするために使われます。AWSでは、トピックに新しいメッセージが追加されたときに複数のサブスクライバーを呼び出せるSNSトピックを

使って、このパターンを実装します。たとえばAmazon S3について考えてみましょう。バケットに新しいファイルが追加されると、Amazon S3はファイルについての情報を引数として、1つのLambda関数を呼び出します。しかし、同時に2つ、あるいは3つ、4つといった複数のLambda関数を呼び出さなければならないときにはどうすればよいでしょうか。Commandパターンのように、複数の関数を呼び出すようにLambda関数を書き換える方法もありますが、それでは関数を並列実行すればよいだけのときにも大仕事になってしまいます。正解は、Amazon SNSを使ったFanoutパターンです（**図2.16**）。

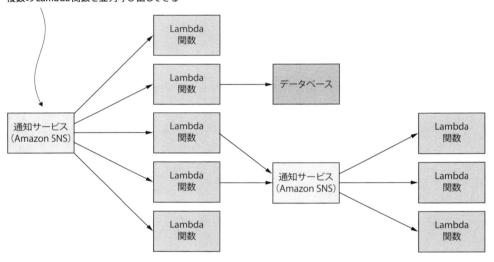

図2.16 Fanoutパターン。イベントが発生したときにLambda関数を1つだけ呼び出せる多くのAWSサービス（たとえばAmazon S3）を使う際に役立つ

　SNSトピックは、複数のパブリッシャーとサブスクライバー（Lambda関数を含む）を持つことができる通信／メッセージングチャネルです。トピックに新しいメッセージが追加されると、強制的にすべてのサブスクライバーが並列に起動されるため、これを利用すればイベントを「ファンアウト（扇形に送出）」することができます。先ほどのAmazon S3の例に戻ると、1個のメッセージ処理用のLambda関数を呼び出すのではなく、SNSトピックにメッセージをプッシュするようにAmazon S3を構成すると、トピックにサブスクライブしたすべての関数が同時に起動されるようになります。これは、並列に処理を実行できるイベント駆動アーキテクチャを作る際の効果的な方法になります。第3章では、実際にこれを作っていきます。

使うべきとき

このパターンは、同時に複数のLambda関数を呼び出さなければならないときに役に立ちます。メッセージが届かないときや関数が実行に失敗したときには、SNSトピックはLambda関数を繰り返し呼び出そうとします。Fanoutパターンは、複数のLambda関数の呼び出し以外の用途にも使えます。SNSトピックは、電子メールやSQSキューなどのサブスクライバーもサポートします。トピックに新しいメッセージをプッシュしたときに、Lambda関数の呼び出し、メール送信、SQSキューへのメッセージのプッシュをすべて同時に行う、といったことも実現できます。

◆ 2.3.5　Pipes and filters パターン

Pipes and filtersパターンの目的は、複雑なタスクを分解して、パイプラインに並んだ一連の管理しやすい別々のサービスに整理することです（図2.17）。データの変換を目的とするコンポーネントは古くから「フィルタ」と呼ばれ、コンポーネントからコンポーネントにデータを受け渡すコネクターは古くから「パイプ」と呼ばれています。サーバーレスアーキテクチャは、この種のパターンに非常によく適合します。このパターンは、結果を得るために複数のステップを必要とするあらゆるタイプのタスクで役に立ちます。

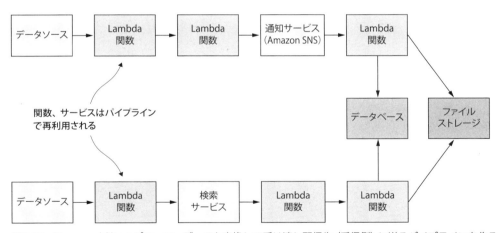

図2.17　Pipes and filtersパターン。データを変換して受け渡し配信先（受信側）に送るパイプラインを作る

Lambda関数は、どれも粒度の細かいサービスとして、つまり単一責任原則を念頭に置いて書くことをおすすめします。入力と出力を明確に定義し（つまり、インターフェイスを明確にし）、副作用を最小限に抑えるようにしましょう。このアドバイスに従えば、サーバーレスシステム全体のさまざまなパイプラインで広く再利用できる関数を作れるようになります。このパターンは、先ほど説明したCompute-as-glueアーキテクチャに似ていると思われたのではないでしょうか。

Compute-as-glueアーキテクチャは、このパターンから触発されたものです。

> **使うべきとき**

複雑なタスクがあるときには、次のルールに従って一連の関数（パイプライン）に分解することを検討しましょう。

- 単一責任原則に従った関数を書くようにすること
- 関数を冪等（同じ入力に対してはいつも同じ出力が生成される）にすること
- 関数のインターフェイスを明確に定義すること。入力と出力を明確に指定すること
- ブラックボックスを作ること。関数のコンシューマーは、関数がどのような仕組みになっているかを知らなくても、使い方がわかり、どのような出力が得られるかがわかっていなければならない

2.4 まとめ

本章では、サーバーレスのユースケース、アーキテクチャ、パターンに注目してきました。システム構築の長い旅に出かける前に、これらを理解した上で検討することはとても大切なことです。本章で取り上げたアーキテクチャは、次のとおりです。

- Compute-as-back-end
- Compute-as-glue
- レガシー API ラッパー
- ハイブリッド
- GraphQL
- リアルタイム処理

取り上げたパターンは、次のとおりです。

- Command パターン
- Messaging パターン
- Priority queue パターン
- Fanout パターン
- Pipes and filters パターン

次章以降では、特にCompute-as-back-endアーキテクチャとCompute-as-glueアーキテクチャ

に重点を置きながらこの章で取り上げたものを活用していきます。次章では、サーバーレスアプリケーションの構築に着手し、Compute-as-glueアーキテクチャを実装してFanoutパターンを試します。

第3章 サーバーレスアプリケーションの構築

この章の内容

- □ Lambda関数のコーディング、テスト、デプロイ
- □ 動画のトランスコードのための基本的なイベント駆動システムの開発
- □ Amazon S3、Amazon SNS、Amazon Elastic TranscoderなどのAWSサービスの使い方

　それでは、サーバーレスアーキテクチャの理解を深めるために、サーバーレスアプリケーションを作っていきましょう。具体的には、YouTubeのミニクローンともいうべき動画共有サイト「24-Hour Video」を作ります。このアプリケーションは、ユーザー登録、認証機能を持つウェブサイトで運用されます。ユーザーは、動画を視聴、アップロードすることができます。さまざまな場所からさまざまなデバイスで接続しているユーザーが動画を視聴できるようにするために、システムにアップロードされた動画は、さまざまな解像度、ビットレートにトランスコードされます。アプリケーションの構築には、AWS Lambda、Amazon S3、Amazon Elastic Transcoder、Amazon SNSなどのさまざまなAWSサービスと、Auth0やFirebaseといったAWS以外のサービスを使います。本章では、アップロードされた動画をトランスコードするサーバーレスパイプラインを構築します。

3.1 24-Hour Video

　この章の細かい作業に入る前に、少し先回りして最終章に到達するまでに達成するはずの仕事の全体像を見ておきましょう。**図3.1**は、これから開発する主要なコンポーネントを大づかみに示したものです。

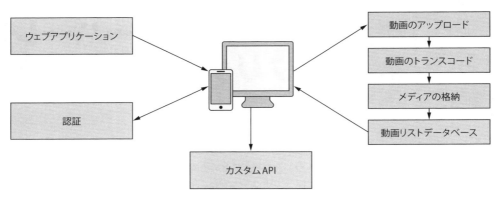

図3.1 本書全体を通じて作成する主要なコンポーネント

これから構築するウェブサイトは**図3.2**のような画面になります。ユーザーがアップロードした動画はメインページに表示されます。ユーザーがサムネイルをクリックすると、対応する動画が再生されます。

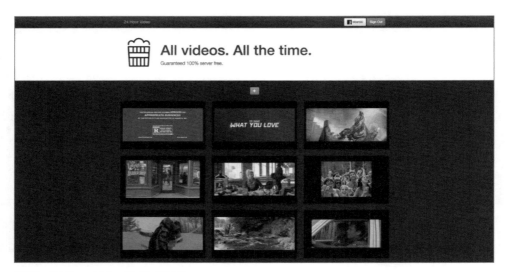

図3.2 24-Hour Videoサイトの画面

本書全体を通じて24-Hour Videoを構築する目的は、次の3つです。

- AWS Lambdaなどのサービスを使ってサーバーレスバックエンドを作るのが、いかに簡単かを具体的に示すこと。各章で24-Hour Videoに新しい機能を追加していきます。

- サーバーレスのさまざまなアーキテクチャ、パターンを実装し、探究すること。役に立つヒント、トリックなども示します。
- 各章末の演習問題にチャレンジできるようにすること。一部の問題は、皆さんが24-Hour Videoを作っていることを前提としており、追加機能を実装したり変更を加えたりする問題になっています。演習問題は、新しい概念が理解できているかどうかを試すすばらしいチャンスであり、チャレンジすればとにかく楽しめるでしょう。

しかし、開発に取り掛かるためには、まずマシンをセットアップし、必要なツールをインストールし、AWSのサービスを設定しなければなりません。その詳細は、付録Bで説明しています。**まず付録Bを読み通してから、ここに戻ってきてください。**

準備できましたか？　では、冒険に出発しましょう。

3.1.1　一般的な要件

この章では、「アップロードされた動画を入力として、さまざまな形式とビットレートにトランスコードするイベント駆動パイプライン」という、システムの中でも重要な部分を構築します。24-Hour Videoは、プッシュベースのイベント駆動システムであり、動画のエンコードのワークフローは、動画がS3バケットにアップロードされた際に自動的に開始されます。**図3.3**は、開発しようとしている2つのメインコンポーネントを示しています。

AWSにおけるサーバーレス動画トランスコードパイプラインの開発

図3.3　最初のチャレンジ：サーバーレスのトランスコードパイプライン

ここでAWSの料金について簡単に説明しておきます。ほとんどのAWSサービスには、無料利用枠があります。24-Hour Videoサンプルの開発では、ほとんどのサービスが無料利用枠の範囲に収まるはずですが、Amazon Elastic Transcoderについては、少し料金が発生するでしょう。

Amazon Elastic Transcoderの無料利用枠は、月に20分のSD出力と10分のHD（720p以上）出力です（ここでいう「分」は、トランスコーダーの実行時間ではなく、出力される動画の長さです）。他のサービスと同じように、料金はAmazon Elastic Transcoderが使われているリージョンによって変わります。たとえば、米国東部リージョンの場合、1分のHD出力は0.03ドルです。つまり、10分のソースファイルをエンコードすると、30セントになります。他のリージョンにおけるAmazon Elastic Transcoderの料金は、次のページに掲載されています。

Amazon Elastic Transcoder 料金表
URL https://aws.amazon.com/elastictranscoder/pricing/

Amazon S3の無料利用枠では、毎月標準ストレージに5GBのデータを格納し、20,000回のGETリクエスト、2,000回のPUTリクエストを発行し、15GBのデータを送信することができます。AWS Lambdaの無料利用枠では、100万のリクエストを発行し、40万GB秒の計算時間を使えます。初歩的なシステムでは、この無料枠の範囲に十分に収まるはずです。

24-Hour Videoの要件はおおよそ次のとおりです。

- トランスコードプロセスは、アップロードされたソース動画を3種類の異なる解像度、ビットレートに変換します（汎用720p、汎用1080p、ウェブ／YouTube／Facebookフレンドリーなビットレートの低い720p）。
- S3バケットを2つ使います。ソースファイルはアップロードバケットに送られ、新しくトランスコードされたファイルはトランスコード済み動画バケットに保存されます。
- 動画を公開し視聴、ダウンロードできるようにするために、トランスコード済み動画ファイルに対するアクセス権限を変更できなければなりません。
- トランスコードが成功するたびに、ファイルについての情報が書かれたメールで通知が送られます。この通知にはAmazon SNSを使います。
- 動画メタデータを格納する小さなJSONファイルが作られ、トランスコード済み動画とともに格納されます。このメタデータには、サイズ、ストリーム数、再生時間などのファイルの基本情報が格納されます。

作業を管理しやすくするために、npm（Node Package Manager）を使ってビルド、デプロイシステムをセットアップします。Lambda関数のテスト、パッケージングとAWSへのデプロイを自動化するために、できる限り早い段階でセットアップしてください。しかし、開発、運用についてのバージョン管理やデプロイといった側面は一時的に忘れてかまいません。これらについては、あとで説明します。

◆ 3.1.2　AWS (Amazon Web Services)

　皆さんのサーバーレスバックエンドの開発では、AWSが提供する複数のサービスを使います。具体的には、ファイルの格納のためのAmazon S3、動画変換のためのAmazon Elastic Transcoder、通知のためのAmazon SNS、カスタムコードの実行とシステムの主要部分のオーケストレーションのためのAWS Lambdaです。これらのサービスの概要については、付録Aを参照してください。基本的には、次のAWSサービスを使います。

- システムの中の処理のとりまとめが必要な部分や、他のサービスでは直接実行できない部分は、AWS Lambdaで処理します。ここでは3つのLambda関数を作ります。
- 第1のLambda関数は、Elastic Transcoderジョブを作って実行します。この関数は、ファイルがアップロードバケットにアップロードされるたびに自動的に呼び出されます。
- 第2のLambda関数は、トランスコード済み動画バケットに新しくトランスコードされた動画が追加されると起動され、公開アクセスになるようにファイルのアクセス権限を変更します。これでユーザーは新ファイルを視聴、ダウンロードできるようになります。
- 第3のLambda関数も、新しくトランスコードされた動画ファイルが作成されたときに起動され、動画を分析してメタデータファイルを作成し、Amazon S3に保存します。
- Amazon Elastic Transcoderは、動画を他の解像度、ビットレートにトランスコードします。デフォルトのエンコーディングをあらかじめ設定しておくと、トランスコーダーのためにカスタムプロフィールを作る作業が楽になります。
- Amazon SNSは、トランスコードされたファイルがトランスコード済み動画バケットに格納された際に通知を発行します。この通知は、ファイルについての情報が書かれたメールの送信と第2、第3のLambda関数の呼び出しに使われます。

　図3.4は、私たちが提案するアプローチの詳細なフローを示しています。ユーザーがシステムとやり取りしなければならないのは、最初の動画ステージだけだということに注意してください。この図とアーキテクチャは複雑に見えるかもしれませんが、システムを管理しやすいチャンクに分割し、それらを1つずつ片付けていくことにします。

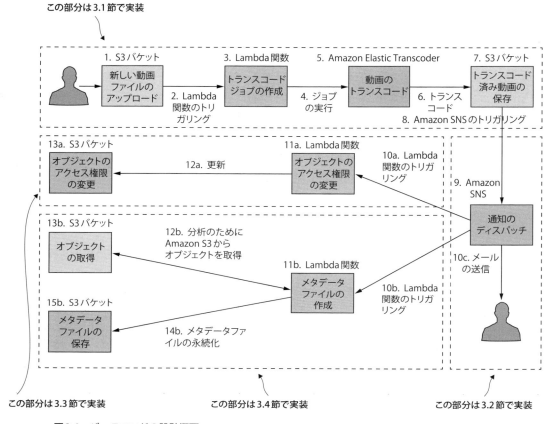

図3.4 バックエンドの設計概要

3.1.3 最初の Lambda 関数の作成

　すでに、付録Bでセットアップと構成の細かい部分を済ませているので、早速最初のLambda関数を書いてみましょう。インストール中に作成したpackage.jsonと同じディレクトリに、index.jsという新しいファイルを作成し、お好みのテキストエディタで開いてください。このファイルに最初の関数を書き込みます。ここで大切なのは、Lambdaランタイムから呼び出される関数ハンドラを定義しなければならないということです。ハンドラは、`event`、`context`、`callback`の3個の引数を取り、次のように定義されます。

```
exports.handler = function(event, context, callback){}
```

　Lambda関数は、新しいファイルがバケットに書き込まれるとすぐにAmazon S3から呼び出されます。アップロードされた動画についての情報（バケット名とアップロードされたファイル

のキー）は、eventオブジェクトを通じてLambda関数に渡されます。この関数は、そのあとで
Amazon Elastic Transcoderのジョブを準備します。入力ファイルと出力される可能性のあるすべ
てのものを指定します。最後にジョブを実行して、Amazon CloudWatch Logsストリームにメッ
セージを書き込みます。**図3.5**は、プロセスのこの部分を図示したものです。

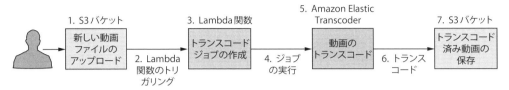

図3.5　最初のLambda関数

リスト3.1は、関数の実装を示しています。この内容をindex.jsにコピーしましょう。先ほど
作成したElastic Transcoderパイプラインに対応するパイプラインIDを設定するのを忘れないよ
うにしてください。付録Bで作ったパイプラインの横の虫眼鏡ボタンをクリックすれば、Elastic
Transcoderコンソール内でパイプラインID（**図3.6**）を見ることができます。

図3.6　Elastic Transcoderコンソール内のパイプラインID

リスト3.1 Transcode Video Lambda関数

```javascript
'use strict';

var AWS = require('aws-sdk');

var elasticTranscoder = new AWS.ElasticTranscoder({
region: 'us-east-1'
});

exports.handler = function(event, context, callback){

    var key = event.Records[0].s3.object.key;

    var sourceKey = decodeURIComponent(key.replace(/\+/g, " "));

    var outputKey = sourceKey.split('.')[0];

    console.log('key:', key, sourceKey, outputKey);

    var params = {
        PipelineId: '1451470066051-jscnci',
        OutputKeyPrefix: outputKey + '/',
        Input: {
            Key: sourceKey
        },
        Outputs: [
        {
            Key: outputKey + '-1080p' + '.mp4',
            PresetId: '1351620000001-000001'
        },
        {
            Key: outputKey + '-720p' + '.mp4',
            PresetId: '1351620000001-000010'
        },
        {
            Key: outputKey + '-web-720p' + '.mp4',
            PresetId: '1351620000001-100070'
        }
    ]};
    elasticTranscoder.createJob(params, function(error, data){
        if (error){
            callback(error);
        }
    });
};
```

- キーは、バケット内のオブジェクトを一意に識別する。キーは、元のファイル名と任意のキー名プレフィックスから構成される。なお、このコードはあまり安全に作られていない。エラーや、予期せぬ問題を穏やかに処理することができていないのだ。改良してみよう
- S3のキー名はURLエンコードされるので、「My Birthday Video.mp4」というファイル名は、「My+Birthday+Video.mp4」と表現される。元のスペース付きファイル名を得るためには、キー名のデコードが必要になる
- オリジナルのキーの拡張子は、トランスコードされた新しいファイルでは不要。キー名本体は、出力動画の名前の中で使われる
- PipelineIdは、実際のElastic Transcoderパイプラインの IDに合わせて忘れずに書き換えること
- 出力キープレフィックスは、トランスコード済み動画バケットのファイルに論理的な階層構造（フォルダー）を与える
- システムプリセットを使ってAmazon Elastic Transcoderの出力を指定する。独自プリセットを作ったり、他の既存プリセットを選択したりしてもかまわない。すべての既存プリセットのリストは URL https://docs.aws.amazon.com/elastictranscoder/latest/developerguide/system-presets.html に掲載されている
- Amazon Elastic Transcoderの汎用1080p用プリセット
- Amazon Elastic Transcoderの汎用720p用プリセット
- Amazon Elastic Transcoderのウェブフレンドリーな720p用プリセット
- Amazon Elastic Transcoderは、ジョブの作成に失敗すると、コールバック関数を通じてCloudWatchにエラーを書き込む

3.1.4 Lambda 関数の命名

Lambda関数を格納するファイルには、index.js以外の名前を付けられます。その場合、新しいファイル名に合わせてAWSのLambda構成パネルのハンドラの値を変更しなければなりません。たとえば、ファイル名をindex.jsからTranscodeVideo.jsに変えることにした場合には、AWSコンソールでハンドラ名をTranscodeVideo.handlerに変えなければなりません（**図3.7**）。

ファイル名を変えた際は、ハンドラ名の更新を忘れないようにする

図3.7 AWSコンソールでハンドラ名を設定する

3.1.5 ローカルテスト

リスト3.1からindex.jsに関数をコピーしたら、自分のマシンでローカルにテストしたいところです。でも、どうすればよいでしょうか。イベントをシミュレートして、関数をそれに反応させればよさそうです。関数を呼び出し、`event`、`context`、`callback`の3つの引数を渡すのです。

すると、関数はAWS Lambdaで実行されているかのように実行され、デプロイしなくても結果がわかるはずです。

run-local-lambdaというnpmモジュールを使えばLambda関数をローカルで実行することができます。このモジュールをインストールするには、ターミナルウィンドウから次のコマンドを実行します（関数と同じディレクトリで実行するようにしてください）。

```
npm install run-local-lambda --save-dev
```

また、ローカル環境でLambdaランタイムをシミュレートするために、付録Bでpackage.jsonに書いたaws-sdk（338ページ参照）もインストールする必要があります。`npm install aws-sdk`も実行してください。

> **注意！**
> このモジュールを使えば、Lambda関数を実行することはできますが、AWS Lambdaの環境をエミュレートしてくれるわけではありません。AWSでLambdaを実際に動かすときのメモリーサイズ、CPU、一時ローカルディスクストレージ、オペレーティングシステムなどは反映されません。

package.jsonを書き換えて、testスクリプト部分を**リスト3.2**のように変更しましょう。このtestスクリプトは、関数を呼び出し、event.jsonの内容を渡します。event.jsonは、イベントオブジェクトとしてこれから作るものです。このモジュールの詳細は、他のパラメータや実行例も含めて、次のページで詳しく説明されています。

run-local-lambda - npm
URL https://www.npmjs.com/package/run-local-lambda

リスト3.2 testスクリプト

```
"scripts": {
    "test": "run-local-lambda --file index.js --event tests/event.json"
}
```

このtestスクリプトは、run-local-lambdaというnpmモジュールを使ってLambda関数を実行する。オプションで--file、--event、--handler、--timeoutの4個の引数を指定可能

このtestスクリプトを機能させるためには、event.jsonファイルが必要です。このファイルには、run-local-lambdaがLambda関数に渡すイベントオブジェクトの定義が含まれていなければなりません。index.jsと同じディレクトリにtestsというサブディレクトリを作り、その中にevent.jsonというファイルを作ってください。そして、**リスト3.3**の内容をevent.jsonにコピーして保存します。

リスト3.3 イベントオブジェクトのシミュレート

```
{
    "Records":[
        {
            "eventVersion":"2.0",
            "eventSource":"aws:s3",
            "awsRegion":"us-east-1",
            "eventTime":"2016-12-11T00:00:00.000Z",
            "eventName":"ObjectCreated:Put",
            "userIdentity":{
                "principalId":"A3MCB9FEJCFJSY"
            },
            "requestParameters":{
                "sourceIPAddress":"127.0.0.1"
            },
            "responseElements":{
                "x-amz-request-id":"3966C864F562A6A0",
                "x-amz-id-2":"2radsa8X4nKpba7KbgVurmc7rwe/"
            },
            "s3":{
                "s3SchemaVersion":"1.0",
                "configurationId":"Video Upload",
                "bucket":{
                    "name":"serverless-video-upload",
                    "ownerIdentity":{
                        "principalId":"A3MCB9FEJCFJSY"
                    },
                    "arn":"arn:aws:s3:::serverless-video-upload"
                },
                "object":{
                    "key":"my video.mp4",
                    "size":2236480,
                    "eTag":"ddb7a52094d2079a27ac44f83ca669e9",
                    "sequencer": "005686091F4FFF1565"
                }
            }
        }
    ]
}
```

S3宣言は、このファイルでもっとも重要な部分。Amazon S3がLambda関数を呼び出したときのイベントオブジェクトはこのような構造になる

keyはファイル名。テストでは、どんな値を指定してもかまわない

AWSでは、これらのパラメータがアップロードされたオブジェクトのバケット名とキーになる。ローカルテストでは、これらのパラメータにはどんな値を指定してもかまわないが、AWSにアップロードしたときのために、バケット名は付録Bで設定した実際の名前に変更する

関数のあるディレクトリでターミナルウィンドウから npm test コマンドを実行すれば、テストを実行できます。動作したら、ターミナルに表示される key、sourceKey、outputKey の値に注目してください。

テストスクリプトを実行したときに、AccessDeniedExceptionというエラーメッセージが表示される場合があります。lambda-uploadというユーザーには、新しいElastic Transcoderジョブを作るアクセス権限がないので、これは当然のことです。AWSにアップロードすれば、lambdauploadには付録Bで定義したIAM（Identity and Access Management）ロール（334ページ参照）が与えられているはずなので、正しく動作するはずです。また、章末の演習問題の1つで、ローカルシステムからElastic Transcoderジョブを作るためのポリシーをIAMユーザー（lambda-upload）に追加します。

◆ 3.1.6　AWSへのデプロイ

Lambda関数の準備ができたので、AWSにデプロイしましょう。まず、package.jsonを書き換えて、predeploy、deployスクリプトを作る必要があります。predeployスクリプトは、関数のzipファイルを作ります。deployスクリプトは、このzipファイルをAWSにデプロイします。Windowsユーザーの皆さんは、redeployスクリプトで必要なzipコマンドがデフォルトではインストールされていないはずです。この問題の解決方法の詳細は、付録Bのコラム「zipとWindows（339ページ）」を参照してください。では、**リスト3.4**に示すように、package.jsonにdeploy、predeployスクリプトを追加しましょう。

リスト3.4　deploy、predeployスクリプト

```
"scripts": {
    "test": "run-local-lambda --file index.js --event tests/event.json",
    "deploy": "aws lambda update-function-code --function-name ➡
arn:aws:lambda:us-east-1:038221756127:function:transcode-video ➡
--zip-file fileb://Lambda-Deployment.zip",
    "predeploy": "zip -r Lambda-Deployment.zip * -x *.zip *.json *.log"
}
```

npmは、deployスクリプトを実行する前にpredeployスクリプトを実行する。predeployスクリプトは、関数のzipファイル、ローカルnodeモジュール、その他のファイルをカレントディレクトリに作成する。なお、zip、json、logファイルはアップロードする必要がないので、デプロイファイルにzipされないように明示的に対象から外している

AWS CLIが関数コードをデプロイする。重要なパラメータが2つある。--function-nameには、関数の名前かARNを指定する（太字部分）。--zip-fileには、関数を格納するzipファイルの名前を指定する。zipファイルは、predeployスクリプトで作成される

デプロイを成功させるためには、**--function-name**パラメータは関数の名前かARNと一致していなければなりません。次のようにしてARNを調べてコピーします。

1. AWSコンソールで［Lambda］をクリックする
2. `transcode-video`をクリックし、関数のARNをコピーする（**図3.8**）
3. package.jsonを開き、deployスクリプトのARN値をAWSコンソールからコピーした値に変更する

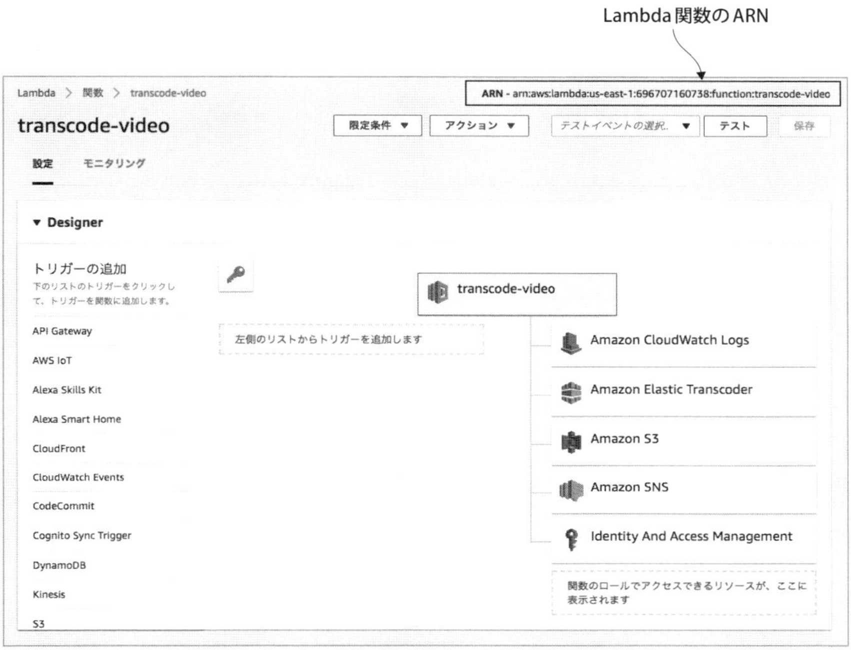

図3.8 package.jsonにLambda関数のARNをコピーする

deployスクリプトのARN値を書き換えたら、ターミナルから`npm run deploy`を実行しましょう。すると、関数がzipファイルにまとめられ、AWSにデプロイされます。デプロイが成功すると、現在の関数のタイムアウトとメモリーサイズの設定がターミナルに表示されます（関数の設定の詳細と、それらが表す意味については、第6章で詳しく説明します）。

アップロードに成功すると次のようなメッセージが出力されます（**リスト3.5**）。

リスト3.5 アップロード成功時のメッセージ

```
{
    "FunctionName": "transcode-video",
    "LastModified": "2017-11-19T13:34:14.127+0000",
    "MemorySize": 192,
    "Environment": {
        "Variables": {
            "ELASTIC_TRANSCODER_PIPELINE_ID": "1493217713174-hp83md",
            "DATABASE_URL": "https://serverless-workshop-71e34.firebaseio.com/",
            "SERVICE_ACCOUNT": "serverless-workshop-2830d380ed97.json",
            "ELASTIC_TRANSCODER_REGION": "us-east-1"
        }
    },
    "Version": "$LATEST",
```

```
        "Role": "arn:aws:iam::633064615840:role/lambda-s3-execution-role",
        "Timeout": 180,
        "Runtime": "nodejs6.10",
        "TracingConfig": {
            "Mode": "PassThrough"
        },
        "CodeSha256": "SH2x8hnwXQRMJp6VGFH79U/sYosJELGOTLbsrs7/utU=",
        "Description": "",
        "VpcConfig": {
            "SubnetIds": [],
            "SecurityGroupIds": []
        },
        "CodeSize": 4733952,
        "FunctionArn": "arn:aws:lambda:us-east-1:633064615840:function:
transcode-video",
        "Handler": "index.handler"
    }
```

3.1.7 Amazon S3 の AWS Lambda への接続

AWS で関数をテストするためには、最後に AWS Lambda に Amazon S3 を接続しなければなりません。アップロードバケットに新しいファイルが追加されたら、イベントを生成して Lambda 関数を実行するように Amazon S3 を設定する必要があります（**図 3.9**）。

図 3.9 S3 バケットと Lambda 関数

Amazon S3 は、次の手順で設定します。

1. S3 コンソールでアップロードバケット（`serverless-video-upload`）を開き、［プロパティ］を選択し［Events］→［通知の追加］を順にクリックする
2. ［名前］に「Transcode Video」のような名前を入力し、［イベント］で「ObjectCreate（All）」を選択する
3. ［送信先］ドロップダウンリストで［Lambda 関数］を選択する。最後に、［Lambda］ドロップダウンリストで今デプロイした［`transcode-video`］関数を選択し、［保存］ボタンをクリックする（**図 3.10**）

図3.10 Amazon S3の設定

 アクセス権限エラー

AWS LambdaにAmazon S3を接続するのがはじめてなら、アクセス権限エラーが発生する場合があります。その場合、Lambdaコンソールでトリガーを生成しなければなりません。

1. AWSコンソールでLambdaをクリックする
2. transcode-video関数を選択する
3. [Designer]の左側にある[トリガーの追加]カラムから[S3]を選択する
4. [トリガーの設定]でアップロードバケットを選択し、イベントタイプとして「オブジェクトの作成（すべて）」を設定し、[追加]ボタンをクリックする
5. メニュー右上の[保存]を選択して完了

◆ 3.1.8　AWSでのテスト

AWSでLambda関数をテストするために、アップロードバケットに動画をアップロードしましょう。次のようにします。

1. アップロードバケットの中に入り、［アップロード］をクリックする（**図3.11**）
2. アップロードダイアログボックスが表示されるので、［ファイルを追加］をクリックし、ローカルマシンからファイルを選択して、［アップロード］ボタンをクリックする。他の設定は変更しない

図3.11　テスト用の動画をアップロード

しばらくすると、トランスコード済み動画バケットに3個の新しい動画ファイルが表示されます。これらのファイルは、バケットのルートではなく、フォルダーの中に含まれているはずです（**図3.12**）。

図3.12 トランスコード済み動画がAmazon S3のバケットに出力される

◆ 3.1.9　ログの確認

　前節でテストを行っているので、トランスコード済み動画バケットに3個の新ファイルが作られていることが確認できるはずですが、実際はそう簡単にスムーズに進むものではありません。新ファイルが現れないなどの問題が起きた場合は、2つのログでエラーをチェックします。1つはCloudWatchのLambdaログです。このログを見るには、次のようにします。

1. AWSコンソールでLambdaを選択し、関数名をクリックする
2. ［モニタリング］タブを選択し、グラフ内の［ログにジャンプ］リンクをクリックする（**図3.13**）

　一番上に最新のログストリームが表示されるはずですが、そうでない場合は、［直前のイベント時刻］という列見出しをクリックして、日付順にログストリームをソートしてください。ログストリームをクリックして中に入ると、ログエントリを細かく見ることができます。エラーを起こしたときには、ログから何が起きたか明らかになることがよくあります。CloudWatchとロギングの詳細については第4章を参照してください。

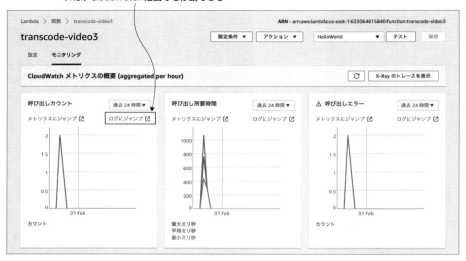

図3.13 ログとメトリクス

もしLambdaログで異常が見つからなければ、Elastic Transcoderログを見てみましょう。

1. AWSコンソールで［Elastic Transcoder］→［Jobs］を順にクリックし、該当するパイプラインを選択する
2. ［Search］をクリックし、最近のジョブのリストを表示する（**図3.14**）。［Status］列を見ると、ジョブが成功して完了したか、エラーが起きたかがわかる。ジョブをクリックすると、さらに詳しい情報を参照できる

図3.14 Elastic Transcoderのジョブリスト

3.2 Amazon SNSの設定

次に、トランスコード済み動画バケットにAmazon SNS（Simple Notification Service）を接続します。Amazon Elastic Transcoderがこのバケットに新ファイルを保存したら、メールを送るとともに、2つの別のLambda関数を呼び出して、誰もが新ファイルにアクセスできるようにするとともに、メタデータを格納するJSONファイルを作らなければなりません。

そのためには、SNSトピックと3つのサブスクリプションを作ることになります。サブスクリプションのうち、1つはメールの送信のために使い、あとの2つはLambda関数の呼び出しのために使います（第2章で説明したファンアウトパターンを実装することになります）。トランスコード済み動画バケットは、新しいファイルを検出するとすぐに、自動的にイベント通知を作り、SNSトピックに通知をプッシュして、このワークフローをスタートさせます。**図3.15**は、システムのこの部分を示しています。SNSトピックを中心として3つのサブスクライバーが新しい通知を消費しています（つまり、Amazon SNSのキューから新しい通知を削除して処理しています）。

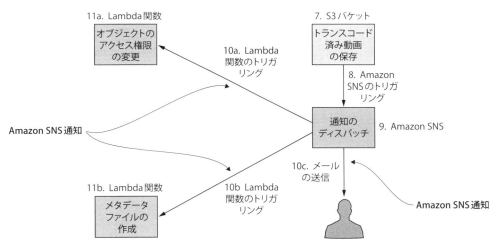

図3.15 通知を複数の相手に送るためにAmazon SNSを使う

◆ 3.2.1 Amazon SNSのAmazon S3への接続

AWSコンソールで［Simple Notification Service］→［トピック］→［新しいトピックの作成］ボタンを順にクリックして、新しいSNSトピックを作ります。トピックには、「transcoded-video-notifications」のような名前を付けます。

Amazon SNSにAmazon S3を接続し、トランスコード済み動画バケットに新オブジェクトが追加されたらAmazon SNSにイベントがプッシュされるようにしなければなりません。そのために

はまず、Amazon S3との通信を認めるようにAmazon SNSのセキュリティポリシーを変更する必要があります。

1. SNSコンソールで［トピック］をクリックし、先ほど作成したトピックの［ARN］（transcoded-video-notifications）を順にクリックする。するとトピックの詳細ビューが表示される
2. ［その他のトピックの操作］ドロップダウンリストをクリックし、［トピックのポリシーの編集］を選択して、［アドバンスド表示］タブをクリックする
3. 「Condition」宣言のところまでポリシーをスクロールダウンし、**リスト3.6**に示す新しい条件に書き換える。その後、［Update Policy］をクリックし、変更を保存する

図3.16は、更新後のポリシーを示しています。バケット名を反映して`SourceArn`を書き換えることを忘れないようにしてください。ARNは、`arn:aws:s3:*:*:<あなたのバケット名>`という形式になります。

リスト3.6 Amazon SNSの条件

```
"Condition": {
    "ArnLike": {
        "aws:SourceArn": "arn:aws:s3:*:*:serverless-video-transcoded"
    }
}
```

アクセスポリシーを正しく動作させるためには、serverless-video-transcodedの部分を実際に使っているトランスコード済み動画バケットの名前に変更する必要がある

この条件によって、S3バケット（serverless-video-transcoded）はこのSNSトピックとやり取りできるようになる（セキュリティ、ポリシー、アクセス権限の詳細については第4章を参照）

図3.16 Amazon S3とやり取りできるよう、SNSトピックのリソースポリシーを更新

最後に、Amazon SNSにAmazon S3を接続します。

1. AWSコンソールで［S3］をクリックし、トランスコード済み動画バケットを開く
2. ［プロパティ］をクリックし、［Events］を選択する
3. ［通知の追加］ボタンをクリックする
4. ［名前］に「Transcoded Video」などの名前を入力する
5. イベントで［ObjectCreate（All）］チェックボックスを有効にする
6. ［送信先］ドロップダウンリストで［SNS］トピックを選択する
7. ［SNS］ドロップダウンリストで今作成したSNSトピック（transcoded-video-notifications）を選択する
8. ［サフィックス］オプションでmp4などの拡張子を設定すると、拡張子がmp4のファイルが追加されたときに限り、イベント通知が作成されるようになる（**図3.17**）。本章の3.4節では、実際に拡張子mp4を指定している
9. ［保存］ボタンをクリックする

図3.17 SNSトピックの設定画面

保存しようとしたときに、「Permissions on the destination topic do not allow S3 to publish notifications from this bucket」（デスティネーショントピックのアクセス権限は、Amazon S3がこのバケットから通知をパブリッシュすることを認めていません）のようなエラーメッセージが表示されたら、**リスト3.6**を正しくコピーしたことを再確認してください。行き詰まったときには、 http://amzn.to/1pgkl4Xが参考になるでしょう。

◆ 3.2.2　Amazon SNS によるメール送信

トランスコードが成功したときにしなければならないことの1つは、トランスコードされたファイルについてのメールを送ることです。新しいトランスコード済み動画ファイルがS3バケットに保存されたときに、Amazon S3からのイベントを受け取るSNSトピックは作ってあるので、トピックに対して新しいメールサブスクリプションを作れば、メールが送られるようになります。SNSコンソールで次のようにしてください。

1. ［トピック］をクリックし、SNSトピック（transcoded-video-notifications）の左にあるチェックボックスにチェックを入れる
2. ［アクション］→［トピックへのサブスクリプション］をクリックする。すると、サブスクリプションの作成ダイアログボックスが表示される
3. ダイアログボックス内でプロトコルとして［Email］を選択し、エンドポイントとして自分のメールアドレスを入力する
4. ［サブスクリプションの作成］をクリックして設定を保存し、ダイアログボックスを閉じる

Amazon SNSはすぐに確認メールを送ってきます。通知を受け取るためには、受信したメールの［Confirm subscription］リンクをクリックして、サブスクリプションを有効にしなければなりません。有効にしたら、今後はファイルがバケットに追加されるたびにメールが送られるようになります。

◆ 3.2.3　Amazon SNS のテスト

Amazon SNSが動作していることを確かめるために、アップロードバケットに動画ファイルをアップロードしてみましょう。バケット内で既存ファイルの名前を変更しても、ワークフローをトリガリングすることができます。トランスコードされたファイルが作られるたびにメールが届くはずです。

3.3 動画ファイルのアクセス権限の設定

皆さんが作る第2のLambda関数は、新しくトランスコードされたファイルを公開し、アクセスできるようにします。図3.18は、この部分のワークフローを示したものです。第8章では、署名付きURLを使ってファイルへのアクセスを保護する方法を説明しますが、現時点では、トランスコードされたファイルは、誰もが再生、ダウンロードできるようになります。

図3.18 ファイル公開部分のワークフロー

3.3.1 第2のLambda関数のコーディング

まず、第1のLambda関数を作ったときと同じようにして、第2のLambda関数を作ります。ただし、今回は関数名を**set-permissions**とします。付録Bの説明（335ページ）を参考にしてもかまいません。次に、ローカルマシンで第1のLambda関数を格納するディレクトリのコピーを作ります。このコピーが、第2の関数の基礎となります。package.jsonファイルを開き、**transcode-video**と書かれている部分をすべて**set-permissions**に変更しましょう。また、deployスクリプトのARNをAWSで作成した新しい関数のARNに書き換えてください。

この第2のLambda関数では、次の2つのことをしなければなりません。

1. イベントオブジェクトから新しい動画ファイルのバケットとキーを抽出すること
2. 動画ファイルのACL属性を書き換えて全員に読み出しを認め、誰でもアクセスできるようにすること

リスト3.7は、第2の関数の模範実装です。index.jsの内容をそっくりこれに入れ替えてください。

リスト3.7 S3オブジェクトのACLの変更

```
'use strict';

var AWS = require('aws-sdk');
var s3 = new AWS.S3();

exports.handler = function(event, context, callback){
```

```
        var message = JSON.parse(event.Records[0].Sns.Message);

        var sourceBucket = message.Records[0].s3.bucket.name;
        var sourceKey = ⮕
            decodeURIComponent(message.Records[0].s3.object.key.replace(/\+/g, " "));
        var params = {
            Bucket: sourceBucket,
            Key: sourceKey,
            ACL: 'public-read'
        };

        s3.putObjectAcl(params, function(err, data){
            if (err) {
                callback(err);
            }
        });
    };
```

> イベントがAmazon S3から直接送られるのではなく、Amazon SNSから送られてきているので、第1の関数とはバケット名とキーの抽出方法が少し異なる

> この関数の目的は、正しいACLを設定すること。'public-read'を指定すると、ファイルの読み出しアクセスが公開になる

◆ 3.3.2 設定とセキュリティ

　index.jsに第2のLambda関数をコピーしたら、`npm run deploy`を使ってAWSにデプロイしましょう。最後に、Amazon SNSにLambda関数を接続しなければなりません。

1. AWSコンソールで［Simple Notification Service］→［トピック］→［トピックのARN］（transcoded-video-notifications）を順にクリックする
2. ［サブスクリプションの作成］ボタンをクリックし、［プロトコル］→［AWS Lambda］を選択する
3. ［エンドポイント］ドロップダウンリストから`set-permissions` Lambda関数を選択し、バージョンは「default」のまま［サブスクリプションの作成］をクリックする

　まだ、セキュリティに関連して問題が1つ残っています。Lambda関数を実行するロールには、オブジェクトをバケットにアップロードし、バケットからダウンロードすることを認めるアクセス権限が与えられているだけで、オブジェクトのACLを変更することを認めるアクセス権限はありません。この問題は、使っているロール（`lambda-s3-execution-role`）のために新しいインラインポリシーを作れば解決できます。

1. AWSコンソールでIAM管理画面を開き、[ロール] → [lambda-s3-executionrole] を順にクリックする
2. [アクセス権限] タブで [インラインポリシーの追加] リンクをクリックして、[ビジュアルエディタ] を選択する
3. [サービスの選択] → [S3] を選択し、続いて [アクションの選択] → [PutObjectAcl] を選択する
4. [リソース] で [指定] チェックボックスを選択し、[ARNの追加] リンクをクリックする。表示されたダイアログの [S3_objectのARNの指定] テキストボックスに「arn:aws:s3:::<あなたのバケットの名前>/*」と入力するか、Bucket nameに<あなたのバケットの名前>を入れる。ここで、<あなたのバケットの名前>には、トランスコード済み動画バケット（例では serverless-video-transcoded）の名前を入れる
5. [追加] → [Review policy] をクリックし、「policygen-lambda-s3-execution-role」のような名前を付けて [Create policy] をクリックする

セキュリティとロール

本番環境、特に、異なるリソースを使い、異なるアクセス権限が必要な場合には、Lambda関数には別々のロールを作るようにしましょう。

◆ 3.3.3 第2の関数のテスト

ロールのアクセス権限を設定したら、アップロードバケットに動画ファイルをアップロードするか、バケット内の動画ファイルの名前を変えることで第2のLambda関数をテストできます。関数が機能したかどうかは、トランスコード済み動画バケットで新しく作成されたファイルを見つけて、アクセス権限をクリックすればわかります。パブリックアクセス（Everyone）を見ると、オブジェクトの読み取りに「はい」と書かれているはずです（**図3.19**）。同じページの概要タブ内に表示されているリンクURLをコピーして、他の人々にシェアすることができます。

Lambda関数に何か問題があれば、CloudWatchログでその関数の情報を探しましょう。何が起きたかについての手がかりが得られる場合があります。

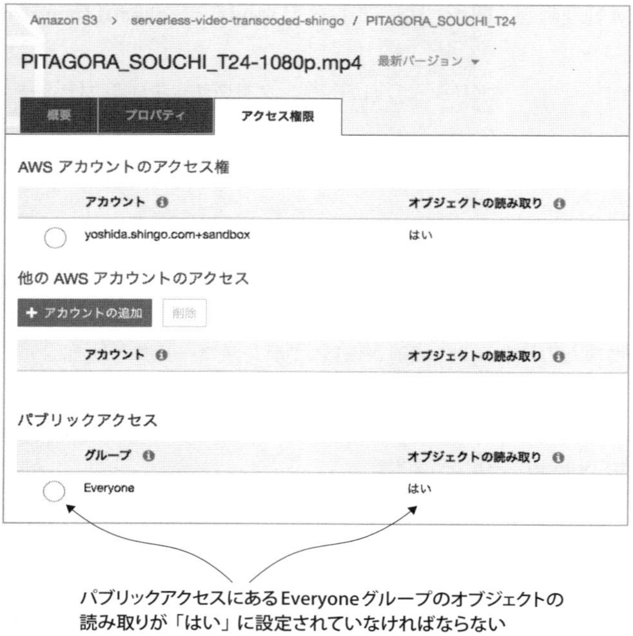

パブリックアクセスにあるEveryoneグループのオブジェクトの
読み取りが「はい」に設定されていなければならない

図3.19 S3コンソールでアクセス権限を確認

3.4 メタデータの生成

　第3のLambda関数は、動画についてのメタデータを集めたJSONファイルを作ります。また、作ったメタデータファイルを動画と同じフォルダーに保存しなければなりません。このLambda関数は、第2のLambda関数と同様に、Amazon SNSから起動されます。この関数が解決しなければならない問題は、動画をどのようにして分析し、必要なメタデータを取り出してくるかです。

　動画やオーディオを記録、変換するコマンドラインユーティリティに「FFmpeg」があります。このユーティリティのコンポーネントの中に、メディア情報の抽出に使える「ffprobe」があります。このffprobeを使ってメタデータを抽出し、ファイルに保存しましょう。この節は他の節よりも少し高度ですが、高度な内容はオプションでもあります。実際に作業をすれば多くのことが学べますが、読み飛ばしても、他の章で学ぶことに支障はありません。

◆ 3.4.1　第3の関数の作成とffprobe

　ffprobeの入手方法は2つあります。第1の方法は、Amazon LinuxでEC2サーバーを立ち上げ、FFmpegのソースコードを入手し、ffprobeをビルドするというものです。その場合、ユーティ

リティのスタティックビルドを作らなければなりません。第2の方法は、評価の高いソース、ディストリビューションでLinux用のFFmpegのスタティックビルドを見つけてくるというものです（たとえば、URL https://www.johnvansickle.com/ffmpeg/）。「Running Arbitrary Executables in AWS Lambda」（URL http://amzn.to/29yhvpD）を参考に、自分でコンパイルする場合には、スタティックリンクするか、Amazon Linuxのバージョンに対応したバイナリを作るようにしてください。AWS Lambdaが使っているAmazon Linuxのバージョンは、AWS Lambdaドキュメントのサポートバージョンのページ（URL http://amzn.to/29w0c6W）でいつでも確かめられます。

ffprobeのスタティックコピーを入手したら、AWSコンソールで第3のLambda関数を作り、`extract-metadata`という名前を付けましょう。関数のロールとして`lambda-s3-execution-role`を設定し、タイムアウトは2分、メモリーは256MBとします。メモリーの割当量とタイムアウトは、全部が動作するようになってから減らすことができます。ローカルマシンでは、第2のLambda関数と付属ファイルをコピーして第3の関数のための新ディレクトリを作ります。package.jsonを開き、前の関数名（`set-permissions`）をすべて新しい名前（`extract-metadata`）に書き換えてください。また、package.jsonのARNを新しい関数のARNに書き換えるのを忘れないようにしましょう。

次に、関数ディレクトリにbinという新しいサブディレクトリを作り、そこにffprobeのスタティックビルドをコピーしてください。この関数を入れることにより、Lambda関数のスペースはかなり窮屈になるので、入れるのはffprobeだけにして、他のコンポーネントは入れないでください。Lambdaのデプロイパッケージサイズの上限は50MBなので、不要なファイルを入れすぎるとデプロイに失敗します。

第3のLambda関数は、Amazon S3からローカルファイルシステムの/tmpディレクトリに動画ファイルをコピーし、ffprobeを実行して必要な情報を集めます。最後に、必要なデータをまとめたJSONファイルを作り、バケット内の動画ファイルの隣に保存します（**図3.20**）。Lambdaが使えるディスクの上限は512MBなので、動画がそれを超えると、この関数は動作しなくなります。

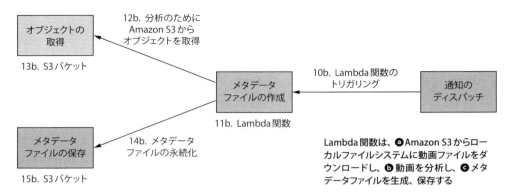

図3.20 第3のLambda関数

リスト3.8は、第3のLambda関数の実装です。index.jsの内容をこのリストのコードに変更してください。以上の作業が終わったらAWSにこの関数をデプロイしましょう。

> ### ファイルのアクセス権限
>
> AWS Lambdaで実行するスクリプトやプログラムは、適切なアクセス権限（実行可能）を持っていなければなりません。残念ながら、AWS Lambdaで直接アクセス権限を変更することはできないので、関数をデプロイする前にローカルコンピューターで変更しておかなければなりません。LinuxやMacを使っている場合は簡単で、Lambda関数のディレクトリに移動してから、ターミナルのコマンドラインで`chmod +x bin/ffprobe`を実行するだけです。関数をデプロイすれば、ffprobeは動作する状態になっています。しかし、chmodコマンドがないWindowsでは、話がややこしくなります。AWSでAmazon Linuxサーバーを立ち上げ、ffprobeをコピーし、アクセス権限を変更してからファイルを元の位置にコピーすれば、この問題は解決します。

 リスト3.8 メタデータの抽出

```
'use strict';

var AWS = require('aws-sdk');
var exec = require('child_process').exec;
var fs = require('fs');

process.env['PATH'] = process.env['PATH'] + ':' +
  process.env['LAMBDA_TASK_ROOT'];

var s3 = new AWS.S3();
```

```javascript
function saveMetadataToS3(body, bucket, key, callback){
    console.log('Saving metadata to s3');

    s3.putObject({
        Bucket: bucket,
        Key: key,
        Body: body
    }, function(error, data){
        if (error){
            callback(error);
        }
    });
}

function extractMetadata(sourceBucket, sourceKey, localFilename, callback){
    console.log('Extracting metadata');

    var cmd = 'bin/ffprobe -v quiet -print_format json ➡
    -show_format "/tmp/' + localFilename + '"';

    exec(cmd, function(error, stdout, stderr){
        if (error === null){
            var metadataKey = sourceKey.split('.')[0] + '.json';
            saveMetadataToS3(stdout, sourceBucket, metadataKey, callback);
        } else {
            console.log(stderr);
            callback(error);
        }
    });
}

function saveFileToFilesystem(sourceBucket, sourceKey, callback){
    console.log('Saving to filesystem');

    var localFilename = sourceKey.split('/').pop();
    var file = fs.createWriteStream('/tmp/' + localFilename);

    var stream = s3.getObject({Bucket: sourceBucket, Key: ➡
    sourceKey}).createReadStream().pipe(file);

    stream.on('error', function(error){
        callback(error);
    });

    stream.on('close', function(){
        extractMetadata(sourceBucket, sourceKey, localFilename, callback);
    });
}
```

> このコマンドを実行するためには、binディレクトリにffprobeをコピーしておかなければならない。ffprobeに実行可能アクセス権限（chmod +x）を与えるのを忘れないように

> createReadStreamメソッドは、読み出しストリームを開くためにファイルのパスを必要とする。このストリームをパイプでcreateWriteStreamにつないで、ローカルファイルシステムにファイルを作る

```
exports.handler = function(event, context, callback){
    var message = JSON.parse(event.Records[0].Sns.Message);

    var sourceBucket = message.Records[0].s3.bucket.name;
    var sourceKey =
      decodeURIComponent(message.Records[0].s3.object.key.replace(/\+/g, " "));

    saveFileToFilesystem(sourceBucket, sourceKey, callback);
};
```

> この関数は、3ステップで動作する。Amazon S3からローカルファイルシステムにオブジェクトをコピーし（saveFileToFilesystem）、ファイルからメタデータを抽出して（extractMetadata）、メタデータをAmazon S3の新しいファイルに保存する（saveMetadataToS3）

リスト3.8の関数には、多数のコールバックが含まれていることに気づかれたかもしれません。本質的にシーケンシャルな処理を行う関数に無数のコールバックが含まれていると、コードは読みにくく、理解しにくいものになります。第6章では、非同期操作の組み合わせを管理しやすくする「非同期ウォーターフォール」（async waterfall）というパターンを紹介します。

3.5 仕上げ

第3のLambda関数もSNSトピックをサブスクライブしなければなりません。第2のLambda関数のときと同じように、新しいサブスクリプションを作りましょう。

1. AWSコンソールで［Simple Notification Service］→［トピック］→［トピックのARN］（`transcoded-video-notifications`）を順にクリックする
2. ［サブスクリプションの作成］ボタンをクリックして、［プロトコル］ドロップダウンリストで［AWS Lambda］を選択する
3. ［エンドポイント］ドロップダウンリストから［`extract-metadata`］Lambda関数を選択し、バージョンは「default」のまま［サブスクリプションの作成］をクリックする

第3の関数をAWSにデプロイすると、プロセス全体を最初から最後まで実行できるようになります。動画ファイルをアップロードバケットにアップロードしましょう。JSONファイルが作成され、トランスコード済み動画バケットの動画ファイルの隣に配置されることがわかります（**図3.21**）。

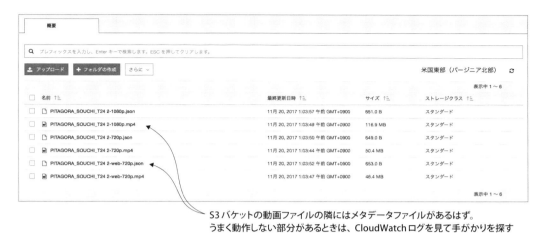

S3バケットの動画ファイルの隣にはメタデータファイルがあるはず。
うまく動作しない部分があるときは、CloudWatchログを見て手がかりを探す

図3.21 ワークフロー全体が動作したあとのS3バケット

3.2.1「Amazon SNSのAmazon S3への接続」のAmazon S3のイベントの設定で、拡張子mp4を設定していなければ、CloudWatchにエラーが出力されているかもしれません。拡張子を設定していなければ、トランスコード済み動画バケットに新しいオブジェクトが保存されるたびに自動的にワークフローがトリガリングされます。JSONファイルが保存されたときもワークフローは動作しますが、`extract-metadata`関数は、JSONファイルの処理方法を知らないので、エラーを起こします。

この問題を修正するには、Amazon S3は拡張子がmp4になっているオブジェクトだけを対象として通知を送り、JSONなど、他のタイプのファイルが追加されてもワークフローをトリガリングしないようにする必要があります。

1. Amazon S3でトランスコード済み動画バケットを開き、［プロパティ］→［Events］を順にクリックし、イベント通知を編集する
2. ［サフィックス］テキストボックスに「mp4」と入力して保存する

もちろん、この設定を3.2.1項で行っている場合には、もう一度同じことをする必要はありません。

3.6 演習問題

24-Hour Videoは動くようになりましたが、まだ不十分な部分がいくつかあるので、それをこの演習問題で解決します。次の問題に対するソリューションを実装してみてください。

1. 名前の中に複数のピリオドが含まれているファイル、たとえば、Lecture 1.1-Programming Paradigms.mp4 をアップロードすると、トランスコード済みファイルの名前は一部が欠けたものになってしまいます。ファイル名に複数のピリオドが含まれていても正しく動作するように修正してください。

2. 現在のところ、アップロードバケットにどのようなファイルをアップロードしても、ワークフローがトリガリングされます。しかし、Amazon Elastic Transcoder は、無効な入力 (たとえば、動画以外のファイル) を与えられると失敗します。アップロードファイルの拡張子をチェックし、avi、mp4、mov ファイルだけが Amazon Elastic Transcoder に実行されるように第 1 の Lambda 関数を書き換えてください。無効ファイルは、バケットから削除するようにしてください。

3. 書いてきた関数には、安全ではないところがあります。いつもエラーや無効な入力を穏便に処理しているわけではありません。各関数を書き換え、適切な場所でエラーチェック、エラー処理をするようにしてください。

4. JSON メタデータファイルはアクセスが公開されていません。第 3 の Lambda 関数を書き換え、バケットの中の動画と同じように、誰でもファイルが読み出せるようにしてください。

5. 現在のシステムは、3 つの同じようなトランスコード済み動画ファイルを作ります。3 つの違いは、主として解像度とビットレートです。システムをもっと変化に富んだものにするために、HLS と WebM もサポートするようにしてください。

6. アップロードバケットのファイルは、削除するまで残ります。24 時間後に自動的にバケットをクリーンアップするための方法を考え出してください。Amazon S3 の Lifecycle オプションを調べてみるとよいでしょう。

7. 動画の長さなど、変化しない情報を管理したいだけなら、個々のトランスコード済み動画ファイルのメタデータファイルを作るために Lambda 関数を実行する必要はありません。オリジナルのアップロードファイルからメタデータを作成し、それをトランスコード済み動画バケットのトランスコード済みファイルの隣に保存するようにシステムを書き換えてください。

8. システムを正しく動作させるためには、アップロードバケットにアップロードされた動画ファイルは、一意なファイル名を持たなければなりません。Amazon Elastic Transcoder は、トランスコード済み動画バケットに同名のファイルがすでにある場合には、新しいファイルを作りません。最初の Lambda 関数を書き換え、トランスコード済み動画のために一意なファイル名が作られるようにしてください。

9. 最初の Lambda 関数をテストするために作ったテストは、IAM ユーザー (`lambda-upload`) が Elastic Transcoder ジョブを作るアクセス権限を持っていないため、動作しません。Lambda 関数をテストするためのもっと堅牢な方法は第 6 章で説明しますが、さしあたり今は、IAM ユーザーに適切なアクセス権限を与え、ローカルにテストしたときに新しいジョブを作れるようにしてください。

3.7 まとめ

この章では、サーバーレスバックエンドの作成の基礎として、次のことを説明しました。

- IAM ユーザー、ロール
- Amazon S3 のストレージとイベント通知
- Amazon Elastic Transcoder の設定と使い方
- カスタム Lambda 関数の実装方法
- npm を使ったテスト、デプロイ
- Amazon SNS と複数のサブスクライバーを持つワークフロー

次章では、AWSのセキュリティ、ログ、アラート、課金について詳しく説明します。これらは、セキュアなサーバーレスアーキテクチャを作り、うまく動作しないときに原因を見つけられるようになり、月々の請求が予想外の額にならないようにするために重要な意味を持っています。

第4章 クラウドの設定

この章の内容
- AWSのセキュリティモデルとID管理
- ログ、アラート、カスタムメトリクス
- モニタリングとAWSの請求額の推計

　本書で取り上げるアーキテクチャの大半はAWSを基礎としています。そのため、AWSのセキュリティ、ログとアラート、料金についてしっかりと理解する必要があります。それは、AWS Lambdaを単独で使う場合でも、さまざまなサービスを組み合わせて使う場合でも変わりません。セキュリティを正しく設定できること、ログの探し方を知っていること、料金を管理できることは大切です。この章では、これらのテーマを理解するとともに、AWSについての重要な情報をどこで探したらよいかがわかるようにしていきます。

　AWSのセキュリティは複雑なテーマですが、ユーザーとロールの違いを明らかにするとともに、ポリシーの作り方についても説明します。これらの知識は、サービスがセキュアで効果的にやり取りできるようにシステムを設定するために必要です。

　ログとアラートは、サーバーレスであれ従来型のものであれ、あらゆるシステムで重要なコンポーネントです。サービスのエラーや急激な使用料の上昇など、重大なイベントが発生していることを把握するために役立ちます。問題が起きたときには、ログとアラートの堅牢なフレームワークを用意しておいてよかったと思うでしょう。

　AWSのようなプラットフォームを使ってサーバーレスアーキテクチャを実装するときには、料金は重要な問題です。使おうとしているサービスの料金の計算方法の知識は必要不可欠です。請求書を見てびっくりしないというだけでなく、翌月以降のコストの予測にも役立ちます。サービスの料金の予測方法を説明するとともに、コストを継続的に管理して、適切な水準以下に抑える方法も考えていきます。

　本書ではAWSのセキュリティ、ログ、コストについて網羅的に説明しているわけではありません。この章を読んだあとに疑問に思うことがあれば、AWSのドキュメント（ URL https://aws.amazon.com/documentation）や『Amazon Web Services in Action』（Andreas Wittig、Michael Wittig著、Manning Publications、2016年）などの本を参照してください。

4.1 セキュリティモデルとID管理

　第3章と付録Bでは、AWS Lambda、Amazon S3、Amazon SNS、Amazon Elastic Transcoderを使ったり、ローカルマシンからAWSにコードをデプロイしたりするために、IAM（Identity and Access Management）ユーザーと複数のロールを作りました。また、Amazon SNSのリソースポリシーやS3バケットのオブジェクトのACL（アクセス制御リスト）を書き換えました。AWSのセキュリティ要件を満たすためには、これらの処理が必要だったのです。この節では、ユーザー、グループ、ロール、ポリシーについてもっと詳しく説明します。

◆ 4.1.1　IAMユーザーの作成と管理

　IAMユーザーは、人間のユーザー、アプリケーション、サービスを識別するAWSのエンティティ（主体）です。ユーザーは、AWSのリソースやサービスにアクセスするために使われる認証情報とアクセス権限（認可情報の一部）を持っています。たとえば付録Bでは、Lambda関数をアップロードできるようにするために、`lambda-upload`というユーザーを作りました。

　IAMユーザーは、一般に人間がユーザーを識別するために役立つフレンドリーな名前と、AWS全体でユーザーを一意に識別するためのARN（Amazon Resource Name）を持っています。**図4.1**は、Alfredという名前の架空のユーザーのサマリページで、ARNが示されています。AWSコンソールでIAMをクリックし、ナビゲーションペインでユーザーをクリックし、表示したいユーザーの名前をクリックすると、このサマリページが表示されます。

　IAMユーザーを作れば、人間のユーザー、アプリケーション、サービスを表すことができます。アプリケーションやサービスを表すために作られたIAMユーザーは、サービスアカウントと呼ばれることもあります。この種のIAMユーザーは、アクセスキーを使ってAWSサービスのAPIにアクセスできます。IAMユーザーのアクセスキーは、ユーザーを最初に作成するときに生成できる他、IAMコンソールの［ユーザー］メニューで、［ユーザー名］→［認証情報］→［アクセスキーの作成］ボタンを順にクリックすれば、ユーザー作成後にも生成できます。

　アクセスキーは、アクセスキーIDとシークレットアクセスキーから構成されます。アクセスキーIDは公開してかまいませんが、シークレットアクセスキーは秘密にしておかなければなりません。シークレットアクセスキーが漏洩してしまった場合は、直ちにキー全体を無効化し、作り直さなければなりません。IAMユーザーは、アクティブなアクセスキーを2つまで持つことができます。

　人間のためにIAMユーザーを作った場合には、パスワードを設定しなければなりません。このパスワードは、人間のユーザーがAWSコンソールにログインし、サービスやAPIを直接使うために必要になります。

　IAMユーザーのパスワードは、次の手順で作ります。

図4.1 IAMコンソール。アカウント内で作成されたすべてのIAMユーザーのARN、グループ、作成日時などのメタデータが表示される

図4.2 IAMユーザーのオプション。パスワード設定、アクセスキーの変更、多要素認証（MFA）の有効化などがある

1. IAM コンソールのナビゲーションペインで［ユーザー］をクリックする
2. パスワードを設定するユーザー名をクリックして［概要］ページを開く
3. ［認証情報］タブをクリックし、［パスワードの管理］リンクをクリックする（**図4.2**）
4. 表示されるダイアログボックスでコンソールアクセスを有効にするか無効にするかを選び、カスタムパスワードを入力するか、システムにパスワードを自動生成させる。次のサインイン時にユーザーに強制的に新パスワードを作成させることもできる（**図4.3**）

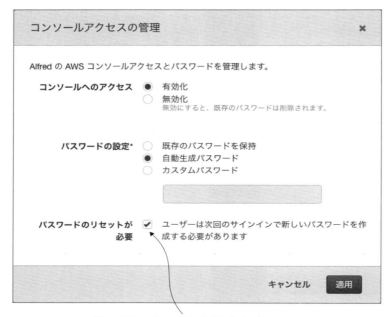

ユーザーに新しいパスワードの設定を求める方法は、優れたパスワードポリシーが確立されていれば、よいプラクティスである

図4.3 コンソールアクセスの管理画面

　パスワードを設定したユーザーは、 URL https://<アカウントID>.signin.aws.amazon.com/consoleに移動すればAWSコンソールにログインできます。アカウントIDは、右上のナビゲーションバーで［サポート］→［サポートセンター］をクリックすると確認できます。アカウントID（またはアカウント番号）は、コンソールの右上に表示されます。ユーザーがアカウントIDを覚えなくても済むように、アカウントIDに別名を設定するのもよいでしょう（別名の詳細については、 URL http://amzn.to/1MgvWvf を参照してください）。

MFA

MFA（Multi-Factor Authentication：多要素認証）は、ユーザーがコンソールにサインインしようとしたときに、ユーザーにMFAデバイスから認証コードを入力するよう求めて、セキュリティの階層を1つ増やすテクニックです。こうすると、攻撃者がアカウントを破るのが難しくなります。Google AuthenticatorやAuthyなどのアプリケーションを使えば、新しいスマホはすべて仮想MFAとして使えます。AWSコンソールを使う可能性のあるすべてのユーザーにMFAを有効することをおすすめします。MFAを有効にすると、コンソールでIAMユーザーをクリックしたときに、Security CredentialsタブにAssigned MFA Deviceオプションが表示されるようになります。

一時認証情報

現時点では、1つのAWSアカウントで5,000ユーザーまでという制限が設けられていますが、この制限は必要ならば上げることができます。ユーザー数を増やさずに、一時認証情報を使うという方法もあります。どちらもIAMユーザーにとっては同じように機能しますが、一時認証情報は指定した時間が経過したときに無効になるようにしたり、動的に生成したりすることができます。一時認証情報の詳細については、Amazonのオンラインドキュメントの URL http://docs.aws.amazon.com/IAM/latest/UserGuide/id_credentials_temp.html を参照してください。IAMユーザーについては、 URL http://docs.aws.amazon.com/IAM/latest/UserGuide/id_users.html で詳しく知ることができます。

4.1.2　グループの作成

グループは、IAMユーザーを集めたものを表し、同時に複数のユーザーに同じアクセス権限を簡単に指定するための手段でもあります。たとえば、社内の開発者やテスターのグループを作ったり、Lambda関数の実行を認めるユーザーを集めてLambdaというグループを作ったりすることができます。IAMユーザーにアクセス権限を与えるときに、個々のユーザーではなく、グループを対象とすることをAmazonは推奨しています。

グループに追加したユーザーは、グループに割り当てられたアクセス権限を継承します。同様に、ユーザーをグループから外すと、そのユーザーはグループに与えられたアクセス権限を失います。また、グループに入れられるのはユーザーだけであり、他のグループやロールなどのエンティティを入れることはできません。

AWSにはデフォルトグループはありませんが、必要なときには簡単にグループを作れます。

たとえば、複数のIAMユーザーにLambda関数のアップロードを認めるためにグループを作ることができます。アプリケーションのデプロイのために継続的デプロイパイプラインをセットアップするときは、このグループが役に立つでしょう。IAMユーザーは、環境ごと（ステージング、本番など）に作るのがベストプラクティスだとされています。ユーザーをこのグループに追加すれば、デプロイを実行するための正しいアクセス権限を与えられます。

1. IAMコンソールで［グループ］→［新しいグループの作成］を順にクリックしてグループを作る
2. グループに「Lambda-DevOps」などの名前を与えて［次のステップ］をクリックする
3. グループにポリシーを与えずに［次のステップ］をクリックし、さらに［グループの作成］をクリックしてグループを保存し、終了する
4. 以上3つのステップを実行すると、［グループ］ページに戻る
5. 「Lambda-DevOps」をクリックし、［アクセス許可］タブを選択して［インラインポリシー］セクションを展開する。［インラインポリシー］セクションの［ここをクリックしてください］リンクをクリックし、［カスタムポリシー］を選択して［選択］ボタンをクリックする
6. ポリシーに「Lambda-Upload-Policy」などの名前を与え、ポリシードキュメント本体に**リスト4.1**の内容をコピーする

リスト4.1 Lambda-Upload-Policyの内容

```
{
    "Version": "2012-10-17",
    "Statement": [
        {
            "Sid": "Stmt1451465505000",
            "Effect": "Allow",
            "Action": [
                "lambda:GetFunction",
                "lambda:UpdateFunctionCode",
                "lambda:UpdateFunctionConfiguration"
            ],
            "Resource": [
                "arn:aws:lambda:*"
            ]
        }
    ]
}
```

"Sid": "Stmt1451465505000" ← SID（ステートメントID）は、オプションで設定できるポリシーの識別子。ポリシー内で一意でなければならないが、自分で作成が可能

"Action"の3つ ← 必要なLambda関数の情報取得、関数コードの更新、関数の設定情報の更新の3つのアクションを認める

"arn:aws:lambda:*" ← ワイルドカードが使われていることからもわかるように、すべてのLambda関数にこのポリシーを適用する

7. ［ポリシーの適用］をクリックして保存、終了する。グループの状態は、**図4.4** のようになっている
8. 最初に使った `lambda-upload` ユーザーの設定画面に移り、インラインポリシーを削除する
9. 同じ画面の［グループ］タブで、［ユーザーをグループに追加］をクリックし、リストから［Lambda-DevOps］を選択し、［グループに追加］をクリックする
10. ［アクセス権限］タブに移動する。すると、`Lambda-Upload-Policy` という新しいインラインポリシーが表示される。あとでポリシーを取り除くことになったら、グループからユーザーを取り除かなければならない。**図4.5** に、Groups タブでグループからユーザーを取り除く方法を示す
11. 第3章で説明したように、Lambda 関数のうちのどれかを使ってデプロイをテストする

図4.4 1つのインラインポリシーが与えられたグループ

図4.5 管理／インラインポリシーを持たないが、1つのグループポリシーが適用されているユーザー

◆ 4.1.3　ロールの作成

　ロール（role）は、ユーザー、アプリケーション、サービスに一定期間だけ与えられるアクセス権限です。ロールは特定のユーザーに専属するわけではなく、パスワードやアクセスキーといった認証情報も持ちません。必要とするリソースに対するアクセスを持たないユーザーやサービスに一時的にアクセス権限を与えることを目的としています。付録Bでは、Lambda関数にAmazon S3へのアクセスを認めるためのロールを作りました。これがAWSのロールの一般的なユースケースです。

　ロールに関連して、委任[※1]という重要な概念があります。簡単に言えば、委任とは特定のリソースへのアクセスを認めるために、サードパーティにアクセス権限を与えることで、リソースを所有する委任アカウントと、リソースへのアクセスを必要とするユーザーやアプリケーションが含まれている被委任アカウントとの間で信頼関係を確立することです。**図4.6**は、4.3.2「料金のモニタリングと最適化」で詳しく説明するCloudCheckrというサービスとの間で信頼関係を確立するロールの例を示しています。

　ロールに関連して登場する概念としては、フェデレーション[※2]というものもあります。フェデレーションは、Facebook、GoogleやSAML（Security Assertion Markup Language）2.0をサポートする、企業のID管理システムといった外部IDプロバイダーとAWSの間で信頼関係を構築するプロセスです。フェデレーションは、外部IDプロバイダーのどれかを介してログインしたユーザーに、一時認証情報とともにIAMロールを与えられるようにします。

[※1]　[訳注] 委任（delegation）は、弁護士と依頼人の関係のように信頼に基づいて単純作業ではない仕事を任せる契約関係を表す民法用語で、それを比喩的に使っています。

[※2]　[訳注] フェデレーション（federation）は「連邦」という意味で、それぞれ独自の政府を持ち、日本の都道府県よりもはるかに独立性の高い州の緩やかな連合体として合衆国があるという米国の政治形態からの比喩です。

図4.6 CloudCheckrに対しAWSアカウントへのアクセスを認めるロール

4.1.4 リソース

　AWSのアクセス権限は、IDベースのものとリソースベースのものに分かれます。IDベースのアクセス権限は、IAMユーザーやロールができることを定義します。リソースベースのアクセス権限は、S3バケットやSNSトピックといった「AWSリソースができること」や、「リソースにアクセスできる人」を定義します。第3章では、SNSトピックのポリシーを書き換えて、Amazon S3と通信できるようにしました。これは、要件を満たすために変更しなければならなかったリソースポリシーの例です。

　リソースポリシーは、そのリソースにアクセスできるユーザーを定義することがよくあります。こうすると、信頼を受けたユーザーは、ロールを持たなくてもリソースにアクセスできるようになります。AWSユーザーガイドには、「リソースポリシーによるリソースへのアカウントを越えたアクセスには、ロールよりも優れている点があります。リソースポリシーによるリソースアクセスでは、ユーザーは信頼を受けた自分のアカウントで作業を続けるため、ロールの場合のようにロールから得たアクセス権限と引き換えに自分のアクセス権限が失われることはありません。つまりユーザーは、アカウントが認めるリソースアクセスとアカウントがリソースから認められ

たリソースアクセスの両方のアクセス権限を持ちます（ URL http://docs.aws.amazon.com/IAM/latest/UserGuide/id_roles_compare-resource-policies.html)」と書かれています。ただし、リソースポリシーをサポートするAWSサービスは一部だけに限られています。現在のところ、リソースポリシーをサポートしているのは、Amazon S3のバケット、Amazon SNSのトピック、Amazon SQSのキュー、Amazon Glacierのボールト、AWS OpsWorksのスタック、AWS Lambdaの関数だけです。

◆ 4.1.5　アクセス権限とポリシー

　IAMユーザーを作っただけでは、アカウント内の何にもアクセスできませんし、何もできません。ユーザーに認められている処理を記述するポリシーを使って、ユーザーにアクセス権限を与える必要があります。新しいグループやロールにも、同じことが言えます。新しいグループやロールが意味を持つためには、ポリシーを与える必要があります。

　ポリシーの範囲はまちまちです。ユーザーやロールにはアカウント全体に対する管理者権限を与えることもできますし、個別のアクションを指定することもできます。粒度を細かくして、仕事をするために必要なアクセス権限だけを与えるようにすべきです（最小特権アクセス）。最小限のアクセス権限からスタートして、必要になったときに必要なアクセス権限を追加するのです。

　ポリシーには、管理ポリシーとインラインポリシーの2種類があります。管理ポリシーは、ユーザー、グループ、ロールに適用されるもので、リソースには適用されません。管理ポリシーは独立した存在です（エンティティなしで存在できます）。一部の管理ポリシーは、AWSが作成、保守しています。皆さんがカスタマー管理ポリシーを作成、保守することもできます。管理ポリシーは、再利用できて変更管理がしやすいという特徴を持っています。カスタマー管理ポリシーを使っている際にそれを変更すると、そのポリシーが与えられているすべてのIAMユーザー、ロール、グループにその変更が自動的に反映されます。管理ポリシーは、バージョン管理やロールバックが楽に行えます。

　インラインポリシーは、特定のユーザー、グループ、ロールを対象として作成され、それぞれのエンティティに組み込まれます。エンティティが削除されると、エンティティに組み込まれていたインラインポリシーも削除されます。リソースポリシーは、必ずインラインポリシーになります。エンティティにインライン／管理ポリシーを与えるには、そのポリシーを必要とするユーザー、グループ、ロールのいずれかの中に入り、［アクセス権限］タブをクリックします。ここでは管理ポリシーの付与、表示、剥奪、インラインポリシーの作成、表示、削除をすることができます。

　ポリシーはJSON記法で定義されます。**リスト4.2**は、管理ポリシーの`AWSLambdaExecute`を示しています。

リスト4.2 AWSLambdaExecuteポリシー

Versionでポリシー言語のバージョンを指定する。現在のバージョンは2012-10-17となる。カスタムポリシーを作るときには、必ずバージョンの定義を組み込み、2012-10-17を設定することを忘れないように

```
{
    "Version":"2012-10-17",
    "Statement":[
        {
            "Effect":"Allow",
            "Action": "logs:*",
            "Resource":"arn:aws:logs:*:*:*"
        },
        {
            "Effect":"Allow",
            "Action":[
                "s3:GetObject",
                "s3:PutObject"
            ],
            "Resource":"arn:aws:s3:::*"
        }
    ]
}
```

Statement配列には、ポリシーを構成するアクセス権限を定義するための1つ以上の文が含まれる

Effect要素は必須で、その文がリソースへのアクセスを許可するのか禁止するのかを定義する。指定できる値は、AllowとDenyの2種類のみ

Action要素(または配列)は、許可／禁止の対象となるリソースへの特定のアクション(操作、処理)を定義する。たとえば、"Action": "S3:*"のように、ワイルドカード(*)文字を使うことも可能

Resource要素は、文が適用されるオブジェクトを定義する。特定のオブジェクトでも、複数のエンティティを参照するワイルドカードが入った規定でもかまわない

　多くのIAMポリシーには、これら以外にも`Principal`、`Sid`、`Condition`などの要素が含まれています。`Principal`要素は、リソースへのアクセスを許可／禁止するIAMユーザー、アカウント、サービスを定義します。IAMユーザーやグループに与えられるポリシーでは、`Principal`要素は使われません。ロールを構成するポリシーで、誰にロールが与えられるかを指定します。また、リソースポリシーでも広く使われます。`Sid`(ステートメントID)は、Amazon SNSなど、一部のAWSサービスのためのポリシーで必要とされます。`Condition`は、ポリシーがいつ適用されるかを規定するルールを定義するために使います。**リスト4.3**は、`Condition`を指定したポリシーの例を示しています。

リスト4.3 ポリシーの条件

```
"Condition": {
    "DateLessThan": {
        "aws:CurrentTime": "2016-10-12T12:00:00Z"
    },
    "IpAddress": {
        "aws:SourceIp": "127.0.0.1"
    }
}
```

Condition要素は複数使うことができる。DateEquals、DateLessThan、DateMoreThan、StringEquals、StringLike、StringNotEquals、ArnEqualsがある

Conditionのキーは、ユーザーが発行するリクエストから得られる値を表している。指定できるキーは、SourceIp、CurrentTime、Referer、SourceArn、userid、username。値は、"127.0.0.1"のような特定のリテラル値でも、ポリシー変数でもかまわない

> **複数の条件**
>
> AWS IAMのドキュメント（ http://amzn.to/21UofNi）は、「複数の条件演算子が指定されている場合や、1つの条件演算子に複数のキーがある場合は、条件は論理ANDを使って評価されます。1つの条件演算子の1つのキーに複数の値が含まれている場合は、条件演算子は論理ORを使って評価されます」としています。このドキュメントは、役に立つ記述と参考にして使える優れた例がいくつも含まれているので、ぜひ参照してください。

Amazonは、セキュリティのために、現実的な範囲で条件を使うことを推奨しています。たとえば、**リスト4.4**は、HTTPS/SSLを使って内容を送ることを強制するS3バケットポリシーを示しています。このポリシーは、暗号化されていないHTTPを介した接続を拒否します。

リスト4.4 HTTPS/SSLを強制するポリシー

```
{
    "Version": "2012-10-17",
    "Id": "123",
    "Statement": [
        {
            "Effect": "Deny",         ←
            "Principal": "*",
            "Action": "s3:*",         ←
            "Resource": "arn:aws:s3:::my-bucket/*",
            "Condition": {
                "Bool": {
                    "aws:SecureTransport": false   ←
                }
            }
        }
    ]
}
```

このポリシーは、条件を満たしたときに明示的にAmazon S3へのアクセスを拒否する

この条件は、リクエストがSSLを使って送られていないときに満たされる。そのため、ユーザーが暗号化されていないプレーンなHTTPを介してアクセスしようとすると、バケットへのアクセスが拒否される

4.2 ログとアラート

Amazon CloudWatchは、AWSで実行されるサービスやAWSのリソースをモニタリングし、広範なメトリクスに基づいてアラームを設定し、リソースのパフォーマンス統計を表示するAWSコンポーネントです。サーバーレスシステムの構築を始めた当初には、Amazon CloudWatchの機能の中では特にログを多用することになるでしょう。しかし、システムが成熟して本番稼働すると、他の機能が重要になってきます。メトリクスを追跡したり、予期せぬイベントが発生したときのためのアラームを設定したりするために、Amazon CloudWatchを使うようになるでしょう。

AWSのほとんどのサービスがそうですが、Amazon CloudWatchの料金モデルは、リージョンによって異なります。米国東部（バージニア北部）でAmazon CloudWatchを使う場合、インジェストしたログ1GBあたり0.5ドル、月々にアーカイブしたログ1GBあたり0.03ドルです。アラームは1個につき1か月あたり0.10ドル、カスタムメトリクスは1個につき0.50ドルかかります。Amazon CloudWatchの無料枠は、1人の顧客あたり、10個のカスタムメトリクス、10個のアラーム、1,000本のSNSメール通知と5GBのデータインジェスチョン、1か月あたり5GBのアーカイブストレージです。

AWS CloudTrailは、API呼び出しを記録するAWSのサービスです。APIの呼び出し元のID、ソースIPアドレス、イベントなどの情報を記録します。このデータは、S3バケットに書き込まれるログファイルに保存されます。AWS CloudTrailはAWSサービスが何をしていて、誰がそれを実行しているかについての情報を集め、ログを生成する方法として効果的です。AWS CloudTrailを使えば、たとえば、Amazon Elastic Transcoderが新しいジョブの開始のために使ったイベントを表示したり、役に立つS3バケットを削除したのが誰で、それはいつのことかを明らかにしたりすることができます。AWS CloudTrailは、Amazon CloudSearch、Amazon DynamoDB、Amazon Kinesis、Amazon API Gateway、AWS LambdaなどのAWSサービスをサポートし、CloudWatchロググループに直接ログをプッシュするように設定できます。

AWS CloudTrailの無料枠では、リージョンごとに1つの無料トレイルを作れます。しかし、追加のトレイルには、100,000件のイベントを記録するごとに2.00ドルの料金がかかります。

◆ 4.2.1　ログのセットアップ

Amazon CloudWatchのログセクションは、AWSコンソールで［CloudWatch］をクリックし、ナビゲーションペインで［ログ］をクリックするとアクセスできます。おそらく、第3章で作った3つの関数に対応した一連のロググループが、すでに作られているはずです。ロググループの中のどれかをクリックして、ログストリームのリストを見てみましょう。ログストリームには、発生したイベントの未加工の記録であるログイベントが含まれています。すべてのログイベントは、タイムスタンプとイベントメッセージを持っています。右側の歯車のアイコンをクリックすれば、デフォルトの2列表示に列を追加することができます。作成日時、最新イベントの発生日時、最初のイベントの発生日時、ARNの列を表示できます。図4.7はメインのログ表示を示したものです。従来型のアーキテクチャでは、開発者かソリューションアーキテクトがEC2インスタンスにログエージェントをインストールし、それを使ってAmazon CloudWatchにログを書き込みますが、サーバーレスアーキテクチャでは、EC2インスタンスのプロビジョニングやエージェントのインストールについて考える必要はありません。AWS Lambdaは自動的にAmazon CloudWatchにログを出力します。この方法は、特に優れたログフレームワークがあれば問題なく機能します（第6章で詳しく説明します）。

図4.7 第3章で作成したLambda関数に対応した3個のロググループ

4.2.2 ログデータの有効期限

Amazon CloudWatchのログデータは永遠に格納され続け、期限切れにはなりません。しかし、一定期間が経過したときに自動的にログを削除したい場合には、CloudWatchコンソールでそのように設定できます。

1. CloudWatchコンソールで［ログ］ページをクリックし、有効期限を変更するために［次の期間経過後にイベントを失効］列で［失効しない］をクリックする
2. ［保持期間］ダイアログボックスで、ログを残したい期間を選択する。1日から10年、あるいは「失効しない」が選択できる

4.2.3 フィルタ、メトリクス、アラーム

メトリクスフィルタは、入ってくるログイベントに対してパターンを指定し、マッチしたときにAmazon CloudWatchのメトリクスを更新します。更新されたメトリクスは、グラフやアラームの作成に使えます。

メトリクスフィルタには、次の重要なコンポーネントが含まれています。

- **パターン** —— ログ内で探す語句を指定する
- **メトリクス値** —— 個数、またはログから抽出された語句にすることができる
- **メトリクス名** —— メトリクス値としてフィルタリングされた結果を格納するCloudWatchメトリクスの名前
- **名前空間** —— 関連するメトリクスのグループ
- **フィルタ名** —— フィルタ自体の名前

Lambda関数がエラーのために異常終了した回数を追跡するために、メトリクスフィルタ、メトリクス、アラームを作ってみましょう。

1. CloudWatchコンソールのナビゲーションページで［ログ］をクリックし、`/aws/lambda/transcode-video`という名前のロググループの横にあるチェックボックスを選択する（このロググループは、第3章で作った最初のLambda関数に対応している）
2. ［メトリクスフィルタの作成］ボタンをクリックする。［フィルタパターン］テキストボックスに「Process exited before completing request」と入力する
3. 2.で作成したパターンをテストすれば、このエラーメッセージを含むログイベントが以前に作られているかどうかがわかる。パターンを入力した場所のすぐ下にあるドロップダウンリストを使って既存のログストリームからどれかを選択し、［パターンのテスト］ボタンをクリックする（図4.8）。ここでフィルタが過去にさかのぼってデータをフィルタリングすることはない。フィルタは、フィルタ作成後に発生したイベントのメトリクスデータポイントだけを知らせてくる（ URL http://amzn.to/1RFsxDo）

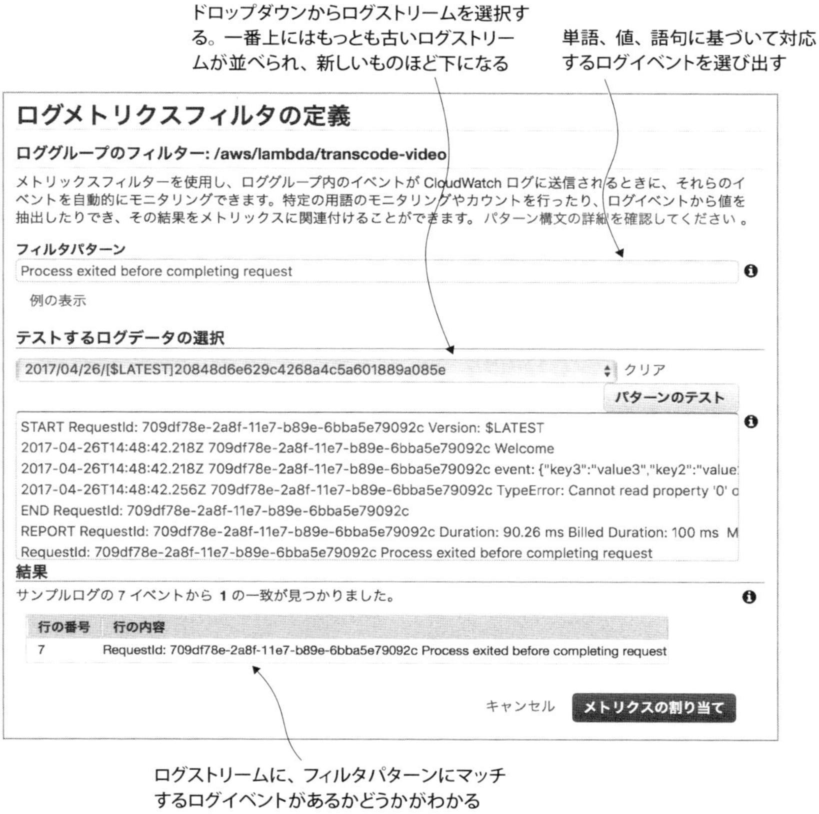

ドロップダウンからログストリームを選択する。一番上にはもっとも古いログストリームが並べられ、新しいものほど下になる

単語、値、語句に基づいて対応するログイベントを選び出す

ログメトリクスフィルタの定義

ロググループのフィルター: /aws/lambda/transcode-video

メトリックスフィルターを使用し、ロググループ内のイベントがCloudWatchログに送信されるときに、それらのイベントを自動的にモニタリングできます。特定の用語のモニタリングやカウントを行ったり、ログイベントから値を抽出したりでき、その結果をメトリックスに関連付けることができます。パターン構文の詳細を確認してください。

フィルタパターン

Process exited before completing request

例の表示

テストするログデータの選択

2017/04/26/[$LATEST]20848d6e629c4268a4c5a601889a085e   クリア

パターンのテスト

```
START RequestId: 709df78e-2a8f-11e7-b89e-6bba5e79092c Version: $LATEST
2017-04-26T14:48:42.218Z 709df78e-2a8f-11e7-b89e-6bba5e79092c Welcome
2017-04-26T14:48:42.218Z 709df78e-2a8f-11e7-b89e-6bba5e79092c event: {"key3":"value3","key2":"value
2017-04-26T14:48:42.256Z 709df78e-2a8f-11e7-b89e-6bba5e79092c TypeError: Cannot read property '0' o
END RequestId: 709df78e-2a8f-11e7-b89e-6bba5e79092c
REPORT RequestId: 709df78e-2a8f-11e7-b89e-6bba5e79092c Duration: 90.26 ms Billed Duration: 100 ms  M
RequestId: 709df78e-2a8f-11e7-b89e-6bba5e79092c Process exited before completing request
```

結果

サンプルログの7イベントから1の一致が見つかりました。

行の番号	行の内容
7	RequestId: 709df78e-2a8f-11e7-b89e-6bba5e79092c Process exited before completing request

キャンセル　**メトリクスの割り当て**

ログストリームに、フィルタパターンにマッチするログイベントがあるかどうかがわかる

図4.8 フィルタパターン。構文の詳細についてはAWSガイドを参照（ URL http://amzn.to/1QLF8WW）

4. ［メトリクスの割り当て］ボタンをクリックし、フィルタに名前を付けてから、詳細を設定する。フィルタの名前空間では、関連するメトリクスをグループにまとめることができるので、`LambdaErrors`のようなグループ名を使い、メトリクス名には`LambdaProcessExitErrorCount`のような名前を付ける（**図4.9**）

5. ［フィルタの作成］ボタンをクリックして、メトリクスフィルタを作成する

図4.9 名前空間のもとでメトリクスをグループ分けする

メトリクスを作ったら、そこからアラームを作ることができます。メトリクスに基づいたアラームの作り方は、4.2.6「アラームの詳細」で後述します。

4.2.4 ログデータの検索

Amazon CloudWatchでは、メトリクスフィルタのパターンと同じ構文を使ってログデータを検索できます。既存のログデータを検索するには、［ログ］ペインでロググループを選択し、［メトリクスフィルタの作成］ボタンをクリックして、［フィルタパターン］テキストボックスにパターンを入力します。検索範囲を狭めるために、オプションで日時を設定することができます。フィルタとパターンの構文の詳細については、URL http://amzn.to/1miUFTd を参照してください。

4.2.5 Amazon S3 とログ

Amazon S3は、アクセス要求を追跡し、Amazon CloudWatchとは別にログ情報を作ることができます。これらのログは、バケットにアクセスしているユーザーやサービスがどのようなものかを把握するために、また監査のために役立ちます。Amazon S3のログは、バケット名、要求日

時、アクション、レスポンスステータスなどを格納します。

24-Hour Videoは動画ファイルの格納のためにAmazon S3を使っていますが、サーバーレスアーキテクチャを採用したシステムの多くもAmazon S3を使うことになるでしょう。そこで、S3ログをアクティブにして利用する方法を学ぶために、第3章で作成した最初のバケットでS3ログを有効にしてみましょう。

1. S3コンソールでログファイルを格納する新しいバケットを作り、「`serverless-video-logs`」という名前を付ける
2. 第3章で作った最初のバケット（`serverless-video-upload`）をクリックして、［プロパティ］を選択する
3. ［サーバーアクセスのログ記録］をクリックし、バケットのログ作成機能を有効にする
4. ［ターゲットバケット］ドロップダウンリストから、1.で作成したバケットを選択する
5. ［ターゲットプレフィックス］に「`upload/`」と入力して保存する（**図4.10**）
6. システムをテストするために、最初のバケットにオブジェクトをアップロードするか、既存オブジェクトの名前を変更する。なお、ログの作成には数時間かかる場合もある

ターゲットプレフィックスを設定すると、S3バケットに仮想フォルダーが作成される。
これは同じバケットに複数のログを格納し、整理するときに役立つ

図4.10 S3バケットのログ。有効にすることでLog Deliveryグループにバケットへの書き込みアクセス権限が与えられる

◆ 4.2.6　アラームの詳細

CloudWatchアラームは、期間、エラー、呼び出し、スロットリングなどのメトリクスをモニタリングし、タイムフレーム内でのしきい値として設定した数よりもイベント数が多くなったときに、アクションを実行します。アラームには、次の3つの状態があります。

- OK —— モニタリングされているメトリクスが、しきい値の範囲内に収まっている
- INSUFFICIENT_DATA —— データが足りず、状態を判断できない
- ALARM —— メトリクスが定義されたしきい値を超えており、アクションが実行される

Lambdaエラーの通知をトリガリングするアラームを作ってみましょう。このアラームは、1分に3回以上のLambdaエラーが発生したときにメールを送ります。

1. AWSコンソールで［Simple Notification Service］をクリックする。ナビゲーションペインで［トピック］を選択し、［新しいトピックの作成］ボタンをクリックする
2. トピックについての情報を入力するためのダイアログボックスが表示される。トピック名として「`lambda-error-notifications`」を設定し、［トピックの作成］をクリックして保存する
3. トピック作成後もトピックリストは画面に残り、新しいトピックが表示される
4. 新しいトピックのARNをクリックし、［サブスクリプションの作成］をクリックすると「サブスクリプションの作成」というタイトルの新しいダイアログボックスが表示される
5. ダイアログボックスの中の［プロトコル］を「Email」にして、［エンドポイント］テキストボックスにメールアドレスを入力する
6. ［サブスクリプションの作成］をクリックし、ダイアログボックスの設定を保存して、ダイアログボックスを閉じる
7. 忘れずにメールをチェックして、サブスクリプションを確認する
8. CloudWatchコンソールで［アラーム］→［アラームの作成］を順にクリックする
9. ［アラームの作成］ダイアログボックスで［Lambdaメトリクス］をクリックし、［Lambda］→［すべての機能］で［エラー（Errors）］チェックボックスを選択する（**図4.11**）

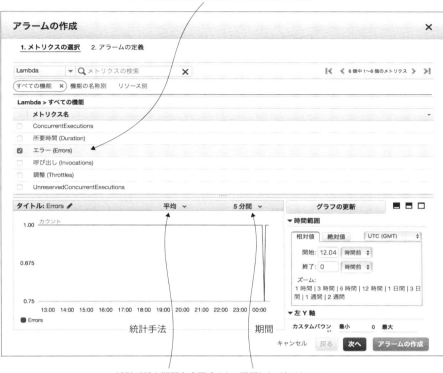

図4.11 アラームの設定画面（1ページ目）。詳細は `URL` http://docs.aws.amazon.com/AmazonCloudWatch/latest/monitoring/ConsoleAlarms.html を参照

10. ［次へ］をクリックし、ダイアログボックスの2ページ目（**図4.12**）でしきい値、期間、アクションを設定する
11. 「lambda-errors」といったアラーム名を入力し、しきい値として、1回の期間で3回以上のエラーを指定する
12. ［間隔］を「1分間」、［統計］を「合計」に変更する
13. ［アクション］→［通知の送信先］ドロップダウンリストで、先ほど作ったSNSトピック（ここではlambda-error-notifications）を選択する

SNSトピックと、アラームを生成しなければならなくなったときのメールの宛先を設定する

図4.12 アラームの設定画面（2ページ目）

14. ［アラームの作成］をクリックし、アラームを完成させる
15. アラームが正しくセットアップされていることを確かめるため、アラームをテストする必要がある。テストは、以下の手順で行う
16. AWSコンソールで［Lambda］を開き、第3章で作った関数のどれかの横にあるラジオボタンをクリックする
17. ［アクション］ドロップダウンリストから［テスト］を選択する（**図4.13**）
18. テストイベントのリストが表示される。第1の［Hello World］テストを選べばエラーを起こせるので、それが選択されたままの状態で［作成］をクリックする
19. ［テスト］をクリックすると、すぐにエラーが発生する。実行結果は失敗となり、エラーメッセージは「Process exited before completing request」となる（**図4.14**）
20. ［テスト］ボタンを3、4回以上クリックして、アラームが生成されるようにする
21. Amazon CloudWatchから通知が届くので、メールをチェックする

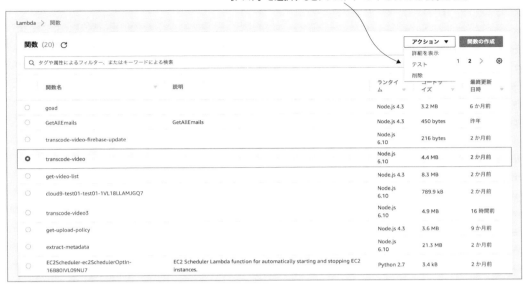

図4.13 [テスト]をクリックして、Lambda関数をテストする

図4.14 テストの成否、ログ出力、実行状況のサマリ情報が表示されたLambdaコンソール

4.2.7　AWS CloudTrail

　　AWS CloudTrailは、ユーザーやサービスが発行したアカウント全体のAPI呼び出しを記録します。API呼び出しの監査や問題の診断、解決のために便利なサービスです。AWS CloudTrailはトレイル（証跡）という概念を導入します。トレイルとは、APIのログ作成を有効にする設定のことです。トレイルには、すべてのリージョンに適用されるものと、特定の1つのリージョンに適用されるものの2種類があります。AWS CloudTrailは、問題が起きたときにシステム内部で何が起きているかを知るために役立つので、有効にしておくべきです。リージョンのためにトレイルを作成するための手順をたどってみましょう。

1. AWSコンソールで［CloudTrail］→［証跡の作成］をクリックする
2. 証跡名に「24-Hour-Video」などの名前を付け、［証跡情報をすべてのリージョンに適用］を「いいえ」に設定し、［管理イベント］や［データイベント］はそのままにしておく
3. ［新しいS3バケットを作成しますか］も「いいえ」にして、［S3バケット］ドロップダウンリストから4.2.5「Amazon S3とログ」で作ったログ（`serverless-video-logs`）のためのバケットを選択する
4. ［詳細］をクリックし、その他のオプションも確認する。ここで設定しなければならないものはないが、用途に応じて有効にするとよい（**図4.15**）
5. ［作成］をクリックしてトレイルを保存し、設定作業を終了する
6. トレイルの作成が終わると、すべてのリージョンを通じてアカウントのために定義されたすべてのトレイルの表が表示される。作ったトレイルをクリックしてオプションをひととおり確認し、設定を行う
7. 設定が必要なのは、「Amazon CloudWatchとの統合」なので、以下の手順で設定する
8. ［設定］ページの［CloudWatch Logs］セクションの［設定］をクリックする
9. 新しいロググループを指定するか、テキストボックスのデフォルト値をそのまま使う（**図4.16**）
10. ［次へ］→［許可］をクリックする。これで、AWS CloudTrailが必要なCloudWatch APIを呼び出せるようにする、新しいロールが作成される

　　AWS CloudTrailのイベント履歴ページに、過去7日間に実行されたAPI呼び出しの作成、変更、削除のAPI呼び出しが表示されるようになります。イベントを展開して［イベントの表示］ボタンをクリックすると詳細情報を参照できます。イベントの表示には15分くらいかかることがあります。APIアクティビティの完全なログが格納されているS3バケットを見たり、Amazon CloudWatchが作成した適切なロググループを見たりといった方法もあります。

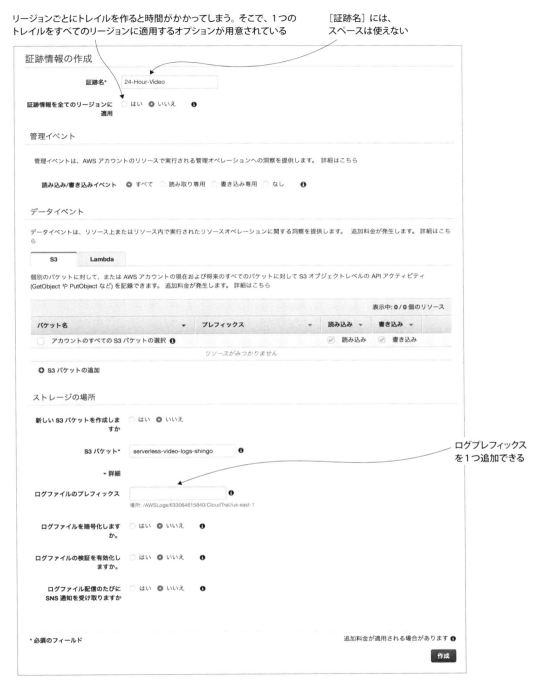

図4.15 新しいトレイル（証跡）の作成画面。[証跡名]と[S3バケット]は必須フィールド

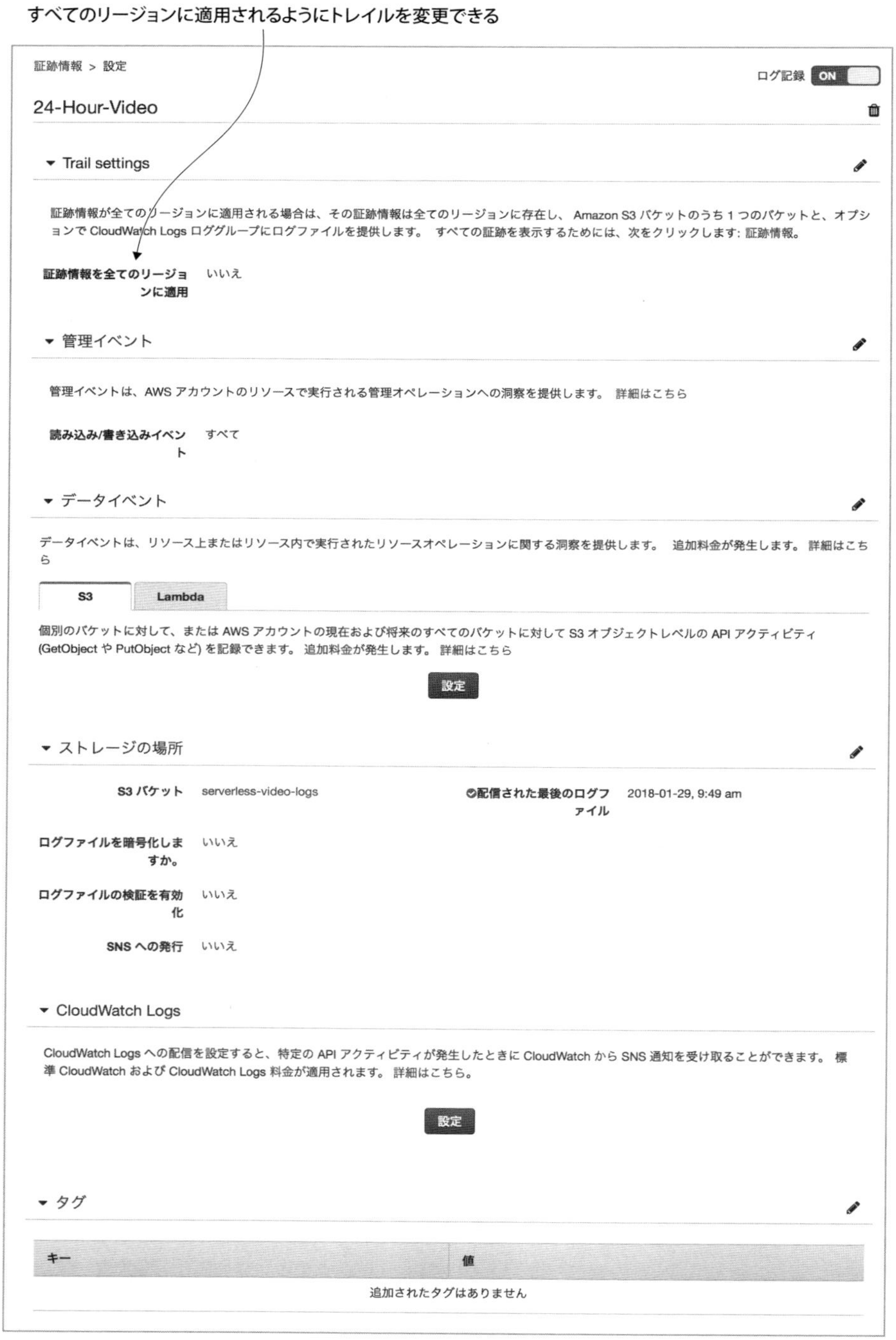

すべてのリージョンに適用されるようにトレイルを変更できる

証跡情報 > 設定　　　　　　　　　　　　　　　　　　　　　　　　　ログ記録 ON

24-Hour-Video

▼ Trail settings

証跡情報が全てのリージョンに適用される場合は、その証跡情報は全てのリージョンに存在し、Amazon S3 バケットのうち 1 つのバケットと、オプションで CloudWatch Logs ロググループにログファイルを提供します。すべての証跡を表示するためには、次をクリックします: 証跡情報。

証跡情報を全てのリージョ　　いいえ
ンに適用

▼ 管理イベント

管理イベントは、AWS アカウントのリソースで実行される管理オペレーションへの洞察を提供します。詳細はこちら

読み込み/書き込みイベン　　すべて
ト

▼ データイベント

データイベントは、リソース上またはリソース内で実行されたリソースオペレーションに関する洞察を提供します。追加料金が発生します。詳細はこちら

| S3 | Lambda |

個別のバケットに対して、または AWS アカウントの現在および将来のすべてのバケットに対して S3 オブジェクトレベルの API アクティビティ (GetObject や PutObject など) を記録できます。追加料金が発生します。詳細はこちら

[設定]

▼ ストレージの場所

S3 バケット　　serverless-video-logs　　　　　配信された最後のログフ　2018-01-29, 9:49 am
　　　　　　　　　　　　　　　　　　　　　　　ァイル
ログファイルを暗号化しま　いいえ
すか。
ログファイルの検証を有効　いいえ
化
SNS への発行　　いいえ

▼ CloudWatch Logs

CloudWatch Logs への配信を設定すると、特定の API アクティビティが発生したときに CloudWatch から SNS 通知を受け取ることができます。標準 CloudWatch および CloudWatch Logs 料金が適用されます。詳細はこちら。

[設定]

▼ タグ

| キー | 値 |

追加されたタグはありません

図4.16 AWS CloudTrailへCloudWatchを統合することで、トレイルログデータに対してメトリクスやアラームを作れる

4.3 料金

月末に巨額の請求書が送られてきてびっくりするのは、ストレスがたまって嫌なものです。Amazon CloudWatchは、月の使用料総額があらかじめ設定したしきい値を超えるときに通知する請求アラームを作ることができます。これは、請求額が予想外に多額になるのを防ぐためだけでなく、システムの設定ミスを見つけるためにも役に立ちます。たとえば、Lambda関数の設定ミスで間違って1.5GBのRAMを割り当ててしまうようなことは簡単に起きます。その関数は、データベースからのレスポンスを受け取るために15秒間ただ待っている以外何も役に立つことをしないかもしれません。よく使われる環境では、このような関数が毎月200万回も呼び出されて、743ドル強の料金を発生させることがあります。しかし、割り当てたRAMが128MBなら、同じ関数の料金が毎月わずか56ドルに下がります。あらかじめコスト計算を行い、適切な請求アラームを設定すれば、請求アラートが届くようになったときに何か問題があることがすぐにわかります。

◆ 4.3.1 請求アラートの作り方

請求アラートは、以下の手順で作成します。

1. メインAWSコンソールの上にあるメニューで自分の名前（または自分を表すIAMユーザーの名前）をクリックし、［請求ダッシュボード］をクリックする
2. ナビゲーションペインの［設定］をクリックし、［請求アラートを受け取る］チェックボックスを有効にする（図4.17）
3. ［設定の保存］をクリックする
4. CloudWatchコンソールを開き、ナビゲーションペインで［請求］を選択する
5. ［アラームの作成］ボタンをクリックし、［アラームの作成］ダイアログボックスを開く。［アラームの作成］ダイアログボックスは、4.2.6「アラームの詳細」で使ったものとよく似ており、料金のしきい値を設定し、通知を送るためのSNSトピックを選択する。オプションで［新しいリスト］をクリックし、メールアドレスを直接入力することもできる（図4.18）
6. 右下隅の［アラームの作成］ボタンをクリックして、アラームを作成する
7. メトリクスを変更するには、作成されたアラームを選択し、［アクション］→［変更］でダイアログを開き、［1. メトリクスの選択］をクリックして［メトリクスの選択］画面を開く。［Billing Metrics］サブヘッダーをクリックして、［概算合計請求額］を選択し、最初のチェックボックスを有効にすると、AWSサービス全体での料金見積もりを取得できるようになる。［サービス別］をクリックし、対象を細かくして、個別のサービスを選択することもできる
8. ［次へ］→［変更の保存］で保存できる

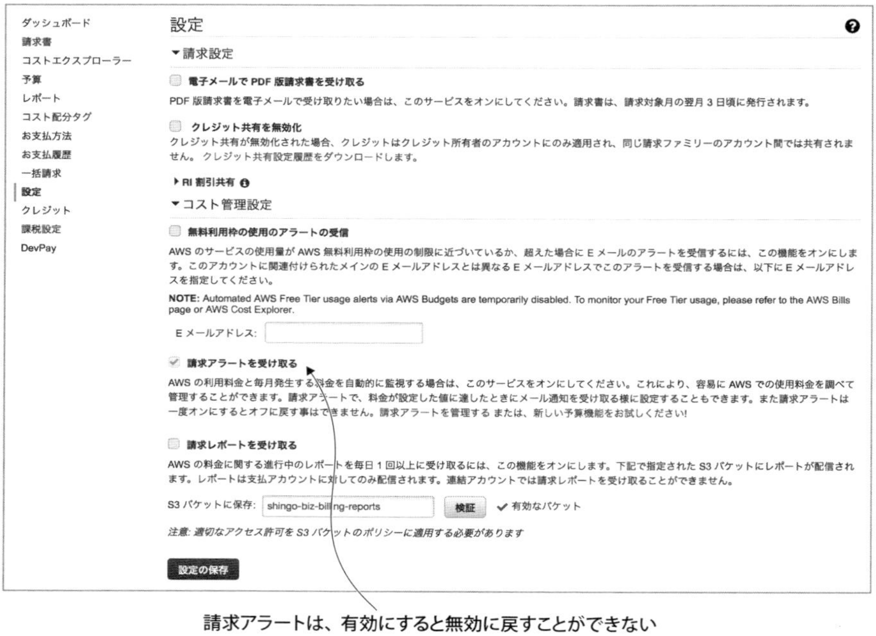

請求アラートは、有効にすると無効に戻すことができない

図4.17 請求ダッシュボードの［設定］ページ

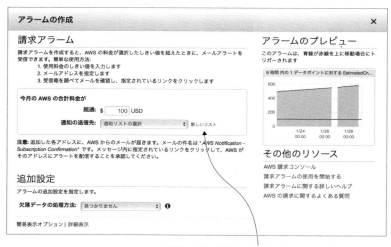

［新しいリスト］をクリックすると、SNSトピックを
選択せずに直接メールアドレスを入力できる

図4.18 複数の請求アラームを作り、絶えず予測料金を把握しておくとよい

◆ 4.3.2 料金のモニタリングと最適化

CloudCheckr（ URL http://cloudcheckr.com）などのサービスを使えば、料金の管理に役立ち、アラートが送信される他、使っているサービスとリソースを分析して節約方法を提案させることもできます。CloudCheckrは、Amazon S3、Amazon CloudSearch、Amazon SES、Amazon SNS、Amazon DynamoDBなどのさまざまなAWSサービスから構成されています。そのうえ、AWSの標準機能よりも機能が豊富で使いやすくなっています。CloudCheckrの提案や毎日の通知は検討する価値があります。

AWSには、パフォーマンスの向上、フォールトトレランス、セキュリティ、コストの最適化についての提案を行うTrusted Adviserというサービスもあります。残念ながら、Trusted Adviserの無料バージョンは機能が制限されており、得られるすべての機能や推奨事項をすべて試すには、AWSサポートを有料のビジネスサポートプランか、エンタープライズサポートプランにアップグレードしなければなりません。

Cost Explorerは、高水準ながら役に立つAWS組み込みのレポート、アナリティクスツールです（図4.19）。まず、AWSコンソールの右上隅の自分の名前（またはIAMユーザー名）をクリックし、[請求ダッシュボード]を選択して、ナビゲーションペインから[コストエクスプローラー]をクリックし、有効化する必要があります。このようにしてアクティブ化されたCost Explorerは、当月と過去4か月の料金を分析し、今後3か月の料金を予測します。AWSが当月のデータを処

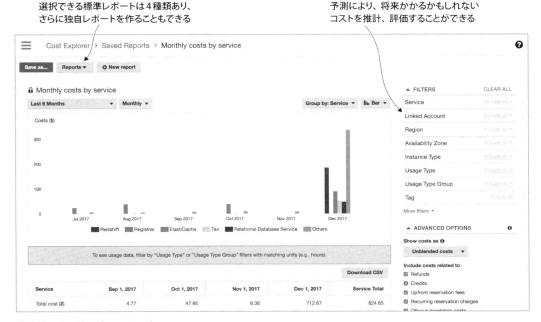

図4.19 Cost Explorerツール

理するために24時間かかり、それ以前の月のデータの処理にはさらに時間がかかるので、最初は何の情報も見られない場合があります。Cost Explorerの詳細については、 URL http://amzn.to/1KvN0g2を参照してください。

4.3.3 AWS Simple Monthly Calculatorの使い方

AWS Simple Monthly Calculator（ URL http://calculator.s3.amazonaws.com/index.html）は、Amazonが提供しているサービスのかなりの部分について、料金をモデリングしやすくするために開発されたウェブアプリケーションです。コンソールの左側でサービスを選び、特定のリソースの消費状況に関する情報を入力すると、そこから推計される料金がわかります。図4.20は、AWS Simple Monthly Calculatorの画面を示しています。この推計額は、主としてAmazon S3、Amazon CloudFront、AWSサポートプランの料金です。AWS Simple Monthly Calculatorは複雑なツールであり、使いやすさという点で問題がないわけではありませんが、料金の推計には役に立ちます。

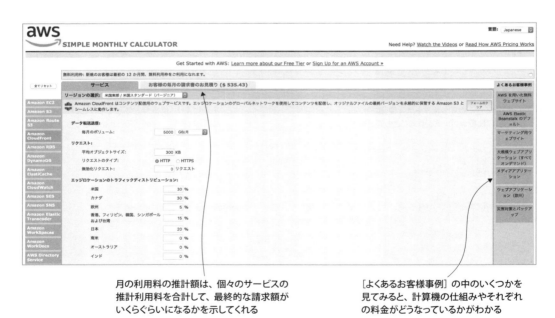

図4.20 AWS Simple Monthly Calculator。あとで請求アラームを作るときに、この推計額が役に立つ

コンソールの右側の［Common Customer Samples］をクリックするか、値を直接入力すると、推計額を見ることができます。ここでは、24-Hour Videoのモデルとして使えそうな［Media Application］を選択しており、次のことがわかりました。

- Amazon S3 の推計料金は 9.01 ドル。その内訳は、300GB のストレージ、200 回の PUT/COPY/POST/LIST リクエスト、100 回の GET とその他のリクエスト、2GB ／月の下りデータ転送、10GB ／月の上りデータ転送による
- CloudFront の推計料金は 549.96 ドル。その内訳は、平均オブジェクトサイズ 300KB の 5000GB ／月の下りデータ転送による。エッジロケーションの分布は、30% が欧米、15% が日本、25% が香港、フィリピン、韓国、シンガポール、台湾
- AWS ビジネスサポートプランは 100 ドル

4.3.4 AWS Lambda と API Gateway の料金計算

多くの場合、サーバーレスアーキテクチャの実行コストは、従来型のインフラストラクチャと比べてかなり安くなります。当然ながら、実際に使うサービスの料金はまちまちになりますが、AWS Lambda と API Gateway を使ったサーバーレスシステムを実行するために、どのような料金がかかるかはわかります。

AWS Lambda の料金（ URL https://aws.amazon.com/lambda/pricing/）は、リクエスト数、実行時間、関数に割り当てられたメモリー容量によって決まります。最初の 100 万リクエストは無料で、その後は 100 万リクエストごとに 0.2 ドルです。実行時間は、関数が実行のためにかかった時間で、100 ミリ秒単位に切り上げられます。関数の料金は、100 ミリ秒刻みの実行時間だけでなく、関数のために確保したメモリーの容量も考慮したものになっています。

1GB のメモリーを割り当てた関数は 100 ミリ秒あたり 0.000001667 ドルですが、128MB のメモリーを割り当てた関数は 100 ミリ秒あたり 0.000000208 ドルです。Amazon の料金はリージョンによっても変わり、いつでも変更される可能性がある点にも注意する必要があります。

関数に関しては、毎月 100 万回の呼び出しと 400,000GB 秒の呼び出し時間が無期限の無料枠となっています。つまり、呼び出し回数が 100 万回未満で、1GB のメモリーを割り当てた関数を 400,000 秒以上実行しなければ、料金はかからないということです。

たとえば、256MB のメモリーを必要とする関数を毎月 500 万回実行しなければならないときの料金について考えてみましょう。関数の実行には、毎回 2 秒ずつかかります。料金計算は次のようになります。

まず、リクエスト数の料金です。

- 無料枠が 100 万回分あるため、料金がかかるのは 400 万回分だけ（500 万－ 100 万＝ 400 万）
- リクエスト 100 万回ごとの料金が 0.2 ドルなので、リクエスト回数による料金は 0.8 ドル（400 万÷ 100 万× 0.2 ドル／月＝ 0.80 ドル／月）

コンピュートリソースの料金は次のようになります。

- 関数のGB秒あたりのコンピュートリソース料金は、0.00001667ドルだが、無料枠で400,000GB秒分は無料になる
- この場合、関数は1千万秒（500万×2秒）実行される
- 256MB（256÷1024＝0.25GB）のメモリーで、1千万秒の関数実行は、2,500,000GB秒（10,000,000×0.25＝2,500,000）
- 無料枠を引くと、関数実行の有料分は2,100,000GB秒（2,500,000－400,000＝2,100,000GB秒）
- そのため、コンピュートリソース料金は、35.007ドル（2,100,000GB秒×0.00001667ドル＝35.007ドル）になる

この例の場合、AWS Lambdaの実行にかかる料金は、合計で35.807ドルになります。API Gatewayの料金は、受け付けたAPI呼び出しの数とAWSからの下りデータ転送の転送量によって決まります。米国東部リージョンでは、100万呼び出しの料金が3.5ドル、最初の10TBまでの下り転送量の料金が0.09ドル/GBです。先ほどの例で、月々の下り転送量が100GBだとすると、API Gatewayの料金は次のようになります。

まず、呼び出し回数分です。

- 無料枠は、月々100万API呼び出しまでですが、有効なのは最初の12か月だけ。無期限ではないので、この無料枠は計算に入れないことにする
- 呼び出し回数分の料金は、17.5ドル（500万リクエスト×3.5ドル／月＝17.5ドル／月）

データ転送分は、次のようになります。

- 9ドル（100GB×0.09ドル／GB＝9ドル）

この例でのAPI Gatewayの料金は26.50ドルです。AWS LambdaとAPI Gatewayで料金の合計は月62.307ドルです。継続的にどれくらいの数のリクエストや処理内容が必要とされるかをモデリングすることには意味があります。メモリーを128MBしか使わず、1回1秒で実行できるLambda関数を200万回呼び出すと、月々の料金はおおよそ0.2ドルになります。それに対し、メモリーを512MB必要とし、1回の実行に5秒かかるLambda関数を200万回呼び出すと、月々の料金は75ドル強になります。AWS Lambdaの場合、あらかじめ計画を立てて料金を見積もってから実際に使った分だけを支払えばよいようになっています。ただし、たとえ大したことがないように見えたとしても、Amazon S3やAmazon SNSなどの他のサービスの料金も計算に入れるのを忘れないようにしなければなりません。

> **サーバーレス料金計算機**
>
> 私たちは、AWS Lambdaの料金のモデリングに使えるオンラインサーバーレス料金計算機（URL http://serverlesscalc.com）を作りました。月々のLambda関数の実行回数、推定実行時間、関数が使うメモリーサイズを指定するだけで、AWS Lambdaにかかわる月々の料金を瞬時に計算します（リクエスト数分と計算資源分の内訳も示されます）。さらに、このツールは、Azure Functions、IBM OpenWhiskなどのAWS以外のサーバーレス計算サービスとAWS Lambdaの料金を比較できるようになっています。

4.4 演習問題

この章で学んだAWSのIAM、モニタリング、ログとアラートの知識と、第3章で24-Hour Videoを改造した経験をもとに、次の問題に挑戦してみてください。

1. この章の前のほうで説明したように、`Lambda-DevOps`グループを作り、すでに作ってある`Lambda-Upload` IAMユーザーをそのグループに入れてください。また、`Lambda-Upload-Staging`と`Lambda-Upload-Production`の2つのユーザーを新たに作り、これらも`Lambda-DevOps`グループに入れてください。2つの新しいユーザーのアクセスキーをセキュアな場所に保存することを忘れないようにしましょう。
2. 24-Hour Videoの第2のバケットである`video-transcoded-bucket`のバケットポリシーを変更して、SSL接続だけを受け入れるようにしてください。非SSL接続はすべて拒否しなければなりません。**リスト4.4**が参考になります。
3. Amazon CloudWatchですべてのロググループの有効期限を6か月に設定してください。
4. 第3章で作った第2のバケットのログをセットアップしてください。また、ターゲットプレフィックスを`transcoded/`に変更してください。
5. 月額料金が100ドルを超えたときに通知してくる請求アラームと、500ドルを超えたときに通知してくる別の請求アラームをセットアップしてください。
6. AWS CloudTrailで24-Hour Videoをホスティングするアカウントをモニタリングするトレイルを作ってください。

4.5 まとめ

この章では、AWSで効果的にサーバーレスアーキテクチャを構築するために知っていなければならない基本概念を説明してきました。セキュリティ、ログとアラート、料金は、必ずしも面白い話題ではありませんが、システムを成功させるためにはほとんど必ず決定的に重要な意味を持ちます。この章では、次のことについて学びました。

- ユーザー、グループ、ロール、ポリシー、アクセス権限など、AWSのIAM (Identity and Access Management) の仕組み
- Amazon CloudWatchを使ったログの管理方法とカスタムメトリクスに基づいたアラームの作成方法
- Amazon S3のログ機能の有効化
- 組み込みのアラートとCloudCheckrやTrusted Advisorなどのサービスを使った現時点での料金のモニタリング
- AWSサービスのAPI呼び出しをモニタリングするAWS CloudTrailのセットアップ方法
- AWS Lambda、API Gatewayの料金の計算方法とSimple Monthly Calculatorの使い方

次章では、サーバーレス環境での認証と認可（権限付与）について学びます。Auth0を使ってこれらの機能を構築し、セキュアなユーザーシステムを作ります。また、API Gatewayの初歩について説明し、24-Hour Videoのユーザーインターフェイスの作成に取り掛かります。

第 2 部

コア機能

　皆さんは第1部を読み通して、サーバーレスアーキテクチャの基本概念や原則の一部をマスターしました。第2部では、これらを深く掘り下げ、認証と認可（権限付与）の原則を理解するとともに、AWS LambdaとAmazon API Gatewayについても詳しく学びましょう。これからの各章では、Lambda関数を書き、RESTful APIを設定し、ユーザー認証のあるウェブサイトのセットアップまで進みます。開発者が他の人の手を借りずにサーバーレスバックエンドをいかに素早く組み立てられるか、サーバーレステクノロジーがいかに強力かがわかるはずです。

第5章 認証と認可

この章の内容
- □ サーバーレスアーキテクチャにおける認証と認可
- □ 認証のための中心的なサービスとしてのAuth0
- □ JWTと委任トークン
- □ AWS API Gatewayとカスタムオーソライザー

　私たちが最初に質問されることは、たいていサーバーレス環境の認証と認可のことです。サーバーがないのにどのようにしてユーザーを認証し、リソースへのアクセスを保護するのでしょうか。この疑問に答えるために、Amazon CognitoというAWSサービスとAuth0という別の（非AWSの）サービスを紹介します。また、API Gatewayの初歩とこれを使ったAPIの作り方を説明します。そして、このAPIを保護するためにカスタムオーソライザーをどう使うか、どのようにしてAPIとLambda関数を結び付けるのかを説明します。最後に、Auth0、Amazon API Gateway、AWS Lambdaの機能を組み合わせて24-Hour Videoにサインイン、サインアウト、ユーザープロフィール機能を追加します。

5.1 サーバーレス環境における認証

　現代のウェブ／モバイルアプリケーションでは、認証と認可はさまざまな形を取ることができます。アプリケーションへの直接的なサインアップや企業ディレクトリを使ったサインインは重要な仕組みです。Google、Facebook、TwitterなどのサードパーティIDプロバイダー（IdP）を使った認証も同じように重要です。では、サーバーなしで認証、認可、サインアップ、ユーザー確認をどのようにして実現し、管理できるのでしょうか。答えは、Amazon CognitoやAuth0などのサービス、委任トークンなどのテクノロジーにあります。これらのサービスやテクノロジーについての説明を読む前に、付録Cを見ておいてください。この付録は、認証と認可、OpenID Connect、OAuth 2.0といったテーマをはっきりと思い出すために役立ちます。

◆ 5.1.1 サーバーレスのアプローチ

サーバーなしでユーザーを認証し、必要なサービスへのアクセスを認可するのは難しいような感じがするかもしれませんが、今の技術でできることが把握できていれば、そんなことはないことがわかります。

- Amazon Cognito（ URL https://aws.amazon.com/cognito）や Auth0（ URL https://auth0.com）のようなサービスを使えば認証システムの実装が楽になります。
- サービス間でユーザー情報を交換し、正しいことを確認するためにトークンを使うことができます。本章では、JWT を（JSON Web Token）を使います。トークンは、必要とされるユーザーについての情報（クレーム）をカプセル化できます。Lambda 関数は、トークンが正当なものかどうかを確認し、正しいときに限り処理の続行を認めることができます。また、関連する Lambda 関数を実行する前に、Amazon API Gateway でトークンの正当性をチェックすることもできます（詳細は 5.3 節「AWS との統合」を参照）。
- Lambda 関数や Auth0 を使って委任トークンを作れば、フロントエンドからサービスへの直接アクセスを認可できます。

図5.1 は、サーバーレスアプリケーションで可能な認証、認可のアーキテクチャを示しています。認証のプロセスは Auth0 などの認証サービスを使って管理されます。認証サービスは、認証だけでなく、他のサービスでの直接認証で必要な、委任トークンの作成などもサポートします。図からもわかるように、クライアントはデータベースに直接アクセスすることも、自分の認証情報でデータベースにアクセスできる Lambda 関数にリクエストを送ることもできます。システムに合った最良のアプローチを選択する柔軟性があるのです。

JWT (JSON Web Token)

本章では JWT（JSON Web Token）を扱います。IETF（Internet Engineering Task Force）は、JWT を「二者間でやり取りされるクレーム（ある主体に関するひとまとまりの情報）を、コンパクトで URL セーフな形式で表現したもの。JWT のクレームは、JSON オブジェクトとしてエンコードされ、JWS（JSON Web Structure）のペイロードか、JWE（JSON Web Encryption）のプレーンテキストとして使われる。そのため、クレームは電子署名したり、MAC（Message Authentication Code）と暗号化の両方か片方で完全性を保証することができる。（ URL https://tools.ietf.org/html/rfc7519）」と説明しています。

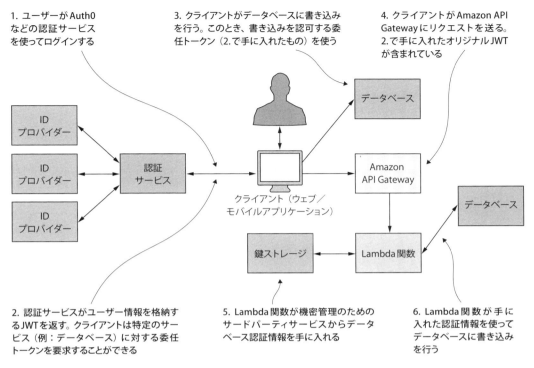

図5.1 合理的な場合は、クライアントにサービスとの直接のやり取りを認めるようにすべき

　第1章では、「プレゼンテーションティア（フロントエンド）が直接サービス、データベースにアクセスするとともに、APIゲートウェイ（たとえばAmazon API Gateway）を介してコンピュートサービス関数（たとえばLambda関数）にアクセスする。フロントエンドは多くのサービスに直接アクセスできるが、一部のサービスはコンピュートサービス関数の背後に隠し、この関数の中で追加的にセキュリティ関連の操作や正当性チェックを行う必要がある」（9ページ）と説明しました。この説明は、データベースやサービスへのアクセスをコーディネートするバックエンドを経由することが多い、従来型のシステムとは対照的です。そのため、認証、認可を必要とするサーバーレスシステムを設計するときには、次のことを忘れないようにしなければなりません。

- OpenID Connect や JWT のような確立された、業界が支持している認証、認可手段を使う
- 合理的なときには（つまり、クライアントに対する割り込みによってシステムが不完全な状態にならず、セキュアに割り込みができるときに限り）、フロントエンドがサービス（およびデータベース）と直接通信できるようにする

委任トークン

JWTベースの委任トークンを使ってデータベースその他のサービスへのアクセスを認可する方法については、第9章で説明します。JWTは偉大なテクノロジーですが、すべてのサービスがサポートしているわけではありません。署名または一時認証情報を代わりに用いなければならないことがあります。

本章以降では、委任トークンがJWTであると想定します。しかし、サービスへの一時的なアクセスを認めるために他の方法を使う場合は、その旨明記します。

長期的に仕事を楽にする方法

サーバーレスアーキテクチャを構築するときは、システムがアクションを実行するためにかかるステップ数を減らすように心がけましょう。フロントエンドがサービスと直接やり取りすることがセキュアで適切ならそうすべきです。その結果、レイテンシーが下がり、システムは管理しやすくなります。

また、独自の認証、認可方法を作り出すようなことはすべきではありません。一般的に使われているプロトコルと仕様を使うようにしましょう。同じものを実装する複数のサードパーティ製のサービスやAPIとうまく統合できるはずです。セキュリティは難しいテーマですが、十分にテストを重ねた認証、認可モデルに従えば、成功しやすくなります。

◆ 5.1.2　Amazon Cognito

皆さんは開発者なので、その気になれば独自の認証、認可システムを作れるでしょう。外部IDプロバイダーのサポートには、OpenID ConnectとOAuth 2.0が役に立ちます。Lambda関数、データベース、サインアップ／サインインページを作ったら、ユーザーの認証に取り掛かれます。しかし、誰か他の人がすでに作ったものを作り直す必要があるでしょうか。既存のサービスを調査して、普通ならしなければならない仕事を削減できるかどうかを確かめてみましょう。

Amazon Cognito（ https://aws.amazon.com/cognito）は、認証を支援できるAmazonのサービスです。Amazon Cognitoを使えば、登録／ログインシステムを作り、公開IDプロバイダーや（既存の）社内認証プロセスと統合することができます。

Amazon Cognitoを通過するユーザーには、認証された場合もそうでない場合も、IAMロール／一時認証情報が与えられます。この情報を使えば、ユーザーにAWSのリソースやサーバーへのアクセスを認めることができます。Amazon Cognitoは、エンドユーザーデータを保存することもできます。さらに、さまざまなデバイスの間で同期し、アクセスすることができます。**図5.2**

は、ユーザーがIDプロバイダーを使って認証を受け、AWSのデータベースへのアクセスを得る仕組みを示しています。Amazon Cognitoは、仲介者として機能しています（Amazon Cognitoの認証フローの詳細については、 URL http://amzn.to/1SmsmPt を参照）。

Amazon Cognitoは優れたサービスですが、足りない部分もあります。パスワードリセットなどの役に立つ機能は手作業を必要とし、Touch IDによるログインなどの高度な機能はありません。Amazon Cognitoは優れたシステムですが、代わりに使えるシステムで検討すべきものが1つあります。それはAuth0というサービスです。

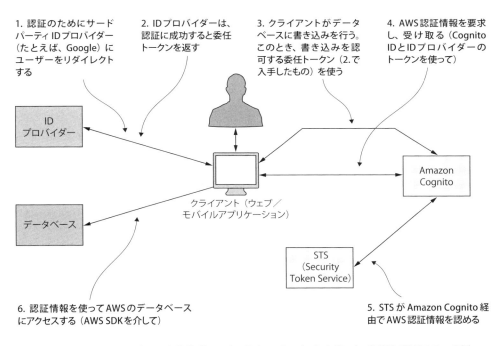

図5.2 Amazon CognitoとAWS STS（Security Token Service）を使った（拡張）認証フローの例

5.1.3 Auth0

Auth0（ URL https://auth0.com）は、万能IDプラットフォームということができるでしょう。ユーザー名とパスワードを使ったカスタムユーザーサインアップ／サインインをサポートし、OAuth 2.0、OAuth 1.0を使っているIDプロバイダーに対応し、企業ディレクトリに接続できます。またMFA（多要素認証）やTouch IDサポートなどの高度な機能も備えています。

ユーザーがAuth0で認証を受けると、クライアントアプリケーションにはJWTが与えられます。Lambda関数がユーザーの識別を必要とする場合には、このトークンを使うことができます。また、他のサービスのために委任トークンをAuth0に要求するときにも使えます。Auth0

は、AWSとうまく統合できています。AWSリソースにセキュアにアクセスするためにAWSの一時認証情報を取得できるため、Amazon Cognitoの代わりにAuth0を使っても何も失うものはありません（AWS統合の詳細については、 URL https://auth0.com/docs/integrations/aws を参照）。

　Amazon CognitoとAuth0は、どちらも非常に優れたシステムです。それぞれの特徴的な機能をよく調べ、プロジェクトの要件に基づいて、どちらを使ったらよいか評価すべきです。次節では、Auth0とJWTを使ってサーバーレスアプリケーションのユーザー認証を処理する方法を詳しく掘り下げていきます。

5.2 24-Hour Videoへの認証の追加

　この節では、24-Hour Videoにサインイン／サインアウト機能とユーザープロフィール機能を追加します。Auth0を使ってユーザーサインアップと認証を処理し、Lambda関数にセキュアにアクセスする方法を示します。今までは、24-Hour Videoのバックエンドを構築することに力を注いできており、フロントエンドは無視してきました。ここではインターフェイスを作り、ユーザーがシステムとやり取りできるようにします（**図5.3**）。

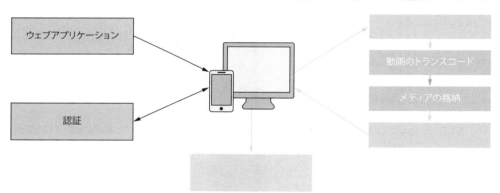

図5.3 本章の概要。認証機能を追加し、ウェブサイトの構築に取り掛かる

　また、Amazon API Gatewayについてもっと詳しく紹介します。Amazon API Gatewayを使うと、バックエンドサービスとフロントエンドとをつなぐAPIを作ることができます。Amazon API Gatewayは第7章でさらに詳しく説明しますが、プログラム例をたどる際に、もっと詳しい説明を読みたかったり、わからないところをはっきりさせたりしたい場合には、いつでも第7章をのぞいてみてください。

◆ 5.2.1 プラン

24-Hour Videoに認証／認可システムを追加するための手順は次のとおりです。

1. ユーザーインターフェイスとして機能する初歩的なウェブサイトを作る。このサイトには、サインイン、サインアウト、ユーザープロフィールボタンが付いている。後続の章で、このウェブサイトに動画再生などの機能を追加していく
2. Auth0にアプリケーションを登録し、ウェブサイトにAuth0を統合する。ユーザーは、Auth0を介してログインし、自分を識別するJWTを受け取れるようになる
3. Amazon API Gatewayを追加して、ウェブサイトがLambda関数を呼び出せるようにする
4. `user-profile` Lambda関数を作る。このLambda関数は、ユーザーのJWTをデコードしてAuth0エンドポイントを呼び出し、ユーザーについての詳しい情報を取得し、Amazon API Gatewayを介してウェブサイトにこの情報を返す。現時点ではまだデータベースはない

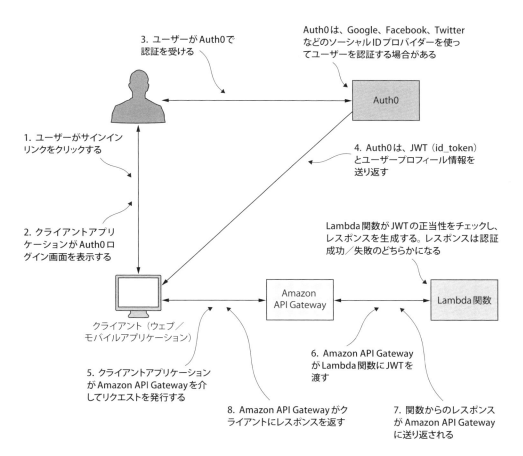

図5.4 Auth0とJWTを使って24-Hour Videoのために実装する、初歩的な認証／認可のフロー

ため、ユーザーについての追加情報を保存することはできない。第9章でデータベースが追加され、新たなユーザー情報を格納できるようになる
5. HTTP GETリクエストを使って user-profile Lambda関数を呼び出せるように、API Gateway を設定する
6. リクエストが統合エンドポイントに届く前に（つまり、リクエストが Lambda 関数に達する前に）、JWT の正当性チェックを行うように API Gateway を修正する。JWT の正当性チェックのために、特別な Lambda 関数を作り、すべてリクエストに対して実行されるカスタムオーソライザーとして API Gateway に追加する

図5.4は、手順1.から5.までで作る認証／認可アーキテクチャを示しています。手順6.は、5.3.5「カスタムオーソライザー」で詳しく説明します。

◆ 5.2.2　Lambda 関数の直接呼び出し

　AWS の一時認証情報を取得して、24-Hour Video のウェブサイトから直接 Lambda 関数を呼び出せないのはなぜなのでしょうか。Amazon API Gateway が必要なのは、いったいなぜなのでしょうか。これは大事な問いです。実は、Lambda 関数には2種類の呼び出し方があります。1つはSDKを使う方法で、もう1つは Amazon API Gateway が作ったインターフェイスを介して呼び出す方法です。SDKアプローチを使うと、次のような波及効果が生まれます。

- ユーザーが AWS SDK の一部をダウンロードしなければならなくなる
- 24-Hour Video が特定の Lambda 関数と結合してしまう。あとで関数の呼び出し方法を書き換えるのが大変になったり、書き換えのためにウェブサイトをデプロイし直さなければならなくなったりする
- 悪意のあるユーザーがシステムを破り、Lambda 関数を何千回も呼び出すことを防ぎにくくなる。Amazon API Gateway を使えば、リクエストのスロットリング、認可、レスポンスのキャッシングなどができる
- Amazon API Gateway を使えば、他のクライアントが単純な HTTP リクエストと HTTP の標準動詞を使ってやり取りできる、統一的な RESTful インターフェイスを設計、構築できる

　ウェブアプリケーションで Lambda 関数を使うときには、Amazon API Gateway を使って RESTful インターフェイスを作り、関数をその背後に隠すのが正しい道です。

◆ 5.2.3　24-Hour Video のウェブサイト

　今、大規模なウェブアプリケーションを構築するとすれば、Angular や React などの SPA（シングルページアプリケーション）フレームワークから、そのどれかを選んで使うことになるで

しょう。しかし、このプログラム例ではBootstrapとjQueryを使ってウェブサイトを作ります。このようにするのは、SPAフレームワークの設定や管理ではなく、システムのサーバーレスの部分に集中できるようにするためです。素のJavaScriptとjQueryではなく、好みのSPAを使いたい場合はそうしてかまいません。図5.5は、この初歩的なウェブサイトの最初の時点での表示です。

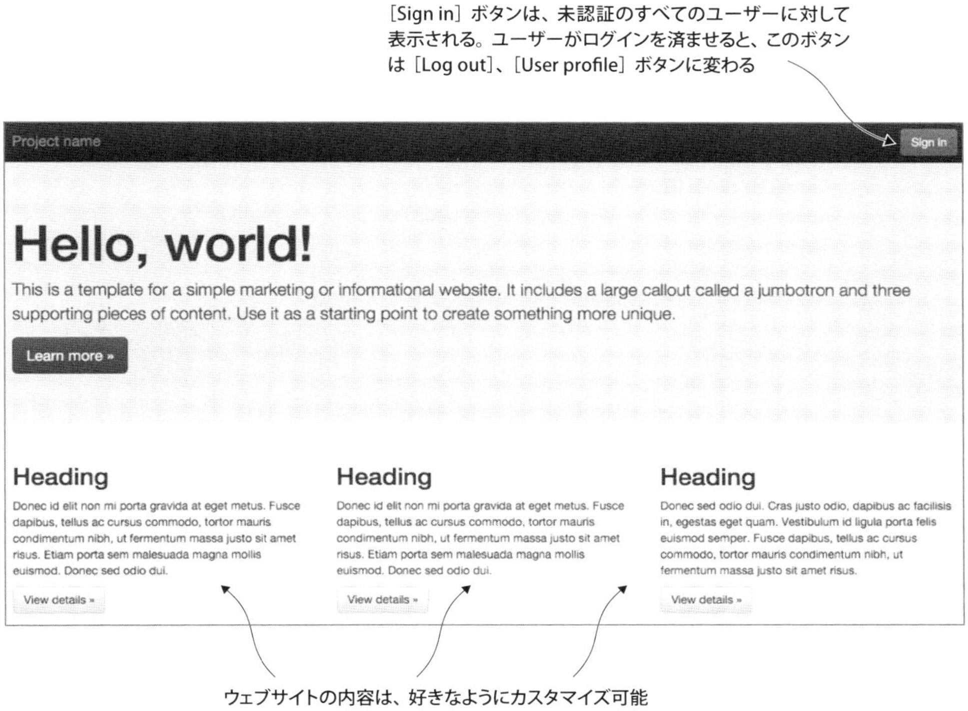

［Sign in］ボタンは、未認証のすべてのユーザーに対して表示される。ユーザーがログインを済ませると、このボタンは［Log out］、［User profile］ボタンに変わる

ウェブサイトの内容は、好きなようにカスタマイズ可能

図5.5 Initializr Bootstrapテンプレートに［Sign in］ボタンを追加したところ

Initializrのサイト（ URL http://initializr.com）からInitializrテンプレートのBootstrapバージョンをダウンロードすれば、骨組みだけのウェブサイトを手っ取り早く作ることができます（ダウンロード時の設定は、すべてデフォルトのままでかまいません）。24-hour-videoなどの新しいディレクトリにダウンロードファイルを展開します。このウェブサイトには変更を加え、新たなパッケージをインストールしていきます。依存ファイルを管理しやすくし、あとでデプロイを実行するために、第3章でLambda関数のために行ったようにnpmを使います。ターミナルを開き、次のことをしてください。

1. ウェブサイトのディレクトリに移動し、そこで npm init を実行する。npmからの質問に答え、package.jsonファイルを作る

2. ウェブサイトをホスティングするウェブサーバーが必要になるので、local-web-server という好都合なモジュールを使う。ターミナルで次のコマンドを実行してインストールする

   ```
   npm install local-web-server --save-dev
   ```

3. package.json を**リスト 5.1** のように書き換えると、npm start を実行できるようになる。npm start は、ウェブサーバーを起動してウェブサイトをホスティングする

リスト 5.1 このウェブサイトのためのPackage.json

```json
{
    "name": "24-hour-video",
    "version": "1.0.0",
    "description": "The 24 Hour Video Website",
    "local-web-server": {
        "port": 8100,
        "forbid": "*.json"
    },
    "scripts": {
        "start": "ws",
        "test": "echo \"Error: no test specified\" && exit 1"
    },
    "author": "Peter Sbarski",
    "license": "BSD-2-Clause",
    "devDependencies": {
        "local-web-server": "^1.2.6"
    }
}
```

- ポート8100がシステムの他のオープンポートと衝突することはまずないはずだが、好きなポート番号に変えてもよい
- npm startを実行すると、ウェブサーバーが起動される
- 実際のバージョン番号はこれとは異なるかもしれないが、それはそれでかまわない。どのように変えても動作する

ターミナルウィンドウでnpm startを実行し、ウェブブラウザで URL http://127.0.0.1:8100 を開くと、ウェブサイトが表示されます。

◆ 5.2.4 Auth0 の設定

では、ウェブサイトにAuth0を統合しましょう。まず、 URL https://auth0.com に新しいアカウントを登録します。好みのAuth0アカウント名を入力する必要があります。アカウント名は何でもかまいません（会社やウェブサイトの名前など）。アカウントを作ると、IDプロバイダーを選択するダイアログボックスが表示されます。このポップアップでユーザーに提供する認証のタイプを選択できます。標準のユーザー名、パスワードの認証の他、Facebook、Google、Twitter、Windows Liveとの統合があります。接続はあとで増減させることができます。

24-Hour Videoの基礎として使えるAuth0のデフォルトアプリケーションからスタートしましょう。アプリケーションタイプの選択肢が表示されます（**図 5.6**）。SPA（Single Page App）を選び、続いてjQueryを選びましょう。Auth0の設定方法を説明するドキュメントページに移動し

ます。知りたいことがあるときには、いつでもこのページを見るとよいでしょう。実際、Auth0のドキュメントは優れているので、見るようにすべきです。しかし、今は「Default App」見出しの下の［Settings］タブをクリックしましょう。

図5.6 Auth0のダッシュボード

［Settings］タブでは、次の設定をする必要があります（**図5.7**）。

1. ［Client Type］ドロップダウンリストで［Single Page Application］を選択する（まだ選択されていない場合）
2. ［Allowed Callback URLs］に「`http://127.0.0.1:8100`」と入力する
3. 下部の［Save Changes］をクリックする

Auth0は、［Allowed Callback URLs］で指定されたURLだけにレスポンスを送ります。URLを指定しないと、Auth0はサインイン中にエラーを表示します。

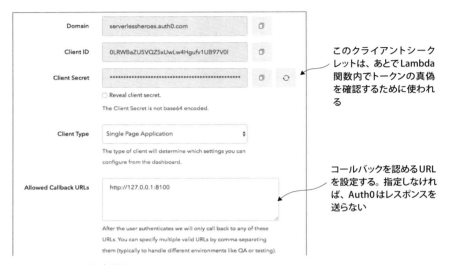

図5.7 Auth0の設定画面

［Connections］タブで、データベース駆動、ソーシャル、企業ディレクトリ、パスワードレスのうち、どのタイプの統合が使えるかも見ておきましょう。［Social］をクリックすると、ウェブアプリケーションで有効にできるソーシャルIDプロバイダーのリストが表示されます（**図5.8**）。

図5.8 ソーシャルIDプロバイダー、データベース、企業ディレクトリとの接続

ほとんどのアプリケーションでは、ソーシャルIDプロバイダーは2、3個有効にしておけば十分です。多すぎると、ユーザーが混乱して複数のアカウントを使ってシステムにサインインしてしまいます。すると、なぜアカウントが前と異なるのかとか、なぜ前あったものがなくなったのかといった問い合わせを受けるようになるでしょう。アカウントをリンクすることはできますが、この章ではその話題は取り上げません。リンク方法について詳しく知りたい場合は、`URL` https://auth0.com/docs/link-accounts を参照してください。なお、無料のAuth0アカウントがサポートするソーシャルIDプロバイダーは2つだけです。もっと使いたい場合は、有料プランを使わなければなりません。

GoogleやGitHubなど、サードパーティIDプロバイダーとの統合を有効にする場合、少し設定が必要になります。Auth0でIDプロバイダーをクリックすると、APIキーなど、入力しなければならない情報が表示されます。ここには、必要なキー、クライアントID、シークレットの入手方法を説明するページへのリンクが含まれています（**図5.9**）。24-Hour Videoでは、GoogleやGitHubなど、少なくとも1つのIDプロバイダーを有効にして、仕組みを確認しておいてください。これは、章末の演習問題に含まれています。

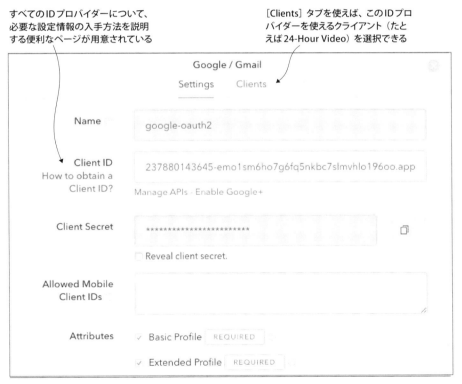

図5.9 サードパーティIDプロバイダーのキー情報の見つけ方を説明してくれるガイドページ

5.2.5 ウェブサイトへのAuth0の追加

この節では、Auth0にウェブサイトを接続します。接続すると、ユーザーはAuth0を使ってサイトに登録し、サインインしてJWTを受け取れるようになります。このトークンはブラウザのローカルストレージに格納され、その後のAPI Gatewayに対するすべてのリクエストに含まれるようになります。ユーザーはサインアウトすることもできます。サインアウトすると、ローカルストレージからトークンが削除されます。図5.10は、ワークフローのこの部分を示しています。実際のシステムでは、すべてのリクエストにこのトークンを組み込むことは避けるべきです。サードパーティが誤ってトークンを受け取らないように、トークンの送り先を管理する必要があります。章末には、この問題の解決方法についての演習問題があります。

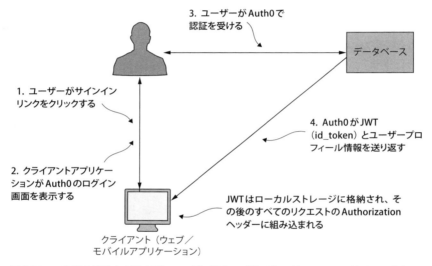

図5.10 この節の最後まで進めば、ユーザーはウェブサイトにサインイン、サインアウトできるようになる

Auth0は、サインイン／サインアウトダイアログボックスを表示するAuth0 Lockという無料のウィジェットを提供しています。Auth0 Lockは、認証フローを単純化するだけでなく、複数の面白い機能を持っています（たとえば、前のセッションでユーザーが使ったIDプロバイダーを覚えることができます）。私たちはAuth0 Lockを使うことにするので、これから次のことを説明していきます。

- ウェブサイトへのAuth0 Lockの追加
- サインイン、サインアウト、ユーザープロフィールボタンの追加
- ログインダイアログを表示し、ユーザーが認証されたときにローカルストレージにJWTトークンを保存するためのJavaScriptコードの追加

ウェブサイトにAuth0 Lockを追加するには、次のようにします。

1. HTML エディタで index.html を開く
2. `<script src="js/main.js"></script>`行の上に、`<script src="https://cdn.auth0.com/js/lock-9.min.js"></script>` を追加する
3. ボタンを追加するために、`<form class="navbar-form navbar-right" role="form">`行から下のログインフォームを取り除き、**リスト5.2**のコードを代わりに挿入する

リスト5.2 index.htmlにボタンを追加する

```
<div class="navbar-form navbar-right">
    <button id="user-profile" class="btn btn-default">
        <img id="profilepicture" /> <span id="profilename"></span>
    </button>
    <button id="auth0-login" class="btn btn-success">Sign in</button>
    <button id="auth0-logout" class="btn btn-success">Sign Out</button>
</div>
```

プロフィールの写真はAuth0経由で取得される

これらのボタンは、user-controller.jsのクリックイベントをトリガリングする

ボタンを機能させるためにJavaScriptを追加しなければなりません。ウェブサイトのjsディレクトリに次の2つのファイルを作ってください。

- user-controller.js
- config.js

次に、index.htmlの`<script src="js/main.js"></script>`の上、`<script src="https://cdn.auth0.com/js/lock-9.min.js"></script>`の下に、以下の行を追加します。

```
<script src="js/user-controller.js"></script>
<script src="js/config.js"></script>
```

さらに、user-controller.jsに**リスト5.3**をコピーします。このコードはAuth0 Lockを初期化し、ボタンとクリックイベントを結び付け、JWTをローカルストレージに格納し、その後のリクエストのAuthorizationヘッダーにJWTを組み込みます。

リスト5.3 user-controller.jsの内容

```javascript
var userController = {
    data: {
        auth0Lock: null,
        config: null
    },
    uiElements: {
        loginButton: null,
        logoutButton: null,
        profileButton: null,
        profileNameLabel: null,
        profileImage: null
    },
    init: function(config) {
        var that = this;

        this.uiElements.loginButton = $('#auth0-login');
        this.uiElements.logoutButton = $('#auth0-logout');
        this.uiElements.profileButton = $('#user-profile');
        this.uiElements.profileNameLabel = $('#profilename');
        this.uiElements.profileImage = $('#profilepicture');

        this.data.config = config;
        this.data.auth0Lock = ⮕
         new Auth0Lock(config.auth0.clientId, config.auth0.domain);  ◀── Auth0クライアントIDとドメインは、config.jsファイルで設定される

        var idToken = localStorage.getItem('userToken');  ◀── ユーザートークンがすでにある場合は、Auth0からプロフィールを取得しようと試みる

        if (idToken) {
            this.configureAuthenticatedRequests();
            this.data.auth0Lock.getProfile(idToken, function(err, profile) {
                if (err) {
                    return alert('There was an error getting the profile: ' + ⮕
                        err.message);
                }
                that.showUserAuthenticationDetails(profile);
            });
        }
        this.wireEvents();
    },
    configureAuthenticatedRequests: function() {  ◀──
        $.ajaxSetup({
            'beforeSend': function(xhr) {
                xhr.setRequestHeader('Authorization', ⮕
                    'Bearer ' + localStorage.getItem('userToken'));
            }
        });
    },
    showUserAuthenticationDetails: function(profile) {
        var showAuthenticationElements = !!profile;
```

このトークンは、その後のすべてのリクエストのAuthorizationヘッダーに組み込まれる。しかし、すべてのリクエストに組み込むのではセキュアではないので、演習問題で解決方法を考える

```js
        if (showAuthenticationElements) {
            this.uiElements.profileNameLabel.text(profile.nickname);
            this.uiElements.profileImage.attr('src', profile.picture);
        }
        this.uiElements.loginButton.toggle(!showAuthenticationElements);
        this.uiElements.logoutButton.toggle(showAuthenticationElements);
        this.uiElements.profileButton.toggle(showAuthenticationElements);
    },
    wireEvents: function() {
        var that = this;

        this.uiElements.loginButton.click(function(e) {
            var params = {
                authParams: {
                    scope: 'openid email user_metadata picture'
                }
            };

            that.data.auth0Lock.show(params, function(err, profile, token) {
                if (err) {
                    alert('There was an error');
                } else {
                    localStorage.setItem('userToken', token);
                    that.configureAuthenticatedRequests();
                    that.showUserAuthenticationDetails(profile);
                }
            });
        });
        this.uiElements.logoutButton.click(function(e) {
            localStorage.removeItem('userToken');
            that.uiElements.logoutButton.hide();
            that.uiElements.profileButton.hide();
            that.uiElements.loginButton.show();
        });
    }
}
```

※ Auth0 Lockは、ユーザーがサイトに登録し、ログインするために使うダイアログを表示する

※ ブラウザのローカルストレージにJWTトークンを保存する

※ [Logout] をクリックすると、ローカルストレージからユーザートークンが削除され、[Login] ボタンが表示されるようになり、[Profile]、[Logout] ボタンが表示されなくなる

config.jsには、**リスト5.4**をコピーします。Auth0のドメイン、クライアントIDには正しい値を設定してください。

リスト5.4 config.jsの内容

```js
var configConstants = {
    auth0: {
        domain: 'AUTH0-DOMAIN',
        clientId: 'AUTH0-CLIENTID'
    }
};
```

※ Auth0ドメインとクライアントIDは、Auth0ダッシュボード(**図5.6**)で入手できる

main.jsには、**リスト5.5**をコピーします。

リスト5.5 main.jsの内容

```
(function(){
    $(document).ready(function(){
        userController.init(configConstants);
    });
}());
```

イベントとボタンを結び付け、Auth0をセットアップするためにuserController.init関数を実行する

最後に、main.css（ウェブサイトのcssディレクトリに含まれています）を書き換えて、**リスト5.6**のスタイルを追加します。

リスト5.6 main.cssの内容

```css
#auth0-logout {
    display: none;
}

#user-profile {
    display: none;
}

#profilepicture {
    height: 20px;
    width: 20px;
}
```

◆ 5.2.6 Auth0 統合のテスト

　Auth0統合をテストするためには、まずターミナルでウェブサーバーが起動していることをチェックします。起動していなければ、`npm start`を実行してください。ブラウザでページを開き、［Sign In］ボタンをクリックすると、Auth0 Lockダイアログが表示されるはずです（**図5.11**）。

　サインアップをしてみましょう（24-Hour Videoアプリケーションのために新しいユーザーを作ることになるので注意してください。これは、最初にAuth0にサインアップするために使ったユーザーとは異なります）。すると、Auth0はすぐにウェブサイトにあなたをサインインします。JWTが送られ、ブラウザのローカルストレージに保存されているはずです（Chromeを使っている場合は［デベロッパーツール］を開き、［Application］→［Storage］→［Local Storage］→［http://127.0.0.1:8000］を順にクリックすると、userTokenを見ることができます）。［Sign Out］ボタンをクリックすると、ログアウトし、ローカルストレージからJWTが削除されます。

図5.11 Auth0 Lockが提供する、ユーザーがサインアップするためのダイアログボックス

　Auth0 ダッシュボードに戻り、［Users］をクリックしましょう。サイトに登録したすべてのユーザーが表示されます。ユーザーとは、連絡を取ったり、ブロック、削除したり、位置を表示したりすることができる他、そのユーザーとしてサインインすることさえできます。先ほどサインインに成功していれば、リスト内のユーザーの詳細が表示されます。

　なんらかの問題があってサインインできなかった場合には、再びChromeブラウザの［デベロッパーツール］を開き、Consoleの［Network］タブでAuth0からのメッセージをチェックしてみましょう。Auth0で［Allowed Callback URL］にウェブサイトのURLを設定したことをダブルチェックし、正しいクライアントIDとドメインが表示されていることをチェックしましょう。

5.3 AWSとの統合

　それでは、ウェブサイトからのJWTを受け付け、その正当性をチェックし、Auth0にユーザーについてのその他の情報を要求してみましょう。ブラウザから直接Auth0に要求を発行すれば、それでユーザーについての情報が得られ、それはLambda関数なしで行えます。しかし、ここで示すコード例は、Lambda関数でJWTをどのように処理したらよいかを説明することを目的と

して作ったものです。少しあとでは、カスタムオーソライザーの基礎としてこのコードの一部を使います。

先ほども触れたように、Lambda関数には、AWS SDKを使ったものとAmazon API Gatewayを介在させるものの2種類の呼び出し方があります。第2の方法を使ったので、Amazon API Gatewayをセットアップしなければなりません。ウェブサイトはAPI Gatewayリソースを要求し、そのときにリクエストのAuthorizationヘッダーにJWTを組み込みます。Amazon API Gatewayはリクエストを受け取ると、Lambda関数にリクエストをルーティングし、AWS Lambdaからのレスポンスをクライアントに送り返します。**図5.12**は、ワークフローのこの部分を示したものです。

次は、カスタムAPIです（**図5.13**）。

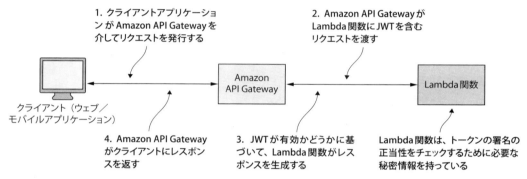

図5.12 Amazon API Gatewayを介したLambda関数の呼び出し。リクエストのAuthorizationヘッダーにはJWTが組み込まれている

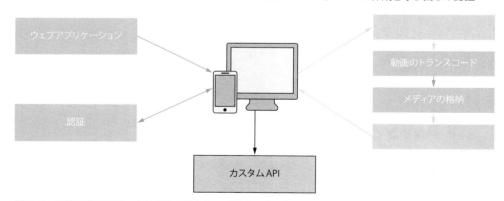

図5.13 以降の数章では、カスタムAPIを作って使うことになる

5.3.1 ユーザープロフィール Lambda 関数

　ユーザープロフィール Lambda 関数を作る前に、この関数のための新しい IAM ロールを作らなければなりません。先ほど作ったロール（`lambda-s3-execution-role`）を再利用しても間違いではないのですが不要なアクセス権限が多すぎます。そこで、アクセス権限が少ない新しいロールの作り方を覚えておきましょう。

1. IAM コンソールを開く
2. ロール作成プロセスの手順 1 で［AWS サービス］→［Lambda］を選択し、［次のステップ：アクセス権限］をクリックする
3. 手順 2 で、ポリシーリストから［AWSLambdaBasicExecutionRole］を選択し、［次のステップ：確認］をクリックする
4. 新ロールに「api-gateway-lambda-exec-role」という名前を付ける
5. ［ロールの作成］をクリックして保存する

　新しいロールを作ったので、Lambda 関数の開発に集中できます。この関数は、次のことを行います。

- JWT が有効かどうかのチェック
- ユーザーについての情報を手に入れるための Auth0 エンドポイントの呼び出し
- ウェブサイトへのレスポンスの送信

では、AWS に関数を作りましょう。

1. AWS コンソールで［Lambda］をクリックする
2. ［関数の作成］ボタンをクリックし、［一から作成］を選択する
3. 関数に「`user-profile`」という名前を付ける
4. ［既存のロール］ドロップダウンリストから［`api-gateway-lambda-exec-role`］を選択する
5. 他の設定はそのままにして、関数を保存、作成する

ローカルコンピューター上で Lambda 関数をセットアップします。

1. 第 3 章で作った Lambda 関数のうち、いずれかのコピーを作成する
2. package.json の name と関連するメタデータを書き換える（deploy スクリプトの関数名または ARN を書き換えるのを忘れないように注意）
3. package.json の dependencies のリストに AWS SDK が含まれている場合、この関数では AWS SDK を使わないので取り除く

この関数では、依存ファイルとして、jsonwebtokenというnpmモジュールを追加しなければなりません。このモジュールは、トークンの正当性チェックとデコードで役に立ちます。

ターミナルウィンドウでLambda関数のディレクトリに移動し、次のコマンドを実行します。

```
npm install jsonwebtoken --save
```

Auth0にユーザー情報取得を要求するためには、requestというライブラリを使います。そこで、ターミナルで次のコマンドを実行してrequestをインストールします。

```
npm install request --save
```

package.jsonは**リスト5.7**のようになっているはずです。

リスト5.7 user-profile Lambda関数のpackage.json

```json
{
    "name": "user-profile",
    "version": "1.0.0",
    "description": "This Lambda function returns the current user-profile",
    "main": "index.js",
    "scripts": {
        "deploy": "aws lambda update-function-code ➡
        --function-name user-profile --zip-file fileb://Lambda-Deployment.zip",
        "predeploy": "zip -r Lambda-Deployment.zip * -x *.zip *.json *.log"
    },
    "dependencies": {
        "jsonwebtoken": "^5.7.0",
        "request": "^2.69.0"
    },
    "author": "Peter Sbarski",
    "license": "BSD-2-Clause",
}
```

（scripts欄への注記）使っていないスクリプト（testなど）や、この関数では不要な依存ファイルを削除できる

（dependencies欄への注記）バージョン番号は異なる場合がある

次に、index.jsを開いて、コードを**リスト5.8**の内容に書き換えます。このコードは、トークンの正当性をチェックしてデコードします。JWTは、Auth0リクエストの本体に組み込まれます。tokeninfoエンドポイントは、ユーザーについての情報を返します。後ほどウェブサイトにこの情報を送り返します。

リスト5.8 user-profile Lambda関数の内容

```javascript
'use strict';

var jwt = require('jsonwebtoken');
var request = require('request');
```

```
exports.handler = function(event, context, callback){
    if (!event.authToken) {
        callback('Could not find authToken');
        return;
    }

    var token = event.authToken.split(' ')[1];
    var secretBuffer =
      new Buffer(process.env.AUTH0_SECRET);
    jwt.verify(token, secretBuffer, function(err, decoded){
        if(err){
            console.log('Failed jwt verification: ', err,
              'auth: ', event.authToken);
            callback('Authorization Failed');
        } else {
            var body = {
              'id_token': token
            };
            var options = {
                url: 'https://'+ process.env.DOMAIN + '/tokeninfo',
                method: 'POST',
                json: true,
                body: body
            };

            request(options, function(error, response, body){
                if (!error && response.statusCode === 200) {
                    callback(null, body);
                } else {
                    callback(error);
                }
            });
        }
    })
};
```

- event.authTokenは、トークンの前に「**Bearer**」という単語を含んでいるため、それを取り除く必要がある

- jsonwebtokenモジュールは、正当性チェックとデコードを同時に実行できる。トークンの正当性をチェックしてクレームを抽出しなければならないときに便利なユーティリティ

- requestモジュールは、あらゆるタイプのリクエストの実行で使えるすばらしいユーティリティ。errorオブジェクトがnullでなければ、リクエストは成功したと考えられ、Amazon API Gatewayを介して本体を送り返すことができる

- AUTH0_SECRETとDOMAINはAWS Lambdaの環境変数。これらはLambdaコンソールで設定、変更できる

ターミナルで npm run deploy を実行して関数をAWSにデプロイしましょう。最後に、Auth0ドメインとAuth0シークレットを格納するために、Lambda関数の環境変数を作る必要があります（**図5.14**）。**リスト5.8**は、トークンの正当性チェックとAuth0へのリクエストの発行のために、これら2つの環境変数を使っています。2つの環境変数は、次のようにして設定します。

1. AWS コンソールで［Lambda］を開き、［user-profile］関数をクリックする
2. ［環境変数］セクションに移動する
3. 「DOMAIN」というキーの変数を追加し、値として Auth0 ドメインを入力する
4. 「AUTH0_SECRET」というキーの別の変数を追加し、値として Auth0 シークレットを入力する。ドメインとシークレットは、Auth0 からコピーできる（**図 5.7**）。Auth0 クライアント ID とシークレットは混同しやすいので、正しい値をコピーしていることをダブルチェックするとよい
5. 上部の［保存］ボタンをクリックして設定を保存する

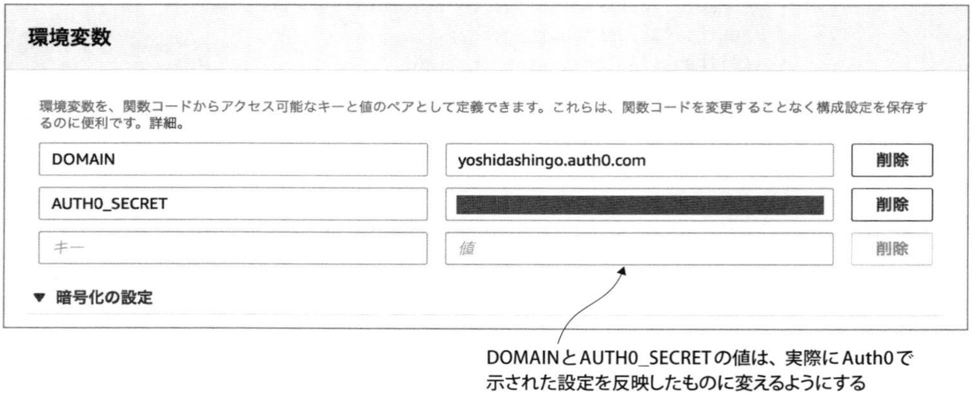

DOMAINとAUTH0_SECRETの値は、実際にAuth0で示された設定を反映したものに変えるようにする

図5.14 Lambda関数を正しく実行するためには、DOMAINとAUTH0_SECRETを正しく設定しなければならない

Column　環境変数

　Lambdaでは、設定情報、データベース接続文字列、その他の役に立つ情報を関数に組み込まずに格納するため、環境変数を使います。設定を環境変数に保存すれば、関数をデプロイし直さずに設定を変更できるため、設定の保存には環境変数の使用が推奨されています。環境変数は関数から切り離して、独立に書き換えられます。AWSプラットフォームは、関数がprocess.envを介して環境変数にアクセスできるようにしています（Node.jsの場合）。さらに、環境変数はKMSで暗号化できるため、重要な機密情報の格納にも適しています。この役に立つ機能については、第6章で後述します。

◆ 5.3.2 API Gateway

ウェブサイトからのリクエストを受け付けて user-profile Lambda 関数を呼び出すように、Amazon API Gateway をセットアップしなければなりません。また、リソースを作り、GET メソッドサポートを追加して、CORS（Cross-Origin Resource Sharing）を有効にする必要があります。

1. AWS コンソールで［API Gateway］をクリックし、［新しい API］を選択する
2. 「24-hour-video」などの API 名を入力し、オプションで説明を追加する
3. ［API の作成］をクリックして最初の API を作成する

Gateway の API は、リソースを中心として構築されます。すべてのリソースは、HTTP メソッド（HEAD、GET、POST、PUT、OPTIONS、PATCH、DELETE など）と結合できます。そこで、user-profile というリソースを作り、GET メソッドと結合します。作成したばかりの API に次の操作を加えます。

1. ［アクション］をクリックし、［リソースの作成］を選択する
2. ［リソース名］フィールドに「user-profile」と入力する。［リソースパス］フィールドは自動的に設定される（**図 5.15**）

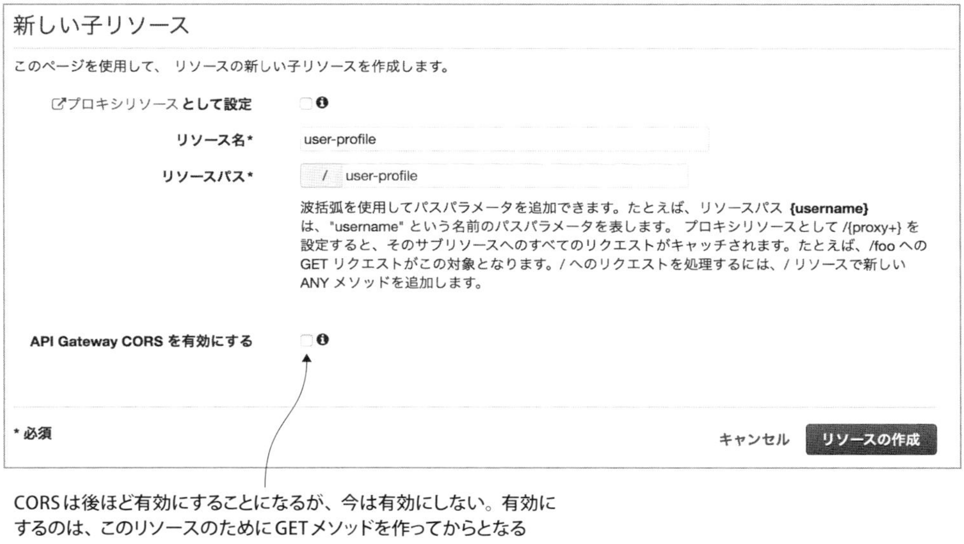

CORS は後ほど有効にすることになるが、今は有効にしない。有効にするのは、このリソースのために GET メソッドを作ってからとなる

図 5.15 Amazon API Gateway のリソース作成

3. ［リソースの作成］ボタンをクリックしてリソースを作成し、保存する
4. 左側のリストに、/user-profile リソースが表示される
5. リソースが選択されていることをチェックして、［アクション］を再びクリックする
6. ［メソッドの作成］をクリックする
7. /user-profile リソースの下にあるドロップダウンリストをクリックし、［GET］を選択する（**図 5.16**）
8. 保存のためのチェックボックスをクリックする

図5.16 メソッドの選択画面。GETメソッドを使ってユーザーについての情報を入手する

GETメソッドを保存したら、すぐに［統合リクエスト］画面を表示します（**図5.17**）。

1. ［Lambda 関数］ラジオボタンを選択する
2. ［Lambda リージョン］ドロップダウンリストからリージョン（たとえば us-east-1）を選択する
3. ［Lambda 関数］テキストボックスに「user-profile」と入力する
4. ［保存］ボタンをクリックする
5. Lambda 関数にアクセス権限を追加してもよいかどうかを尋ねられたら［OK］ボタンをクリックする

次に、CORSを有効にする必要があります。

1. ［/user-profile］リソースをクリックする
2. ［アクション］をクリックする
3. ［CORS の有効化］を選択する
4. ［CORS の有効化］画面はデフォルトのままにしておく（**図 5.18**）。［Access-Control-Allow-Origin］フィールドにはワイルドカードが設定されているが、これは「他のどのドメイン／オリジンでもエンドポイントにリクエストを送れる」という意味になる。今後、特にステージング、

本番環境にロールアウトするときには、制限を加えていくことになる
5. ［CORSを有効にして既存のCORSヘッダーを置換］をクリックして設定を保存する
6. 確認を求めるダイアログボックスが表示されたら［はい、既存の値を置き換えます］をクリックして、既存の値を書き換える

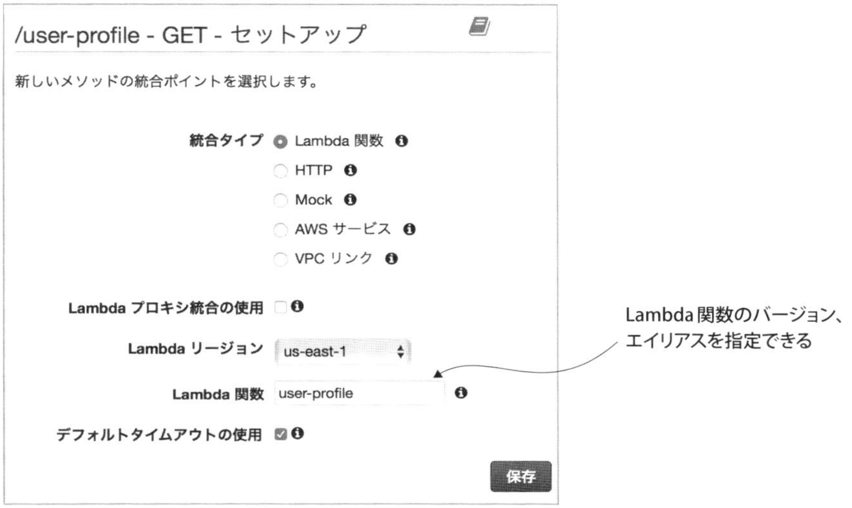

図5.17 統合リクエストのセットアップ画面。セットアップしなければCORSを有効にできない

図5.18 CORSにより、アクセスできるオリジンを設定する

◆ 5.3.3 マッピング

リスト5.8を見ると、`event.authToken`を参照しているコードがあります。これは、ウェブサイトからAuthorizationヘッダーを介して渡されたJWTトークンです。Lambda関数でこのトークンを参照できるようにするには、Amazon API Gatewayの中でマッピングを作る必要があります。

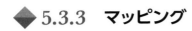

リスト5.9では、VTL（Velocity Template Language）を使ってマッピングを作っています。このマッピングは、HTTP（メソッド）リクエストから値を抽出し、Lambda関数からアクセスできるようにします（eventオブジェクトのauthTokenというプロパティを介して）。マッピングテンプレートは、データを別の形式に変換します。マッピングテンプレートの詳細については、第7章を参照してください。

このマッピングはAuthorizationヘッダーを抽出し、eventオブジェクトのauthTokenにそれを設定します。

1. /user-profile リソースの［GET］メソッドをクリックする
2. ［統合リクエスト］をクリックする
3. ［本文マッピングテンプレート］を展開する
4. ［マッピングテンプレートの追加］をクリックする
5. 「application/json」と入力してチェックボックスをクリックする
6. ［パススルー動作の変更］という名前のダイアログボックスが表示されたら、［はい、この統合を保護します］を選択する
7. ［テンプレートの生成］ボックスに**リスト5.9**のコードを入力する
8. 終了したら［保存］ボタンをクリックする（**図5.19**）

リスト5.9　トークンのマッピングテンプレート

```
{
    "authToken" : "$input.params('Authorization')"
}
```

マッピングは、リクエストから要素を取り出し、eventオブジェクトのプロパティとしてアクセスできるようにする

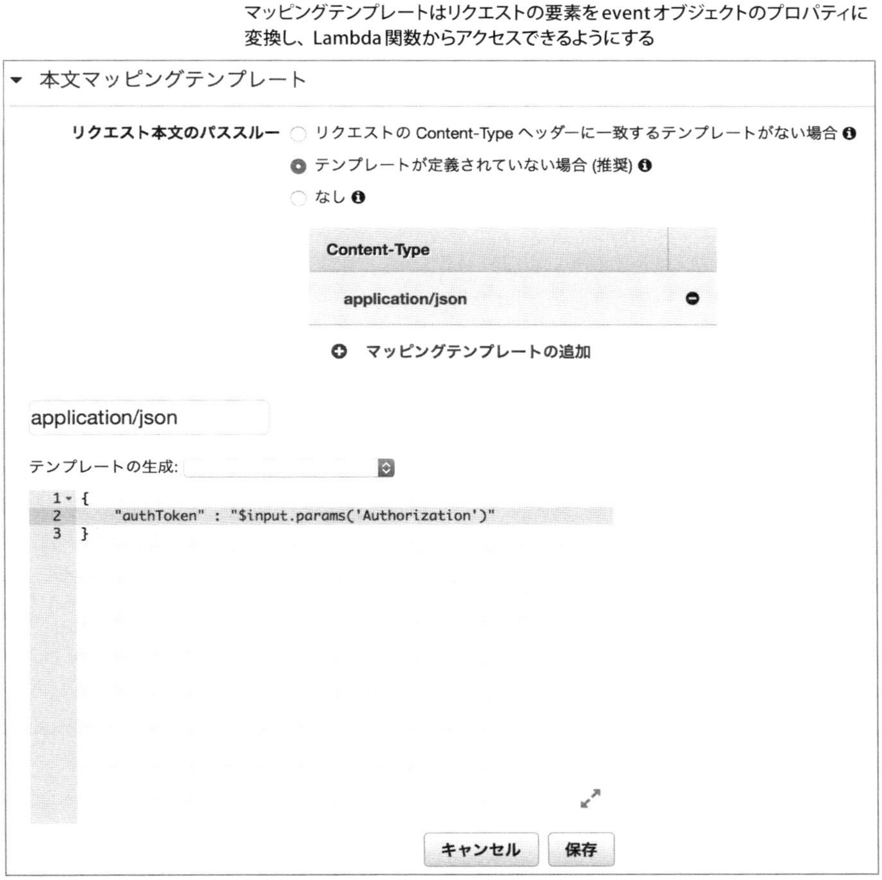

マッピングテンプレートはリクエストの要素をeventオブジェクトのプロパティに
変換し、Lambda関数からアクセスできるようにする

図5.19 本文マッピングテンプレート

最後にAPIをデプロイし、ウェブサイトからAPIを呼び出すためのURLを入手します。

1. ［API Gateway］で、今のAPIが選択されていることを確認する
2. ［アクション］をクリックする
3. ［APIのデプロイ］を選択する
4. ［デプロイされるステージ］ドロップダウンリストで［新しいステージ］を選択する
5. ［ステージ名］に「dev」と入力する
6. ［デプロイ］をクリックしてAPIをプロビジョニングする（**図 5.20**）

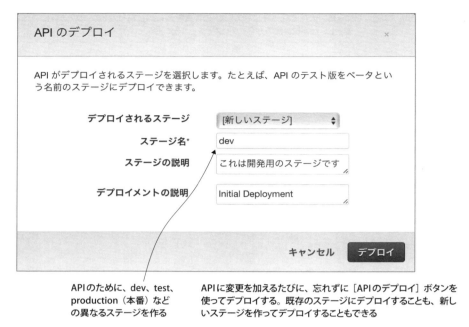

図5.20 APIのデプロイ画面

次のページには、呼び出し用のURLとオプションが表示されます（**図5.21**）。［User Profile］ボタンで必要なので、URLをコピーしておきましょう。

> **Lambdaブラウザ統合**
>
> **図5.17**には、［Lambdaプロキシ統合の使用］というチェックボックスが含まれています。このチェックボックスを有効にすると、送られてきたHTTPリクエストは、すべてのヘッダー、クエリ文字列パラメータ、本体を含めて自動的にマッピングされ、関数はイベントオブジェクトを介してアクセスできるようになります。つまり、**リスト5.9**で行ったように、マッピングテンプレートを作る必要もなかったということです（ファイル名には、イベントオブジェクトのqueryStringParametersからアクセスできます）。しかしそうしなかったのは、必要なパラメータだけを抽出するためにカスタムマッピングテンプレートを作る方法を説明しておきたかったからです（HTTPリクエスト全体を関数に渡してしまうのではなく）。しかし、ブラウザ統合が便利な場合も多いので、これから章を進めていくうちに実際にプロキシ統合を使う場面も出てきます。プロキシ統合とマニュアルのマッピングの比較については、第7章でさらに詳しく説明します。

API Gatewayにリクエストを送るには、このURLが必要となる

図5.21 ステージ設定ページ。他の設定の変更に利用できるが、詳細は第7章で説明する

◆ 5.3.4　Amazon API Gateway 経由での Lambda 関数呼び出し

　Amazon API Gateway経由でShow Profile Lambda関数を呼び出せるようにするために、あとはShow Profileクリックハンドラとconfig.jsを更新するだけです。24-Hour Videoウェブサイトのjsフォルダーにあるuser-controller.jsを開き、**リスト5.10**のコードを追加しましょう（Log Outクリックハンドラの定義の直後に）。

リスト5.10　Show Profileクリックハンドラ

```
this.uiElements.profileButton.click(function (e) {
    var url = that.data.config.apiBaseUrl + '/user-profile';
```

```
    $.get(url, function (data, status) {
        alert(JSON.stringify(data));  ← API Gatewayから得たレスポンスは、
    })                                   アラート内で表示するために文字列化
});                                      しなければならない
```

最後に、config.jsを**リスト5.11**に合わせて更新します。それが終わったら、システム全体をテストできます。

リスト5.11 更新後のconfig.js

```
var configConstants = {
    auth0: {
        domain: 'AUTH0-DOMAIN',       ── ドメインとクライアントIDは、Auth0
        clientId: 'AUTH0-CLIENTID'       設定に合わせて更新する（図5.7参照）
    },
    apiBaseUrl: 'https://API-GATEWAY-URL/dev'  ← Amazon API Gatewayで与えられたURLに
};                                                合わせてAPI-GATEWAY-URLを更新する
```

では、24-Hour Videoウェブサイトが動くことを試してみましょう。動作しないなら、ターミナルで`npm start`を実行し（必ずウェブサイトのディレクトリをカレントディレクトリにしてください）、Auth0を介してサインインしてください。[User Profile]ボタンをクリックしてみましょう。Auth0にあるユーザープロフィールを内容とするアラートが表示されるはずです。

◆ 5.3.5　カスタムオーソライザー

Amazon API Gatewayは、リクエストのカスタムオーソライザーをサポートしています。カスタムオーソライザーとは、Amazon API Gatewayがリクエストの認可のために使うLambda関数のことです。カスタムオーソライザーは、メソッドリクエストステージで実行されます。つまり、リクエストがターゲットバックエンドに届く前です。カスタムオーソライザーはbearerトークンの正当性をチェックし、リクエストを認可する有効なIAMポリシーを返します。返されたポリシーが無効なものなら、リクエストはそれ以上先に進めません。カスタムオーソライザーが絶えず呼び出されるようなことを防ぐために、ポリシーは、もとのトークンとともに、1時間キャッシュされます。

カスタムオーソライザーを使うメリットはJWTの正当性チェックのための専用Lambda関数を書けることです（呼び出したいすべての関数にチェックコードを組み込まずに）。**図5.22**は、カスタムオーソライザーを導入したときに、リクエストフローがどのように変わるかを示しています。

では、カスタムオーソライザーを実装してその仕組みを理解しましょう。次の3つのステップを踏みます。

1. AWSに新しいLambda関数を作成する
2. カスタムオーソライザー関数を記述してデプロイする
3. カスタムオーソライザーを使うようにAmazon API Gatewayのメソッド要求設定を変更する

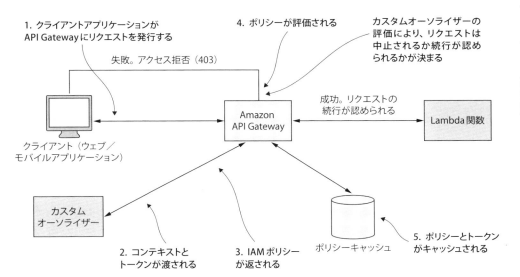

図5.22 カスタムオーソライザー。保護されるすべてのLambda関数のためにJWTの正当性をチェックする手段として役立つ

最初のステップは、以前と同じように通常のLambda関数を作ることです。

1. Lambdaコンソールで関数を作成する
2. 1.で作成した関数に「`custom-authorizer`」という名前を付ける
3. `api-gateway-lambda-exec-role`を与えて保存する
4. ローカルマシン上に user-profile Lambda関数のコピーを作り、名前を「`custom-authorizer`」に変更する
5. package.jsonのdeployスクリプトの、関数名とARNを更新する
6. index.jsを開き、その内容を**リスト5.12**のコードに書き換える（この関数は、Amazonのドキュメント URL http://amzn.to/24Dli80 に掲載されている）。このLambda関数のコードはuser-profile関数とよく似ているが、実行を継続するためのIAMポリシーを返す`generatePolicy`という関数が追加されている

リスト5.12 カスタムオーソライザー

```
'use strict';
```

```
var jwt = require('jsonwebtoken');

var generatePolicy = function(principalId, effect, resource) {    ← このポリシーは、API Gatewayが必須
    var authResponse = {};                                          リソースを呼び出すことを認めること
    authResponse.principalId = principalId;                         を規定している
    if (effect && resource) {
        var policyDocument = {};
        policyDocument.Version = '2012-10-17';
        policyDocument.Statement = [];
        var statementOne = {};
        statementOne.Action = 'execute-api:Invoke';
        statementOne.Effect = effect;
        statementOne.Resource = resource;
        policyDocument.Statement[0] = statementOne;
        authResponse.policyDocument = policyDocument;
    }
    return authResponse;
}

exports.handler = function(event, context, callback){
    if (!event.authorizationToken) {
        callback('Could not find authToken');
        return;
    }
    var token = event.authorizationToken.split(' ')[1];

    var secretBuffer = new Buffer(process.env.AUTH0_SECRET);    ← Auth0シークレットは、Lambda
    jwt.verify(token, secretBuffer, function(err, decoded){        コンソールで設定できる環境変数
        if(err){                                                    を通じてアクセスされる
            console.log('Failed jwt verification: ', err,
              'auth: ', event.authorizationToken);

            callback('Authorization Failed');                    トークンの正当性が確認されたら、関
        } else {                                                 数はAPI呼び出しを認めるユーザーポ
            callback(null,                                       リシーを返す
              generatePolicy('user', 'allow', event.methodArn));  ←
        }
    })
};
```

　実装したら関数をAWSにデプロイしましょう。また、関数が参照する環境変数として、AUTH0_SECRETを追加しなければなりません。

1. AWSコンソールで［Lambda］→［custom-authorizer］を選択する
2. ［設定］タブで［環境変数］セクションを確認する
3. キーとして「AUTH0_SECRET」、値として実際のAuth0シークレットを追加する
4. ページ上部の［保存］をクリックして設定を保存する

最後に、Amazon API Gatewayの中にカスタムオーソライザーを作り、先ほど作ったGETメソッドと結び付けます。

1. [API Gateway] の中で [24-hour-video] API を選択する
2. 左側のメニューから [オーソライザー] を選択する
3. 右側に [オーソライザーの作成] フォームが表示される。表示されない場合は、[新しいオーソライザーの作成] ボタンをクリックする
4. カスタムオーソライザーフォームに必要な情報を書き込む（**図5.23**）
   - AWS Lambda のリージョンを選択する（us-east-1）
   - Lambda関数名として「`custom-authorizer`」を設定する
   - オーソライザーの名前を設定する。「`custom-authorizer`」、「`authorization-check`」など、何でもかまわない
   - [トークンのソース] に「`method.request.header.Authorization`」を設定する

図5.23 カスタムオーソライザーを使った、さまざまな認可戦略の実装。Amazon API Gateway内に複数のオーソライザーを作り、メソッドと接続することができる

5. 下にある［作成］をクリックして、カスタムオーソライザーを作成する
6. Amazon API Gatewayにカスタムオーソライザー関数呼び出しを認めたいというダイアログが表示されるので、［Grant & Create］をクリックする

ここまで来れば、/user-profileに対するGETリクエストが発行されたときに、いつでもカスタムオーソライザーが自動的に呼び出されるように設定できます。

1. ［API Gateway］で24-hour-videoの下にある［リソース］をクリックする（左側のサイドバー）
2. /user-profileの下にある［GET］をクリックする
3. ［メソッドリクエスト］をクリックする
4. ［認証］の横にある鉛筆ボタンをクリックする
5. ドロップダウンリストから、先ほど作成したカスタムオーソライザーを選択し、チェックボックスをクリックして保存する（図5.24）
6. APIを再度デプロイする
   - ［アクション］をクリックする
   - ［APIのデプロイ］を選択する
   - ［デプロイされるステージ］として［dev］を選択する
   - ［デプロイ］を選択する

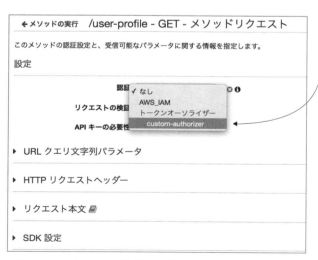

カスタムオーソライザーは、Amazon API Gateway経由で送られてくるリクエストを認可するための方法として優れている。メソッドごとに別々のオーソライザーを作って設定することができるが、ほとんどの場合はカスタムオーソライザーは1つあれば十分

図5.24　カスタムオーソライザーを選択する

カスタムオーソライザーをテストするために、ユーザーがログオンしていないときに［User Profile］ボタンを表示しましょう。main.cssを開き、ボタンから#user-profileスタイルを取り除けばそうなります。また、ローカルストレージからJWTを削除し、サイトをリフレッシュしましょう。この状態で［User Profile］ボタンをクリックします。カスタムオーソライザーはリクエストを拒否するはずです。このカスタムオーソライザーは、これからのすべてのLambda関数で使えます。

401 Unauthorized

24-Hour Videoサイトへのサインインに成功してから長い時間が経ったあとでサイトをリフレッシュすると、「There was an error getting the profile: 401: Unauthorized.」（プロフィールを取得しようとしたときにエラーが発生しました: 401認証エラー）というエラーメッセージが表示されるかもしれません。これは、ブラウザにキャッシングされたJWTの有効期限が切れたからかもしれません。もう一度サイトにサインインすれば、すべてが再び動作するようになります（メッセージは表示されません）。JWTのデフォルトの有効期限は36,000秒（10時間）ですが、Auth0でオーバーライドしたり、リフレッシュトークンを実装したり（チャレンジする気があれば URL http://bit.ly/2jxbjPgを参照）することができます。

5.4 委任トークン

委任トークンは、サービス間の統合を楽にするために作られたものです。今までは、Auth0が提供するJWTをAWSに送り、AWSのLambda関数でJWTの正当性をチェックしてデコードしていました。そのためには、少しコードを書かなければなりませんでした。委任トークンは、トークンをデコードしてクレームや情報を抽出する方法を知っている特定のサービスのために作られます。実質的に、委任トークンは、サービスが別のサービスやAPIを呼び出すために作るトークンとなっています。

◆ 5.4.1 実世界での例

Firebaseはリアルタイムのストリーミングデータベースで、第9章で詳しく見ていきますが、委任トークンをサポートしています。クライアントから委任トークン付きのリクエストが送られてくると、あなたは何もしなくても（つまり、コードをまったく書かなくても）、Firebaseはそのリクエストの正当性を確認できます。

Firebase用の委任トークンをサポートするには、Firebaseで秘密鍵を生成してAuth0に追加す

る必要があります。すると、ウェブサイトはAuth0に委任トークン（Firebaseの秘密鍵で署名したもの）を要求できます。その後のFirebaseに対するリクエストは、どれも委任トークン付きで送ることができます。そもそも秘密鍵を提供したのはFirebaseなので、Firebaseは委任トークンを復号することができます。Firebase用の委任トークンのプロビジョニングの方法は、第9章でもっと詳しく説明します。同様に、SAMLプロバイダーをセットアップし、1つ以上のロールを設定すれば、AWSによる委任認証を有効化するようにAuth0をセットアップできます。

◆ 5.4.2　委任トークンのプロビジョニング

Auth0の委任トークンを入手するには、使いたいサービスのためにアドオンを構成してから、/delegationエンドポイントを介してトークンを要求する必要があります。Firebaseのようなサービスと統合したり、AWSで委任トークンを使ったりしたいときには、Auth0で適切なアドオンを有効にする必要があります（**図5.25**）。

図5.25　委任トークンの設定画面

設定しなければならないことはアドオンごとに異なるため、Auth0 の関連するドキュメントを調べる必要があります。Auth0 と AWS の間の委任認証をセットアップしたい場合は、`URL` https://auth0.com/docs/aws-api-setup を参照してください。`URL` https://auth0.com/docs/integrations/aws-api-gateway にも優れた例が掲載されています。

5.5 演習問題

この章で説明した概念の理解を確かなものにするために、以下の演習問題に挑戦してみてください。

1. ユーザーの個人プロフィールを更新するための Lambda 関数（`user-profile-update`）を作ってください。姓、名、メールアドレス、event オブジェクトの userId にアクセスできるものとします。まだデータベースを作っていないので、この関数は情報を保存する必要はありませんが、Amazon CloudWatch にログを残せるようにしてください。

2. Amazon API Gateway の `/user-profile` リソースのために、POST メソッドを作ってください。このメソッドは、`user-profile-update` 関数を呼び出し、ユーザーの情報を渡すものとします。5.3.5 項で開発したカスタムオーソライザーを使うようにしてください。

3. 24-Hour Video サイトにサインインしたユーザーが、姓、名、メールアドレスを書き換えるためのページを作ってください。この情報は、Amazon API Gateway 経由で `user-profile-update` 関数に実行できるようにしてください。

4. **リスト 5.3** では、`$.ajaxSetup` を使ってすべてのリクエストにトークンが組み込まれるように設定しました。ウェブサイトが外部サイトにリクエストを発行すると、トークンは盗まれる危険があります。ウェブサイトが Amazon API Gateway にリクエストを発行したときに限ってトークンが組み込まれるようにして、システムをセキュアにするにはどうすればよいかを考えてください。

5. `user-profile` Lambda 関数を、JWT の正当性チェックを行わないように書き換えてください。カスタムオーソライザーを作ったので、このチェックは不要です。ただし、この場合でも、関数は Auth0 の tokeninfo エンドポイントにユーザー情報を要求します。

6. Auth0 に Yahoo、LinkedIn、Windows Live などのソーシャル ID プロバイダーを追加してください。

7. ブラウザのローカルストレージに格納される Auth0 JWT トークンは、一定期間がすぎると有効期限切れになります。すると、ウェブサイトをリフレッシュしたときに、エラーメッセージが表示されることがあります。このエラーメッセージを表示せず、有効期限切れになったトークンを自動で削除する方法を考え出してください。

5.6 まとめ

この章では、サーバーレスアプリケーションで認証、認可を有効にする方法を見てきました。サービスが直接クライアントとやり取りする方法を見て、JWTについて学びました。さらに、認証、認可の多くの問題を処理するAuth0というサービスを紹介した他、委任トークンを使って他のサービスにアクセスする方法も説明しました。そして、次の作業を詳しく説明しました。

- 24-Hour Videoのウェブサイトの開発
- ウェブサイトにサインイン／サインアウト機能を追加するAuth0アプリケーションの作成
- ユーザープロフィール情報を返すLambda関数の開発
- API GatewayのセットアップとJWTをデコードするカスタムオーソライザーの作成

次章では、Lambda関数について、さらに詳しく検討していきます。高度なユースケースについて考え、コールバックをあまりたくさん使わずに簡潔な関数を書くために役立つパターンの使い方を示し、Lambdaベースシステムのパフォーマンスを向上させる方法を説明します。

第6章 オーケストレーターとしてのAWS Lambda

この章の内容
- 呼び出しタイプとプログラミングモデル
- バージョニング、エイリアス、環境変数
- CLIの使い方
- 開発のパターン
- Lambda関数のテスト

　本書から得られるものがあるとすれば、サーバーレスアーキテクチャの心臓はAWS Lambdaのようなコンピュートサービスだということについての深い理解でしょう。Lambda関数はすでに第3章と第5章で使っているので、どのようなものかというイメージはもうつかめていると思います。この章では、AWS Lambdaをもっと詳しく掘り下げていきます。重要な概念を説明し、関数の設計を詳しく調べます。また、バージョニングやエイリアス（別名）といった機能を説明し、非同期ウォーターフォールなどの重要な設計パターンも見ていきます。そして、24-Hour Videoにも機能を追加して、一人前のアプリケーションに仕上げていきます。

6.1 AWS Lambdaの内部

　AWS Lambdaのようなサーバーレスコンピュートサービスは、クラウドストレージにおけるAmazon S3と同じくらい大きなクラウドコンピューティングの大転換を示します。実は、この2つはよく似ています。Amazon S3はオブジェクトのストレージを扱います。オブジェクトを渡すとAmazon S3はそのオブジェクトを格納します。その仕組みはわかりませんし、どこに格納されるかもわかりませんが、そういったことは気にしなくてよいのです。意識しなければならないドライブなどはありませんし、ディスクスペースなどというものもありません。Amazon S3ではストレージ容量をプロビジョニングしすぎるとか足りないといったことはありません。

　同じように、AWS Lambdaには関数のコードを格納します。AWS Lambdaはそれをオンデマンドで実行します。どのようにして実行されるか、どこで実行されるかはわかりません。意識しなければならない仮想マシンはなく、サーバーファームの能力とか、アイドル状態のサーバーが多すぎることとか、需要を満たせるだけのサーバーがないことか、グループのスケー

リングといったことを考える必要はありません。AWS Lambdaには、プロビジョニングをしすぎるとか足りないといったことはありません。実行してほしいことだけを規定し、Amazonは実行時間分だけの料金を請求してくるだけです。Amazon S3がストレージの大転換だったのと同じくらい、AWS LambdaやAzure Functions、Google Cloud Functions、IBM Cloud Functionsなどのサーバーレスコンピュートサービスはコンピューティングに関する大転換なのです（ URL https://read.acloud.guru/iaas-paas-serverless-the-next-big-deal-in-cloud-computing-34b8198c98a2）。

FaaS (Function as a Service)

AWS LambdaのようなテクノロジーのためにFaaS (Function as a Service) という言葉を好んで使う人もいます。実際、彼らはサーバーレスという用語を使いたくないのです。彼らは、サーバーレスという言葉はあまり正確ではなく、毎回説明が必要になると思っています。本書では、サーバーレスという言葉を使っていますが、それはAWS Lambdaの同義語としてではなく、コンピュートサービスを使い、サードパーティ製のサービスとAPIを使い、強力なパターンとアーキテクチャ（委任トークンを使ってサービスと直接やり取りする強力なフロントエンドを作ることなど）を取り入れる新しいアプローチを指す言葉としてです。そのため、サーバーレスはFaaSを包み込む総称であり、FaaSはサーバーレステクノロジーとアーキテクチャが提供できるものの一部（非常に強力な一部ですが）だと言うことができます。

◆ 6.1.1　イベントモデルとイベントソース

AWS Lambdaは、以下のものに応答する形でコードを実行できるサーバーレスコンピュートサービスです。

- AWSで発生したイベント
- Amazon API Gatewayを介して届くHTTPリクエスト
- AWS SDKを使って発行されたAPI呼び出し
- AWSコンソールを介した手動の呼び出し

Lambda関数は、日程に基づいて実行することもできるため、バックアップやシステムの健全性チェックのような反復される作業にも適しています。AWS Lambdaは、JavaScript（Node.js）、Python、C#、Javaの4種類の言語で書かれた関数をサポートします。今まではJavaScriptを使ってきましたが、他の言語を使えない理由はありません。それらはどれも同格に扱われています。

>
> **Lambda関数の2種類の呼び出し方**
>
> AWS Lambdaは、イベント駆動型と要求／応答型の2つの呼び出し方があります。
>
> イベント駆動型は、イベント（Amazon S3内のファイル作成など）が発生するとLambda関数がトリガリングされる形です。第3章では、Amazon S3とAmazon SNSを使ってLambda関数を呼び出すイベント駆動型の呼び出しを示しました。イベント駆動型の呼び出しは非同期です。イベントによって実行されるLambda関数は、イベントソースにレスポンスを送ったりはしません。
>
> 要求／応答型は、Amazon API GatewayとAWS Lambdaを併用するときや、AWSコンソール、CLIから呼び出すときに使われます。要求／応答型は、関数を同期的に実行し、呼び出し元にレスポンスを返すことを強制します。要求／応答型は、第5章で`user-profile` Lambda関数をAmazon API Gatewayと統合したときに使いました。SDK/CLIを介して関数を呼び出すときには、イベント駆動型と要求／応答型のどちらを使うかを選択できることに注意しましょう。

6.1.2 イベント駆動のプッシュモデルとプルモデル

AWS Lambdaのイベント駆動型呼び出しは変わっていて、プッシュとプルの2つのモードがあります。プッシュモデルでは、サービス（Amazon S3など）がAWS Lambdaにイベントをパブリッシュし、関数を直接呼び出します。図示すると**図6.1**のようになります。

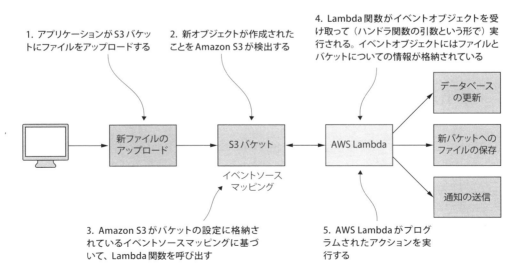

図6.1 プッシュモデルの処理（Amazon Kinesis Data StreamsやAmazon DynamoDBのようなストリームベースのサービスを除いた、他のすべてのAWSサービス）

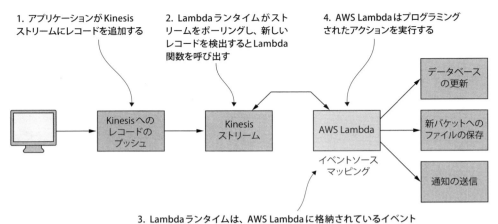

図6.2 プルモデル（Amazon Kinesis StreamとAmazon DynamoDBのストリーム）

プルモデルでは、Lambdaランタイムがストリームを流すイベントソース（DynamoDBストリームやKinesisストリーム）をポーリングし、必要に応じて関数を呼び出します。図示すると、**図6.2**のようになります。

どちらのモデルでも、イベントソースマッピング（event source mapping）は、イベントソースとLambda関数をどのように結び付けるかを記述します。プッシュモデルとプルモデルには、これに関連して微妙な違いがあります。プルモデルでは、関連するAWS Lambda APIを使ってイベントソースマッピングを作り、AWS Lambdaの中でマッピングを管理します。それに対し、プッシュモデルでは、イベントソースがマッピングを管理し、クライアントはイベントソースが提供するAPIを使ってマッピングを操作します（ URL http://amzn.to/1Xb78FV）。

◆ 6.1.3　同時実行

AWSは、1つのアカウントがリージョン内で同時実行できる関数の数の上限を、全関数で1000としています（ URL http://amzn.to/29nORER）。しかし、この上限は、Amazonに依頼すれば引き上げられます。Amazonは、開発初期やテスト中の関数の暴走や再帰呼び出しによるコストから開発者を守るために上限を設けている、と説明しています。同時実行されている関数の数の計算方法は、イベントソースがストリームベースか（つまり、イベントソースがAmazon Kinesis Data StreamsかAmazon DynamoDBになっているか）そうでないかで異なります。

ストリームベースのイベントソース

ストリームベースイベントソースでは、同時実行されている関数の数は、アクティブシャードの数と同じです。たとえば、シャードが10個あれば、10個のLambda関数が同時実行されていることになります。Lambda関数は、届いた順にシャードからレコードを取り出して処理します。レコードの処理中に関数がエラーを起こすと、成功するかレコードの有効期限が切れるまで再試行を繰り返し、それから次のレコードの処理に進みます。

ストリームベースでないイベントソース

Amazonは、ストリームベースでないイベントソースに対する同時実行数の推計方法として、次の単純な数式を示しています。

同時実行数＝1秒あたりのイベント（またはリクエスト）×関数の実行時間

単純な例として、S3バケットが毎秒10個のイベントをパブリッシュし、関数の平均実行時間が3秒なら、同時実行数は30になります（ URL http://amzn.to/29nORER）。Lambda関数がスロットリングされ、同期的に呼び出され続けている場合、AWS Lambdaは429エラー（Too Many Requests）を返します。その場合、関数呼び出しの再試行は、イベントソース（たとえば、あなたのアプリケーション）が行わなければなりません。関数が非同期に呼び出されている場合、スロットリングされたイベントは、AWSが最大6時間自動的に再試行します（ URL http://amzn.to/29c7Bar）。

◆ 6.1.4 コンテナの再利用

Lambda関数は、コンテナ（サンドボックス）の中で実行されます。コンテナが他の関数からの分離と、メモリ、ディスクスペース、CPUなどのリソースの割り当てを行います。AWS Lambdaをより高度に使いこなすには、コンテナの再利用方法について理解しておくことが大切です。関数のインスタンスがはじめて作られると、新しいコンテナが初期化され、関数のコードがロードされます（はじめてこれが行われるときの関数を「コールド状態」と呼びます）。関数が再び実行されると（一定期間内に）、AWS Lambdaは同じコンテナを再利用し、初期化プロセスをスキップして（関数が「ウォーム状態になった」と言います）コードをより素早く実行できます。

AWSのLambda担当ゼネラルマネージャー、Tim Wagnerは、重要なポイントを指摘しています（ URL http://amzn.to/237CWCk）。「忘れてはならないのは、コンテナが再利用されることを当てにしてはいけないことです。新しいコンテナを作るかどうかは、AWS Lambda次第（アプリケーションから制御できないこと）ですから」。

つまり、関数を実行するときには、いつも新しいコンテナが作られることを前提としなければなりません。しかし、/tmpフォルダーを使うなどしてファイルシステムに触れれば、前回の実行で残したファイルや変更は残っていることがあります。私たちも、そういうことは何度も経験しています。その場合には、/tmpディレクトリをマニュアルでクリーンアップしなければなりません。

Wagnerが凍結／解凍（freeze/thaw）サイクルと呼んでいるものも重要です。関数の実行を契機にバックグラウンドスレッド、プロセスを起動することができます。関数が実行を終了すると、バックグラウンドプロセスは凍結されます。関数を次に呼び出したときにそのバックグラウンドプロセスを解凍して実行を再開すると、AWS Lambdaはコンテナを再利用できます。バックグラウンドプロセスは、何ごともなかったかのように実行を続けます。バックグラウンドプロセスを実行するときには、このことを頭に入れておいてください。

◆ 6.1.5 AWS Lambda のコールド状態とウォーム状態

ここで実験をしてみます。AWSコンソールで簡単なHello World関数を作って実行してみましょう。hello-world設計図を使い、コンソールの［テスト］ボタンをクリックすれば簡単にできます。左側に表示される実行時間に注目しましょう（**図6.3**）。

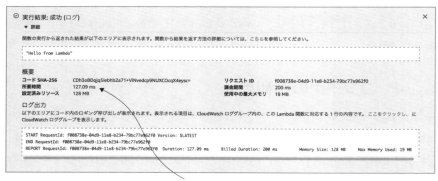

関数をコールドスタートしたときの実行時間

図6.3 コールドスタートには130ミリ秒近くかかった

次に、テストをもう一度実行し、実行時間を見てみます（**図6.4**）。

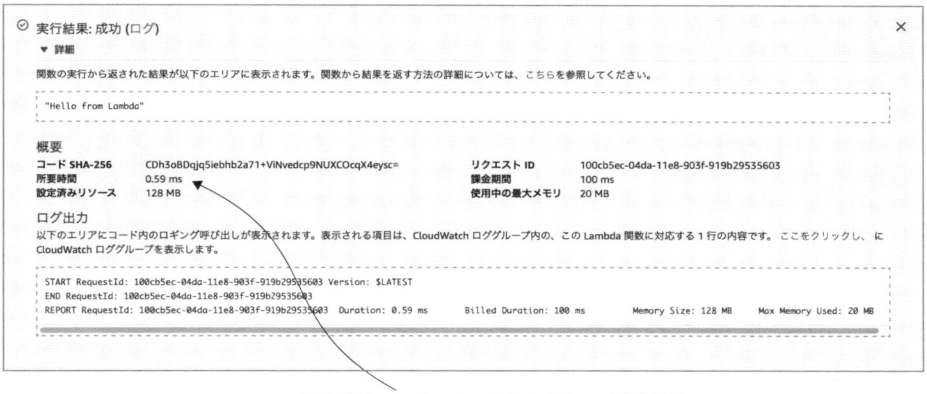

関数がウォームスタートしたときの実行時間

図6.4 ウォームスタートすると、コールドスタートよりもかなり速くなった

2回の実行の実行時間を比べると、関数をはじめて実行したときの実行時間は、2度目に実行したときと比べてかなり長いことがわかります。これは、前節で説明したコンテナの再利用のためです。関数がはじめて実行されたとき（コールドスタート）には、コンテナを作成して環境を初期化しなければなりません。複数の依存ファイルを持つ複雑な関数では、初期化にかかる時間の長さが特に目立ちます。関数をもう一度実行し、コンテナが再利用されると、ほぼ必ず実行時間は短くなります。

アプリケーションをきびきびと反応するように見せるためには、コールドスタートの数を減らすように努力すべきです。関数を長い間実行しないと、完全な初期化が必要になります。コールドスタートになることが多いなら、パフォーマンスを上げるために試せることがいくつかあります。

1. 関数をウォーム状態に保つためにスケジュールイベントを使って定期的に実行するようにする（ URL http://amzn.to/29AZsuX）
2. 初期化、セットアップコードをイベントハンドラの外に出す。コンテナがウォーム状態なら、そのコードは実行されない
3. Lambda関数に割り当てられるメモリの容量を増やす。CPUのシェアは、関数に割り当てられたメモリ容量に応じて決まる
4. コードのサイズをできる限り小さくする。不要なモジュールを減らし、インポートのためのrequires()の呼び出しも減らす。インクルードおよび初期化するモジュールを減らせば、起動時のパフォーマンスを上げることができる
5. 別の言語も検討してみる。（将来は変わるかもしれませんが）コールドスタートが最も長いのはJavaであるため、Javaを使っていてコールドスタートが長いと感じているようなら別の言語を試してみるとよい

6.2 プログラミングモデル

AWS Lambdaのプログラミングモデルについては、第3章でも触れました。これまで使ってきたNode.js 4.3の視点から、プログラミングモデルについてもう少し詳しく見てみましょう。検討すべき重要要素は次のとおりです。

- 関数ハンドラ
- イベントオブジェクト
- コンテキストオブジェクト
- コールバック関数
- ログ

◆ 6.2.1 関数ハンドラ

関数ハンドラとは、Lambdaランタイムがあなたの関数を実行するために呼び出しているものだ、ということをすでに説明しました。つまり、エントリポイントということです。AWS Lambdaは、ハンドラを呼び出すときに、第1引数としてイベントデータ、第2引数としてコンテキストオブジェクト、第3引数としてコールバックオブジェクトを渡します。関数ハンドラの構文は、次のとおりです。

```
exports.handler = function(event, context, callback) { // コード }
```

コールバックオブジェクトはオプションで、関数の呼び出し元に情報を返したいときやエラーのログを残したいときに使います。次の3つの項では、3つの引数 event (イベント)、context (コンテキスト)、callback (コールバック) について詳しく説明します。

◆ 6.2.2 イベントオブジェクト

Lambda関数を呼び出したときのイベントオブジェクトの実際については、今までの章ですでに説明しています。イベントオブジェクトには、Lambda関数をトリガリングしたイベントとイベントソースについての情報が含まれています。イベントオブジェクトは、イベントソースが定義した任意の個数のプロパティを格納するJSONオブジェクトにすぎません。

次のようにすれば、Lambdaコンソールでイベントオブジェクトの例を見ることができます。

1. Lambdaコンソールを開く
2. 関数を開く
3. 上にある [テストイベントの選択…] をクリックし、[テストイベントの設定] を選択する

4. ［イベントテンプレート］ドロップダウンリストからテンプレートを選択する（図6.5）

AWSコンソール、CLI（Command Line Interface）、Amazon API Gatewayのいずれの方法でLambda関数を呼び出す場合でも、独自のイベントオブジェクトを作り、構造をカスタマイズすることができます。

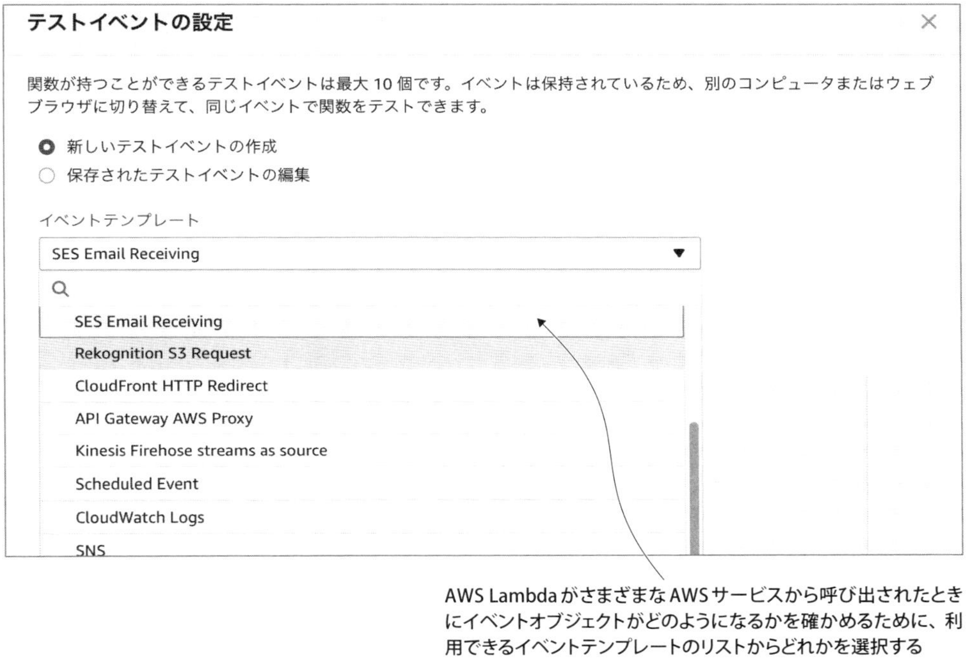

図6.5 AWSコンソールが提供する利用可能イベントテンプレート。テンプレートはカスタマイズすることも0から独自に作ることもできる

◆ 6.2.3 コンテキストオブジェクト

コンテキストオブジェクトには、Lambdaランタイムについての情報がわかる便利なプロパティが含まれています。コンテキストオブジェクトの`done()`、`succeed()`、`fail()`などのメソッドを呼び出せば、その情報がわかります。もっとも、これらのメソッドはNode.js 0.1バージョンのLambdaランタイムでは重要でしたが、Node.js 4.3バージョンでは不要になっています。これらの意味を知りたい方は付録Dを参照してください。コンテキストオブジェクトのメソッドで他に役に立ちそうなものとしては、`getRemainingTimeInMillis()`があります。このメソッドを呼び出すと、おおよその残り実行時間がわかります。タイムアウトまでにどれだけの時間が残されているかをチェックしたいときにはこの関数が役に立ちます（Lambda関数の実行時間は最長で

5分に制限されています）。

コンテキストオブジェクトには、次のようなプロパティも含まれています。

- `functionName` —— 現在実行中のLambda関数の名前
- `functionVersion` —— 実行中の関数のバージョン
- `invokedFunctionArn` —— 関数の呼び出しに使われたARN
- `memoryLimitInMB` —— 関数が使えるメモリ容量の上限として設定された値
- `awsRequestId` —— AWSリクエストID
- `logGroupName` —— 関数が書き込むCloudWatchロググループ
- `logStreamName` —— 関数が書き込むCloudWatchログストリーム
- `identity` —— Amazon Cognito ID（ある場合）
- `clientContext` —— AWS Mobile SDK経由で呼び出されたときのクライアントアプリケーションとデバイスの情報（プラットフォームのバージョン、メーカー、モデル、ロケールなどの情報を含む場合もあります）

コンテキストオブジェクトのメソッドとプロパティの詳細は、URL http://amzn.to/1UK9eib を参照してください。

◆ 6.2.4 コールバック関数

コールバック関数は、ハンドラ関数のオプションの第3引数で、Amazon API Gateway経由で呼び出される関数のように、要求／応答型で呼び出された関数の呼び出し元に情報を返すために使われます。コールバックオブジェクトの構文は次のとおりです。

```
callback(Error error, Object result)
```

第1引数はオプションで、失敗した実行についての情報を指定するときに使います。第2引数もオプションで、関数が成功したときの情報を呼び出し元に返すために使います。第2引数を指定するときには、第1引数として `null` を指定しなければなりません。次に示すのは、コールバックの正しい用法の例です。

- `callback(null, "Success");`
- `callback("Error");`
- `callback();   //callback(null); と同じ`

呼び出し元に情報を返すつもりがなければ、`callback` の引数を指定する必要はありません。レスポンスを返したりエラーのログを出力したりしたくない場合には、コードに `callback()` を

追加する必要さえありません。コードに callback() を入れていなければ、AWS Lambda が暗黙のうちに callback() を呼び出します。コールバック関数の使い方の詳細については、URL http://amzn.to/1NeqXM5 の「コールバックパラメータを使用する」をご覧ください。

6.2.5 ログ

console.log("message") を呼び出せば、Amazon CloudWatch にログを書き込めます。ログ出力には、console.error()、console.warn()、console.info() という方法もありますが、Amazon CloudWatch では、これらの間に実質的な違いはありません。プログラムを介してLambda 関数を呼び出す場合（6.4 節で後述します）、LogType 引数を追加すれば、ログデータの最新 4kB 分を受け取ることができます（レスポンスの x-amz-logresults ヘッダーで返されます）。第 1 引数として null 以外の値を指定したコールバック関数でも、CloudWatch ログストリームに書き込めます。結論としては、アラートレベルとログオブジェクトを管理するしっかりとしたロギングフレームワークを使うことを強くおすすめします（例：URL https://www.npmjs.com/package/log）。

6.3 バージョニング、エイリアス、環境変数

はじめてリリースされたときの AWS Lambda は、バージョニング、エイリアス（別名）、環境変数をサポートしていませんでした。しかし、今ではこれらの機能を使わずに本番システムを構築、運用していくことなどとても考えられません。

6.3.1 バージョニング

古いバージョンを上書きしなくても新しいバージョンの関数を作れるようにするためには、バージョニングが欠かせません。新バージョンの関数が公開されても、古いバージョンにはアクセスできますが、変更することができなくなります。大切なのは、関数の各バージョンに独自の一意な ARN を与え、各バージョンを呼び出せるようにすることです。

1. Lambda コンソールを開き、関数をクリックする
2. ［アクション］→［新しいバージョンの発行］を順にクリックする
3. ダイアログボックスに説明を入力する。この説明は、作成中のもののバージョンに追加される
4. ［発行］をクリックしてダイアログボックスを閉じる

左上のドロップダウンリストをクリックし、［バージョン］タブを選択すると、関数の現バージョンが表示されます（図6.6）。最新バージョンは必ず「$LATEST」になります。関数を呼び出すと

きにバージョン番号を指定しなければ、最新バージョンが呼び出されます。

図6.6　バージョニングされた関数。各バージョンはコンソールとCLIから呼び出すことができる

　では、特定のバージョンの関数を呼び出すためにはどうすればよいのでしょうか。それは、どこから関数を呼び出すかによって異なります。Amazon API Gatewayから呼び出す場合は、図6.7のように関数名とバージョン番号をコロン（:）で区切って記述します（たとえば、`my-special-function:3`）。

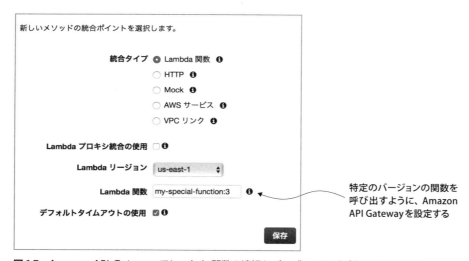

図6.7　Amazon API GatewayでLambda関数の適切なバージョンを呼び出すための設定

　Amazon S3から呼び出す場合は、関数のARNを指定します。先ほども触れたように、ARNは、関数のバージョンごとに一意になっています（図6.8）。

図6.8 S3コンソールでは、Lambda関数のARNが必要（ARNを使って正しいバージョンの関数を呼び出す）

6.3.2　エイリアス

　エイリアスとは、特定のバージョンのLambda関数を指すポインタ、ショートカットです。エイリアスは関数と同じようにARNを持ち、特定の関数（またはバージョン）を指すようにマッピングできますが、他のエイリアスを指すことはできません。関数を古いバージョンから新しいバージョンに切り替えなければならないときにエイリアスを作ると作業が楽になります。次のようなシナリオについて考えてみましょう。

- 関数には3つのバージョンがある
- バージョン1は本番環境で使われる

- バージョン2はステージング／UAT（User Acceptance Testing：ユーザー受け入れテスト）環境でテストされる
- $LATEST は現在の開発バージョン
- バージョン2の関数のテストが終了したので、本番バージョンに昇格させようとしている
- バージョン1（現在の本番バージョン）を参照しているすべてのイベントソースを更新してバージョン2を参照させなければならなくなるが、それではコードをデプロイし直すことになり、システム全体で複数の更新をしなければならず、あまりよい方法とは言えない

このシナリオはエイリアスを使えばずっと管理しやすいものになります（**図6.8**）。

1. 「dev」「staging」「production（本番）」という3つのエイリアスを作る
2. 関数の正しいバージョンに正しいエイリアスを与える
    - production エイリアスはバージョン1を参照する
    - staging エイリアスはバージョン2を参照する
    - dev エイリアスは $LATEST を参照する
3. イベントソースは、関数の特定のバージョンではなく、エイリアスを指すように設定する

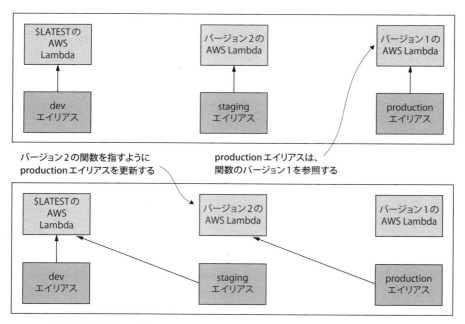

最初の時点では、production エイリアスは Lambda 関数のバージョン1を参照している。更新後、production はバージョン2を参照するようにマッピングし直される。staging エイリアスも、$LATEST を参照するようにマッピングし直される

図6.9 エイリアスがマッピングしているバージョン

関数の新バージョンを使うようにシステムを更新しなければならないときには、代わりにエイリアスが新バージョンを指すように設定を変えます。イベントソースは、エイリアスが新バージョンの関数を指すようになったことを知らないまま、いつもと同じように実行し続けます。
　関数のエイリアスを作成する手順は、次のようになります。

1. Lambdaコンソールで関数を選択する
2. ［アクション］を選択する
3. ［エイリアスの作成］を選択する
4. ダイアログボックスの中で「dev」、「production」などのエイリアスと説明を入力し、エイリアスが参照するバージョンを選択する
5. ［作成］を選択してエイリアスを作成し、ダイアログボックスを閉じる

　関数に対するエイリアスを確認したいときには、バージョンを見たときと同じように左上のドロップダウンリストを使います（図6.10）。ドロップダウンリストのタブで表示をバージョンにするかエイリアス（別名）にするかを切り替えられます。エイリアスを削除するときには、［アクション］→［エイリアスの削除］を順にクリックします。すると、エイリアスとそのエイリアスを参照しているイベントソースマッピングがすべて削除されます。しかし、その他の情報は、関数のバージョンを含めてすべてそのまま残ります。

図6.10　サイドバー上でのエイリアス／バージョンの表示を切り替える

◆ 6.3.3　環境変数

　環境変数については、第5章で user-profile Lambda関数を作ったときに、すでに少し見ています。環境変数は「キー／値」ペアで、Lambdaコンソール、CLI、SDKを使って設定できます。関数のソースコードは環境変数を参照することができ、関数実行時にアクセスできます。

　設定や秘密鍵のために環境変数を使うと、そういった情報を関数のコードに埋め込むことを避けられます。そうすれば、関数を書き換えたり、デプロイし直したりしなくても、それらの変数を変更できます。環境変数は、先ほど説明したばかりの関数のバージョニングと組み合わせて使えます。データベースの接続文字列を参照する環境変数を作れば、開発バージョンの関数は、その環境変数を介して開発用データベースの接続文字列を参照し、本番バージョンの関数は、同じ環境変数を介して本番用データベースの接続文字列を参照することができます。

基本的な使い方

　図6.11は、Lambdaコンソールの中の環境変数を設定する部分（［設定］タブ）を示しています。お気づきのように、本書では環境変数の名前（キー）は大文字を使うようにしています（たとえば、UPLOAD_BUCKET）。皆さんは気に入らなければ環境変数名をいちいち大文字にしなくてもかまいません。

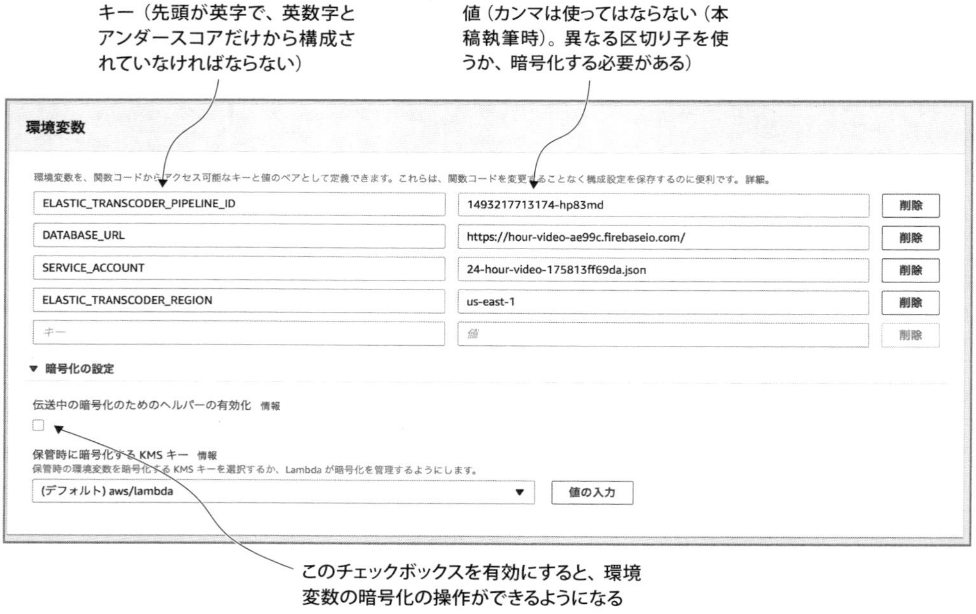

図6.11　キーと値

環境変数は、AWS CLIでも設定できます。CreateFunction、UpdateFunctionConfiguration APIを使います（これらのAPIについては、次節で詳しく説明します）。

環境変数の注意点

環境変数のキー名には予約済みのものがあります。たとえば、`AWS_REGION`、`AWS_ACCESS_KEY`といったキー名を設定することはできません。予約済み変数の完全なリストは、URL http://amzn.to/2jDCgBa に掲載されています。

環境変数は、`process.env`を使ってアクセスすることができます（Node.js関数の場合）。図6.11のUPLOAD_BUCKET変数の値を表示したい場合には、関数に次の行を追加します。

```
console.log(process.env.UPLOAD_BUCKET);
```

暗号化

機密データを扱うときには、環境変数を暗号化できます。Lambdaコンソールでは、[暗号化の設定] メニューを開いて [伝送中の暗号化のためのヘルパーの有効化] チェックボックスを有効にします（**図6.12**）。はじめて有効にしたときに、AWS KMS（Key Management Service）を使って暗号化鍵を作ることができます。その後は、各リージョンのすべてのLambda関数でこの鍵を使って暗号化できます。もちろん、複数の鍵を作ることもできます。

鍵を作ったら、変数の全部または一部を暗号化できます。コンソールでは、個々の環境変数の横に [暗号化] というボタンが表示されます。このボタンを使って変数を暗号化します。すると、値はすぐに暗号化文字列に置き換えられます。その右には [コード] というボタンも表示されます。このボタンをクリックすると、関数内で変数を復号する方法を示すコードが表示されます。

設定や機密情報は、可能な限り環境変数を使うことをおすすめします。関数の中にこれらの値をハードコーディングしてはなりません。プラットフォームが提供しているものは使うようにすべきです。そうすれば、仕事が大幅に楽になります。

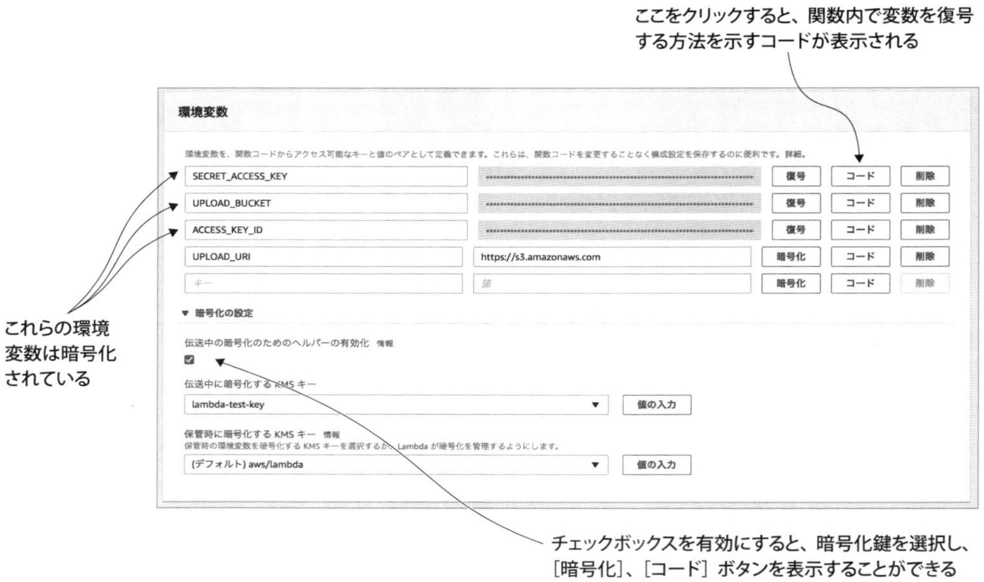

図6.12 環境変数を暗号化する

6.4 CLIの使い方

今までは、Lambda関数の作成、設定のために主としてAWSコンソールを使ってきました。しかし、関数の作成、更新、設定、削除のためにCLIを使わなければならなくなるときがあります。特にオートメーションについて考え始めるとCLIが必要になるでしょう。

◆ 6.4.1 コマンドの実行

第3章の指示に従っていれば、AWS CLIをインストールしているはずです（ URL http://amzn.to/1XCoTOC）。CLIは、次のような形式でコマンドを発行できるようになっています。

```
aws lambda <コマンド名> <コマンドオプション>
```

利用できるCLIコマンドのリストは、AWSのドキュメントに掲載されています。

AWS CLI Command Reference
 URL https://docs.aws.amazon.com/cli/latest/reference/lambda/index.html

それでは、試しにエイリアスを削除してみましょう（`delete-alias`）。オプションのパラメータもありますが、基本的な形としては、次のように単純なものです（`--name`フラグには、エイリアス名を指定します）。

```
aws lambda delete-alias --function-name return-response --name production
```

CLIコマンドを実行するときには、AWS IAMで適切なセキュリティを設定しておく必要があります。今の状態で`delete-alias`コマンドを実行しようとすると、「Client error (AccessDeniedException) occurred when calling the DeleteAlias operation. (DeleteAliasオペレーションを呼び出しているときに、クライアントエラー AccessDeniedExceptionが発生しました)」といった内容のエラーメッセージが返されるでしょう。正しく動作させるためには、ユーザーのアクセス権限リストに`DeleteAlias`アクセス権限を追加する必要があります。

◆ 6.4.2　関数の作成とデプロイ

第3章と第5章では、UpdateFunctionCode APIを使って関数をデプロイしました。そのときには、package.jsonに次のスクリプトを追加しました。

```
aws lambda update-function-code --function-name arn:aws:lambda: ↪
    us-east-1:038221756127:function:transcode-video --zip-file ↪
    fileb://Lambda-Deployment.zip
```

しかし、`update-function-code`を使うには、まずAWSコンソールで関数を作らなければなりません。これは手作業になり、完全なオートメーションを目指す考え方には適合しません。コマンドラインから関数を作ってデプロイするためにはどうすればよいのでしょうか。

まず、`lambda-upload`ユーザーに関数の作成を認めるようにする必要があります。第4章では、`Lambda-DevOps`というグループを作って`lambda-upload`ユーザーを追加しました。今度はグループのポリシーを編集して新しいアクセス権限を追加しなければなりません。

1. IAMコンソールで［グループ］を開く
2. ［Lambda-Upload-Policy］グループをクリックする
3. まだ選択されていなければ、［アクセス許可］タブを選択する
4. ［インラインポリシー］セクションでポリシー名の右にある［ポリシーの編集］をクリックする
5. Action配列に「`lambda:CreateFunction`」を追加する（**図6.13**）
6. ［ポリシーの適用］をクリックして保存する

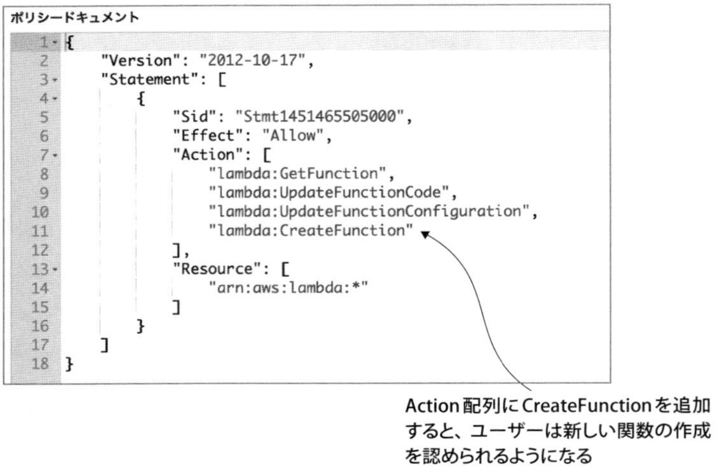

```
ポリシードキュメント
 1  {
 2      "Version": "2012-10-17",
 3      "Statement": [
 4          {
 5              "Sid": "Stmt1451465505000",
 6              "Effect": "Allow",
 7              "Action": [
 8                  "lambda:GetFunction",
 9                  "lambda:UpdateFunctionCode",
10                  "lambda:UpdateFunctionConfiguration",
11                  "lambda:CreateFunction"
12              ],
13              "Resource": [
14                  "arn:aws:lambda:*"
15              ]
16          }
17      ]
18  }
```

Action配列にCreateFunctionを追加すると、ユーザーは新しい関数の作成を認められるようになる

図6.13 ユーザーが関数を作れるようにするためのポリシーの更新

`lambda-upload`ユーザーが`Lambda-DevOps`グループに入っていることもダブルチェックしておきましょう。

1. `Lambda-DevOps`グループの［ユーザー］タブをクリックする
2. 表の中に`lambda-upload`ユーザーが含まれていることをチェックする
3. ユーザーが含まれていなければ、［グループにユーザーを追加］ボタンをクリックし、リストから`lambda-upload`を見つけてその横にチェックを付けてから、［ユーザーの追加］をクリックする

CLIで関数を作るには、関数のソースコードが格納されているzipファイルかソースを格納するS3バケットを指定しなければなりません。ローカルに関数を作ってzipファイルにまとめるのは簡単です。

1. index.jsというファイルを作る
2. **リスト6.1**をファイルにコピーする
3. ファイルをzipにまとめてindex.zipを作る

リスト6.1 ごく初歩的な関数

```
'use strict';

exports.handler = function(event, context, callback) {
    callback(null, 'Serverless Architectures on AWS');
};
```

この関数は意味のあることを一切しないが、コマンドラインから関数を作れるかどうかをテストするためには十分

関数のzipファイルが格納されているディレクトリで、**リスト6.2**のコマンドを実行します（ロールのARNを書き換えるのを忘れないようにしてください。ここにはあなた自身のlambda-s3-execution-roleのARNを指定しなければなりません）。最後にLambdaコンソールを見て、関数が追加されていることを確認しましょう。

リスト6.2 create-functionコマンドの実際の使用例

```
aws lambda create-function --function-name cli-function --handler
    index.handler --memory-size 128 --runtime nodejs4.3 --role
    arn:aws:iam::038221756127:role/lambda-s3-execution-role --timeout 3 --
    zip-file fileb://index.zip --publish
```

次のリストは、今のcreate-functionコマンドで使った構文のサブセットで、個々のオプションを説明しています（AWS Lambdaは、**リスト6.3**に示した以外の設定やフラグをたくさんサポートしています。オプション全体を確認したい場合は、URL http://amzn.to/2jeCOfR を参照してください）。

リスト6.3 create-functionコマンドの構文

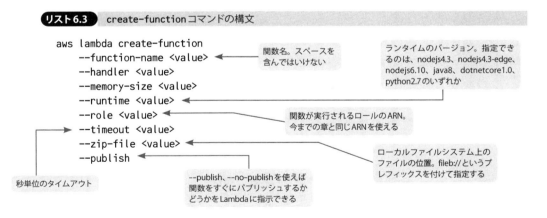

当然ながら、他にも次のような役に立つコマンドがたくさんあります。

- 関数を削除するためのdelete-function（URL http://amzn.to/2jdefz4）

- エイリアスを作るためのcreate-alias（ URL http://amzn.to/2jde9rh）
- 要求／応答型、またはイベント駆動型で関数を呼び出すinvoke（ URL http://amzn.to/2jYhui7）
- 新バージョンの関数をパブリッシュするpublish-version（ URL http://amzn.to/2jdsCDm）
- それぞれ関数、エイリアス、バージョンのリストを表示するlist-functions、list-aliases、list-versions-by-function

6.5 AWS Lambdaのパターン

JavaScript（Node.js）を使ってLambda関数を作るときは、非同期のコールバックを処理しなければなりません。その実例はすでに第3章、特にその中の第3のLambda関数で示しました。多数のコールバックがあると、コードが複雑になり、プログラムのロジックをたどるのが難しくなるためイライラしてきます。一連のシーケンシャルなステップにまとめた方が処理が自然になるなら、非同期ウォーターフォールパターンを取り入れたほうが、多数の非同期コールバックを管理するよりも単純になります。

唯一絶対の選択肢ではない

非同期ウォーターフォールは優れたパターンですが、コールバック地獄に対処するための唯一の方法では決してありません。ES6は、promise、generator、yieldをサポートしており（ URL https://thomashunter.name/blog/the-long-road-to-asyncawait-in-javascript/）、それらはNode.js 4.3やAWS Lambdaでも使えます。デバッグが大変になりますが、async/awaitなどのES7機能を使ってpromiseチェーンにトランスパイルすることさえできます。要するに、次節を読んで非同期ウォーターフォールパターンが自分にとって正しいかどうかをよく考えてください。多くの場合、特にNode.js 4.xに移植されていない古いコードを扱うときには、この種のパターンを知っていて使えるようにしておくと役に立ちます。

◆ 6.5.1 非同期ウォーターフォール

Async（ URL https://www.npmjs.com/package/async）は、npmモジュールとしてインストールできるJavaScriptライブラリです。Asyncライブラリは強力な機能をいくつも持っていますが、ウォーターフォールパターンのサポートもその1つです。このパターンを使えば、コールバック関数を使いながら、一連の関数を次々に呼び出し、ある関数の結果を次の関数に渡すことができます。関数の中のどれかがコールバック関数にエラーを渡すと、ウォーターフォールの

実行は中止され、次のタスクは呼び出されません（**図6.14**）。

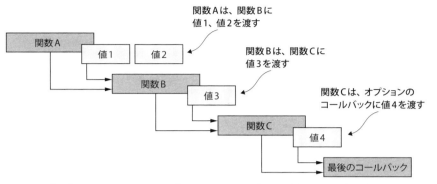

図6.14 非同期ウォーターフォールパターン。コールバックを使うよりも非同期メソッドの処理が簡単になる

リスト6.4は、非同期ウォーターフォールパターンの一般的な例を示しています（ URL https://github.com/caolan/async#waterfall のサンプルコードを使っています）。

リスト6.4 非同期ウォーターフォールの例

```
async.waterfall([
    function(callback) {
        callback(null, 'Peter', 'Sam');
    },
    function(arg1, arg2, callback) {    ← arg1は'Peter'、arg2は'Sam'
        callback(null, 'Serverless');
    },
    function(arg1, callback) {    ← arg1は'Serverless'
        callback(null, 'Done');
    }
], function (err, result) {    ← これはオプションの最後のコールバック関数で、
    if (err) {                    この場合、結果は'Done'
        console.log(err);
    } else {
        console.log(result);
    }
});
```

リスト6.4でたびたび使われているコールバック関数に注目してください。各タスクの終了時にこの関数を呼び出さなければなりません。第1引数はエラーを表し、エラーなしなら`null`を指定します。その他の引数は何でもかまいません。それらは次のタスクに渡されます。

このコールバック関数は、AWS Lambdaで見てきたコールバック関数とよく似ていますが、別

のものなので混同してはなりません。非同期ウォーターフォールで使われるコールバック関数には、別の名前を付けることをおすすめします（**next**など）。

24-Hour Videoの動画リスト

24-Hour Videoは、YouTubeのクローンなので、動画リストを表示し、ユーザーがそれをクリックして見られるようにする必要があります。現時点ではまだ動画のURLを格納するデータベースはありませんが、S3バケットに動画リストを作るLambda関数なら作れます。このLambda関数はAmazon API Gateway経由で呼び出すことができ、動画URLのリストを返します。この処理では、複数のステップを逐次的に実行しなければならないので、非同期ウォーターフォールを使うことができます。

基本的なセットアップ

システムに新しいLambda関数を作り、**get-video-list**という名前を付けましょう。次のようにします。

1. 今までに作った関数のどれか（たとえば、**transcode-video**）のコピーを作って新しいフォルダーに格納し、**get-video-list**という名前を付ける
2. index.jsの内容をすべて削除する
3. package.jsonを**リスト6.5**のように書き換える。太字は、既存のリストに対する追加、変更が必要な部分を表している

リスト6.5 get-video-list関数のためのPackage.json

```
{
    "name": "get-video-list",
    "version": "1.0.0",
    "description": "This Lambda function will list ➥
        videos available in an S3 bucket",
    "main": "index.js",
    "scripts": {
        "create": "aws lambda create-function --function-name get-video-list ➥
    --handler index.handler --memory-size 128 --runtime nodejs4.3 ➥
    --role arn:aws:iam::038221756127:role/lambda-s3-execution-role ➥
    --timeout 3 --publish --zip-file fileb://Lambda-Deployment.zip",
        "deploy": "aws lambda update-function-code --function-name get-video-list ➥
            --zip-file fileb://Lambda-Deployment.zip",
```

コマンドラインから関数を直接作成するために、createスクリプトを追加する

```
    "precreate": "zip -r Lambda-Deployment.zip * -x *.zip *.json *.log",
    "predeploy": "zip -r Lambda-Deployment.zip * -x *.zip *.json *.log"
},
"dependencies": {
    "aws-sdk": "^2.3.2"
},
"author": "Peter Sbarski",
"license": "BSD-2-Clause",
"devDependencies": {
    "run-local-lambda": "^1.1.0"
}
}
```

> precreateスクリプトも追加している。このスクリプトは、createスクリプトがzipファイルを生成する直前に実行される

次に、npmを使ってasyncモジュールを追加します。ターミナルで関数のディレクトリに移り、次のコマンドを実行します。

```
npm install async --save
```

AWS SDKを確実にインストールするには、`npm install`も実行しなければなりません。package.jsonを見ると、asyncとaws-sdkの2つの依存モジュールが指定されていることがわかるはずです。

今の状態では（つまり、6.4.2「関数の作成とデプロイ」に従っていれば）、`npm run create`コマンドを使ってAWSに必要なLambda関数を作れるはずです。6.4.2項での作業を省略してしまった場合は、AWSコンソールで`get-video-list`関数を作らなければなりません。

実装

リスト6.6に示すように、この関数の実装はかなり単純なものです。特にS3バケットにファイルがたくさんあるときにどうなるかなど（Amazon S3のlistObjectsメソッドは、バケット内の1,000個までのオブジェクトを返してきます）、いくつかのシナリオを考慮していません。また、効率もあまりよくありません。しかし、まともなデータベースを導入するまでの一時的な手段としてはまずまずであり、ウォーターフォールパターンの使い方もよくわかります。

リスト6.6 get-video-list関数

```
'use strict';

var AWS = require('aws-sdk');
var async = require('async');

var s3 = new AWS.S3();

function createBucketParams(next) {
```

> createBucketParams関数は、S3 listObjectsメソッドのための設定情報を作る

```javascript
    var params = {
        Bucket: process.env.BUCKET,
        EncodingType: 'url'
    };
    next(null, params);
}

function getVideosFromBucket(params, next) {
    s3.listObjects(params, function(err, data){
        if (err) {
            next(err);
        } else {
            next(null, data);
        }
    });
}

function createList(data, next) {
    var urls = [];
    for (var i = 0; i < data.Contents.length; i++) {
        var file = data.Contents[i];

        if (file.Key && file.Key.substr(-3, 3) === 'mp4') {
            urls.push(file);
        }
    }

    var result = {
        baseUrl: process.env.BASE_URL,
        bucket: process.env.BUCKET,
        urls: urls
    }

    next(null, result);
}

exports.handler = function(event, context, callback){
    async.waterfall([createBucketParams, getVideosFromBucket, createList],
        function (err, result) {
        if (err) {
            callback(err);
        } else {
            callback(null, result);
        }
    });
};
```

> getVideosFromBucket関数は、S3 SDKを使って指定されたバケットからオブジェクトのリストを入手する

> createList関数は、データをループで処理し、視聴に適したオブジェクトの配列を作る

> 拡張子がmp4のオブジェクトだけがurls配列に追加される（拡張子が.json、.webm、.hlsのオブジェクトは無視される）

> AWS Lambdaのcallbackは、baseUrl、バケット名とURLのリストを返す

関数が格納されているディレクトリで`npm run deploy`を実行して関数をデプロイしましょう。

環境変数

リスト6.6のコードは、BUCKETとBASE_URLの2つの環境変数を使っています。BUCKET変数がトランスコードされたファイルを格納する第2のS3バケットの名前であるのに対し、BASE_URLはS3バケットのベースアドレス、すなわち`https://s3.amazonaws.com`です。関数を機能させるためには、これら2つの変数を追加しなければなりません。Lambdaコンソールで`get-video-list`関数をクリックし、[設定] タブの下部にこれら2つの環境変数を追加します（**図6.15**）。

S3バケット名を作ったバケットに変更するのを忘れないようにする。ここで使うのは、トランスコードされた動画ファイルを格納する第2のS3バケット

図6.15 関数を実行するため、BUCKETとBASE_URLの2つの環境変数の追加が必要

テスト

この関数に対する最も簡単なテストのしかたは、AWSコンソールで [Lambda] → [get-video-list] → [テスト] ボタンを順にクリックすることです。[テストイベントの設定] ダイアログボックスが表示されたら、イベント名を設定し、[作成] ボタンをクリックして先に進みます。再度 [テスト] をクリックすると、[実行結果] という見出しの下にURLリストが表示されるはずです（バケットにmp4ファイルがある場合。**図6.16**）。

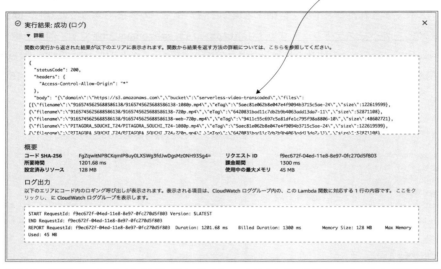

バケット名とURLは、レスポンスに組み込まれているので、クライアントはバックエンドの設定について何も知っている必要はない

図6.16 AWSコンソールでレスポンスをプレビューすることができるので、Lambda関数を簡単にテストできる

コマンドラインからの関数呼び出し

　AWS CLIを使えば、コマンドラインからLambda関数を呼び出せます。CLIは、要求／応答型、イベント駆動型の両方の呼び出しタイプをサポートしています。コマンドの構文は、URL http://amzn.to/269Z2U2 で説明されています。同期的な要求／応答型の呼び出しを試す場合には、少なくとも関数名と関数のレスポンスを格納する出力ファイルの2つのパラメータを渡す必要があります。

　`get-video-list`関数を呼び出すためには、ターミナルで次のコマンドを実行する必要があります。

```
aws lambda invoke --function-name get-video-list output.txt
```

　この方法を使う場合には、IAMユーザーに適切なアクセス権限（lambda:InvokeFunction）を認めるのを忘れないようにしてください。

6.5.2　seriesとparallel

　Asyncライブラリは、実行パターンとしてwaterfall（ウォーターフォール）だけでなく、seriesとparallelもサポートしています。seriesパターンはwaterfallと似ています。一連の関数を1つず

つ実行します。seriesが完了したら、オプションのコールバック関数に値（結果）を渡します（**図6.17**）。

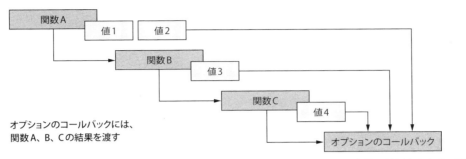

図6.17 async.seriesパターンは、一連の独立した計算を実行して、最後に全部の結果をまとめて返してもらいたいときに役立つ

parallelパターンは、他の関数の終了を待たず、並列に関数を実行するときに使います。すべての関数が終了したら、結果をオプションの（最後の）コールバック関数に渡します（**図6.18**）。

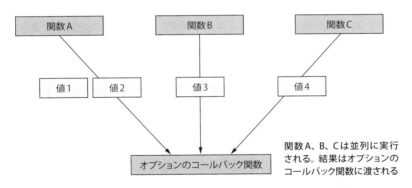

図6.18 parallelパターンは、関数の同時実行を認め、最後に結果をオプションのコールバック関数に渡す

◆ 6.5.3 ライブラリの使い方

このアドバイスはほとんどの開発者に当てはまります。複数のLambda関数で繰り返し現れるコードを見つけ、それを別ファイルに移し、コードを一度だけ書けばよいようにしましょう。これはDRY（Don't Repeat Yourself）原則どおりです。ライブラリは、Node.jsの**require()**でインポートできます。

AmazonのSES（Simple Email Service）を使ってメールを送るライブラリを作って、今述べたことの実践方法をお見せしましょう。このライブラリを使えば、ユーザーが新しい動画をアップ

ロードしたときにメールを送ったり、ユーザー間でメールをやり取りしたりすることができます。ライブラリを取り込む方法は2つあります。

1. モジュールを作り、npmにデプロイし、`npm install --save`で組み込む方法——少しオーバーヘッドがかかるかもしれませんが、依存ファイルやライブラリの管理方法としては良いやり方です。コードを公開するつもりがなければ、プライベートnpmリポジトリをセットアップすることもできます（ URL http://thejackalofjavascript.com/maintaining-a-private-npm-registry/）。

2. libディレクトリを作り、必要なものをインポートする方法——すべての関数がlibディレクトリを参照して必要なものをインポートすることができます。この方法は、小さなアプリケーションではうまく機能しますが、大きな欠点を抱えています。システムが大きくなってくると、ライブラリの異なるバージョンをメンテナンス、共有、利用するのが難しくなるのです。ライブラリに複数のバージョンがあると、どのバージョンをどこで使うかを覚えなければならなくなったときに問題が起きます。このアプローチは、実験してみるときやシステムが非常に単純なときに限り使うようにすべきです。本格的なものを作ることにしたときには、npmなどのしっかりとした管理システムを使うべきです。

この例では第2の方法を使います。章末に、ライブラリをnpmモジュールにして、npmリポジトリにデプロイし、`npm install`を使ってインストールすることを実際に経験する演習問題を用意しています。

コードの入手

ライブラリのためにlibというディレクトリを作りましょう。このディレクトリに、email.jsというファイルを作り、**リスト6.7**の内容をコピーします。

リスト6.7 メールコードの追加

```
'use strict';

var AWS = require('aws-sdk');
var async = require('async');
var SES = new AWS.SES();          ← SESサービスを使ってメールを送るので、
                                     ライブラリにSESをインクルードする
function createMessage(toList, fromEmail, subject, message, next) {
    var params = ({
        Source: fromEmail,
        Destination: { ToAddresses: toList },
        Message: {
            Subject: {
                Data: subject
            },
```

```
                Body: {
                    Text: {
                        Data: message
                    }
                }
            }
        });
        next(null, params);
    }

    function dispatch(params, next) {
        SES.sendEmail(params, function(err, data){
            if (err) {
                next(err);
            } else {
                next(null, data);
            }
        })
    }

    function send(toList, fromEmail, subject, message) {
        async.waterfall([createMessage.bind(this, toList, ➥
            fromEmail, subject, message), dispatch],
            function (err, result) {
                if (err) {
                    console.log('Error sending email', err);
                } else {
                    console.log('Email Sent Successfully', result);
                }
        });
    };

    module.exports = {
        send: send
    };
```

> 非同期ウォーターフォールパターンはもう理解できているので、適合する場所ではぜひ使うように。bindメソッドを使うと、createMessageにパラメータを渡して適切なコンテキストで（asyncがコールバック関数に結果を渡せるように）実行することができる

> module.exportsは、require()を使ったときに返されるオブジェクト。こうすると、他の関数がsend関数を呼び出せるようになる

リスト6.7のコードには、外部コードが呼び出せる send という関数が含まれています。引数は、メールの受信者の配列、送信者自身のアドレス、タイトル、メッセージの4つです。Lambda関数は、次の手順を踏んでこのライブラリを使います。

1. 関数と同じディレクトリにファイル（email.js）をコピーする
2. `var email = require('email');` のように require() を使って関数にライブラリをロードする
3. 次のように必要な引数を渡して send を呼び出す
   `email.send(['receiver@example.com'], 'sender@example.com', 'Subject', ➥ 'Body');`

このライブラリはasyncをインポートしていますが、`npm install`を実行していません。これは、ライブラリが、asyncなどのnpmモジュールをインストールしているLambda関数と一緒に出荷されることを当てにしているからです。しかし、安心できる確実な方法を目指すなら、このライブラリのためにpackage.jsonを書き、必要な依存ファイルを`npm install`しましょう。実際、本格的にライブラリを作るときには、そうしなければなりません。

SESを使ってメールを送るときに注意しなければならないことがあります。

- 関数を実行してメールを送るために使うロールには、ses:SendEmail アクセス権限が必要
- この関数のために使うロールとして、新しいロールを作るか、既存のロールを書き換える
- 新しいインラインポリシーを追加して、[ビジュアルエディタ] を選択する
- [サービス] リストから [SES] を選択する
- [アクション] リストから [SendEmail] と [SendRawEmail] を選択する
- [Review Policy] ボタンをクリックする
- ポリシー名を付け、[Create policy] をクリックして終了する
- SES コンソールで送信元メールアドレスが正しいことをチェックしないと、メールは送れない（図6.19）。AWSコンソールで [Simple Email Service] → [Email Addresses] → [Verify a New Email Address] を順にクリックし、ウィザードに従ってメールアドレスを確認する必要がある

図6.19 SESを使えば基本的なメールの送信を簡単に行える

6.5.4 他のファイルへのロジックの分離

前節のアドバイスをさらに進めて、ドメイン／ビジネスロジックはすべて別のファイル／ライブラリに移すことをおすすめします。Lambdaハンドラは、他のファイルに格納されたコードを実行する薄いラッパーにするのです。ロジックの大部分を別ファイルに移せば、テストしやすい実装が得られ、AWS Lambdaとの結合を疎なものにすることができます。将来、AWS Lambdaを使うのをやめることにした場合でも、新しいサーバーレスコンピュートサービスにコードを移植しやすくなります。

6.6 Lambda関数のテスト

　Lambda関数には、主要なテスト方法が2種類あります。ローカルなテスト（または継続的インテグレーション／デプロイの間のテスト）とAWSにデプロイした関数のテストです。

　第3章で、run-local-lambdaというnpmモジュールをインストールしました。このパッケージがあれば、ローカルマシンでイベント、コンテキスト、コールバックを渡してLambda関数を呼び出すことができます。しかし、これからは、それよりもずっと厳格で堅牢なテスト実行システムをセットアップする必要があります。依存ファイルをモッキングし、変数や関数の中身を覗き、セットアップ、解体の手続きを管理する手段が必要です。この節では、優れたテスト環境を作るための方法を説明します。

◆ 6.6.1　ローカルテスト

　まず、ローカルマシンでLambda関数をテストする方法について見てみましょう（ここで作ったテストは、あとで継続的インテグレーション／デプロイパイプラインの一部として実行することになります）。話を面白くするために、6.5.3「ライブラリの使い方」で作った`get-video-list`関数のためのテストを書くことにします。テストの作成、実行を助けるために、Mocha、Chai、Sinon、rewireを使います。

　ターミナルを起動し、6.5.3項で作った関数のディレクトリに移り、次の`npm install`コマンドを実行して、必要なコンポーネントをダウンロードします。

- `npm install mocha -g` —— Mocha（ URL https://mochajs.org/）はJavaScriptテストフレームワーク
- `npm install chai --save-dev` —— Chai（ URL http://chaijs.com/）はテスト駆動開発／振る舞い駆動開発のアサーションライブラリ
- `npm install sinon --save-dev` —— Sinon（ URL http://sinonjs.org/）は、スパイ、スタブ、モックを提供するモッキングフレームワーク
- `npm install rewire --save-dev` —— rewire（ URL https://github.com/jhnns/rewire）は、Node.jsのユニットテストでモンキーパッチや依存ファイルのオーバーライドをするためのフレームワーク

　Lambda関数と言えども、通常のNode.jsアプリケーションと変わるところはないということに注意しなければなりません。なお、好みによって他のJavaScriptフレームワーク、アサーションライブラリなどを使ってかまいません。

6.6.2 テストの作成

モジュールをインストールしたら、testという新しいサブディレクトリを作ります。このサブディレクトリにtest.jsというファイルを作り、テキストエディタで開いてください。ファイルに**リスト6.8**をコピーします。

リスト6.8 get-video-list関数のテスト

```javascript
var chai = require('chai');
var sinon = require('sinon');
var rewire = require('rewire');
var expect = chai.expect;
var assert = chai.assert;

var sampleData = {          // Amazon S3のlistObjects()関数が
    Contents: [             // 呼び出されたとき、呼び出し元に
    {                       // はこのデータが与えられる
        Key: 'file1.mp4',
        bucket: 'my-bucket'
    },
    {
        Key: 'file2.mp4',
        bucket: 'my-bucket'
    }
    ]
}
describe('LambdaFunction', function(){
    var listObjectsStub, callbackSpy, module;
    describe('#execute', function() {
        before(function(done){
            listObjectsStub = sinon.stub().yields(null, sampleData);
            callbackSpy = sinon.spy();     // スパイは関数や変数を監視し、
                                           // 何をしているかを報告する
            var callback = function(error, result) {  // Lambda関数が実行の最後
                callbackSpy.apply(null, arguments);   // に呼び出すcallback関数
                done();     // Mochaにテスト終了を
            }               // 知らせるためにdone()
                            // を呼び出す必要がある
            module = getModule(listObjectsStub);   // getModule()は、Lambda関数のモン
            module.handler(null, null, callback);  // キーパッチバージョンを返す
        })                  // Lambda関数を実行するため
                            // のハンドラを呼び出す
        it('should run our function once', function(){
            expect(callbackSpy).has.been.calledOnce;
        })                  // このテストは、spy関数が一度だ
        it('should have correct results', function(){  // け呼び出されたことをチェック
                            // する（そのため、callback関数も
                            // 一度だけ呼び出されているはず）
```

```javascript
            var result = {
                "baseUrl": "https://s3.amazonaws.com",
                "bucket": "serverless-video-transcoded",
                "urls": [
                    {
                        "Key": sampleData.Contents[0].Key,
                        "bucket": "my-bucket"
                    },
                    {
                        "Key": sampleData.Contents[1].Key,
                        "bucket": "my-bucket"
                    }
                ]
            }
            assert.deepEqual(callbackSpy.args, [[null, result]]);
        })
    })
})

function getModule(listObjects) {
    var rewired = rewire('../index.js');

    rewired.__set__({
        's3': { listObjects: listObjects }
    });

    return rewired;
}
```

Lambda関数からの出力になるはずだと考えているテストデータ

Lambda関数の出力とテストデータを比較し、一致していることを確認する

rewireは、Amazon S3のlistObjects()が呼び出されたときに、代わりにスタブが呼び出されてテストの中で準備したデータが返されるように、Lambda関数にパッチを当てる

　リスト6.8を完成させて関数のディレクトリでmochaを実行すると、**図6.20**のように出力されます。

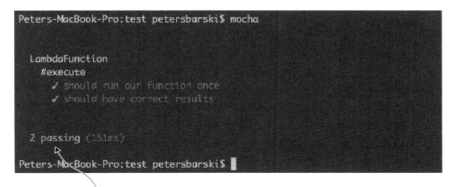

mocha実行後には、何個のテストが合格／不合格になったかが表示される

図6.20　テストの結果。ローカルに実行したり継続的デプロイパイプラインの一部として実行したりすることができる

テストファイルで何が行われているのかを簡単に復習しておきましょう。

- Chai、Sinon、rewire をインポートし、テストデータとして sampleData オブジェクトを作ります。
- `before` フックがスタブ、スパイを作り、`getModule` 関数を呼び出して Lambda 関数のコピーを入手します。Lambda 関数は rewire によってモンキーパッチされており、S3 リクエスト（`s3.listObjects()`）では、テストファイル内で定義したオブジェクトリストが返されます。
- 2つのテストを宣言します。両テストはスパイをチェックします。第1のテストは、AWS Lambda のコールバック関数が一度しか呼び出されていないことをチェックします。第2のテストは、AWS Lambda のコールバック関数に渡された引数が想定どおりのものになっていることをチェックします。第2のテストは、要求／応答型で呼び出された Lambda 関数のレスポンスが正しいことをチェックするすばらしい方法です。

テストは範囲が広く複雑なテーマであり、マスターして正しく実行できるようになるためには時間がかかります。幸い、Lambda 関数のテストは、複雑な Node.js アプリケーションのテストと比べて単純です。今作ったテストとよく似た別のサンプルが必要なら、URL https://gist.github.com/ifraixedes/3330ce0edf9286234b04 が参考になります。

作成するすべての Lambda 関数に対して、テストを書くことをおすすめします。関数を結び付け、依存ファイルをモッキングするテンプレートを作ったら（**リスト6.8**を皆さんのニーズに合わせて流用するところから始めることができます）、新しいテストの作成は比較的簡単になるはずです。

◆ 6.6.3　AWS でのテスト

ローカルマシンですばらしいテストを書き、Lambda 関数を AWS にデプロイしたら、AWS でも関数をテストして、想定どおりに動作することを確認してみてください。すぐに思いつく方法は、コンソールの［テスト］ボタンをクリックして、関数が消費するイベントを与えるというものです。しかし、AWS が提供しているユニット／ロードテストハーネスの設計図（Blueprint）を使えば、もっとスマートにテストをすることができます。この設計図からは、テストしたい Lambda 関数を起動し、結果を DynamoDB テーブルに記録する Lambda 関数が作れます。

これについては、Tim Wagner が最初に「A Simple Serverless Test Harness using AWS Lambda（AWS Lambda を使った単純なサーバーレステストハーネス）」というタイトルでブログに投稿しています（URL http://amzn.to/1Nq37Nx）。このテストハーネスは、次のように構成します。

1. `lambda-dynamo` という新しいロールを作り、インラインポリシーとして `lambda:InvokeFunction` と `dynamodb:PutItem` を追加する。`lambda:InvokeFunction` アクションについては、ARN として `arn:aws:lambda:*:*:*` を設定する

2. DynamoDBに「unit-test-results」という名前の新しいテーブルを作り、パーティションキーに `testId` を設定する。他の設定はデフォルトのままにしておく
3. Lambdaコンソールで［関数の作成］をクリックし、使える設計図のリストからlambda-test-harnessを検索する（**図6.21**）

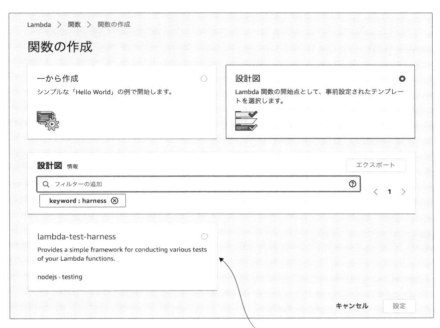

これが、他の関数をテストするために必要な設計図

図6.21 提供されているさまざまな設計図を見れば、新しいアイデアが得られたり、時間を節約できるものが見つかる

4. lambda-test-harness設計図から新しい関数を作成する
5. 関数のロールとしてlambda-dynamoを設定し、タイムアウトは1分のままにしておく

`lambda-test-harness`関数を正しく実行するためには、テストの設定を記述するイベントオブジェクトを作り、テストハーネス関数に渡す必要があります。**リスト6.9**は、この章で作った`get-video-list`関数のテストのための設定例です。`get-video-list`は実行中にイベントを使わないため、イベントが空になっていることに注意してください。

リスト6.9 ユニットテストの設定の例

```
{
    "operation": "unit",           ← 実行したいテストのタイプ: unitまたはload
    "function": "get-video-list",  ← テストしたい関数
    "resultsTable": "unit-test-results",  ← 結果を格納するテーブル
    "testId": "MyTestRun",         ← データベースに保存されるテストのID
    "event":{}
}
```

テストハーネス関数を実行するには、AWSコンソールで関数を開き、［テスト］ボタンをクリックして、テストイベントの設定ダイアログボックスに**リスト6.9**の設定を入力してから、［保存］→［テスト］をクリックします。

関数を実行したら、Amazon DynamoDBのunit-test-resultsテーブルを見て、結果を確かめましょう。ロードテストを実行するときには、設定の［operation］を「unit」から「load」に変え、反復回数を指定します。**リスト6.10**は、関数を50回実行する場合に使える設定を示しています。

リスト6.10 ロードテストの設定の例

```
{
    "operation": "load",    ← こうするとロードテストを実行できる
    "iterations": 50,       ← 関数を何回反復実行するかを指定する
    "function": "get-video-list",
    "resultsTable": "unit-test-results",
    "testId": "MyTestRun",
    "event":{}
}
```

ローカル環境でのテストとAWSでのテストを組み合わせれば、コード変更や改良に自信を持つことができます。テストは手を抜かず、最初からするようにしましょう。

6.7 演習問題

この章ではAWS Lambdaについて多くのことを学びましたが、知識を試すためには演習問題に挑戦する以上の方法はありません。次のことができるかどうか試してみてください。

1. 与えられた文字列が回文かどうかをチェックするLambda関数を書いてください。文字列は環境変数から入手するようにしてください。
2. 6.5.3「ライブラリの使い方」で取り上げたメール送信ライブラリを作り、transcode-video

Lambda 関数に組み込み、新しいトランスコードジョブが作られるたびにメールを送るように関数を書き換えてください。

3. メール送出ライブラリを npm モジュールにパッケージングし、npm リポジトリにデプロイしてください（デプロイの方法の詳細は URL https://docs.npmjs.com/getting-started/creating-node-modules を参照）。ライブラリをデプロイしたら、`npm install <モジュール名> --save` で手持ちの Lambda 関数のどれかにインストールしてください。そして、メールを送信するようにその Lambda 関数を書き換え、テストしてください。

4. 24 時間ごとに自分にメールを送ってくる新しい Lambda 関数を作ってください。作業を自動化することはできるでしょうか。

5. 6.6.2「テストの作成」で作成したテストに失敗するテストを追加し、mocha を実行して、結果がどうなるかを確かめてください。なお、次の問いに移る前に、テストを合格するものに書き換えるか、取り除いてください。

6. 第 3 章と第 5 章で作ったすべての Lambda 関数のためにテストを書いてください。

7. AWS で既存の Lambda 関数をテストするためのユニット／ロードテストハーネスを作ってください。また、新しい DyamoDB レコードが挿入されたときにトリガリングされ、レコードの内容をメールしてくる新しい Lambda 関数を作ってください。

6.8 まとめ

　AWS Lambda のようなコンピュートサービスは、サーバーレスアーキテクチャの心臓であり、すべてのものをつなぐグルー（糊(のり)）です。アプリケーションのバックエンドにもなりますし、システム内の他のサービスの間を取り持つコーディネーターにもなります。この章では、次のテーマについて考えてきました。

- 呼び出しタイプ、イベントモデルなどの AWS Lambda の基本原則
- プログラミングモデル
- バージョニング、エイリアス、環境変数
- CLI の使い方
- 非同期ウォーターフォールやライブラリ作成などのパターン
- Lambda 関数のローカルテストと AWS でのテスト

　次章では、Amazon API Gateway について詳しく説明し、ウェブ／モバイルアプリケーションのための堅牢なバックエンドの作り方について考えていきます。

Amazon API Gateway

この章の内容

- □ Amazon API Gatewayリソース、メソッドの作成と管理
- □ Lambdaプロキシ統合
- □ Amazon API Gatewayのキャッシング、スロットリング、ロギング

サーバーレスアーキテクチャは柔軟です。バックエンド全体を作ることも、複数のサービスを結合するグルー（糊）となって特定の問題を解決することもできます。きちんとしたバックエンドを構築するためには、クライアントとバックエンドサービスの間に入るAPIを開発しなければなりません。AWSでRESTful APIを作るというこの重要なサービスを提供しているのは、Amazon API Gatewayです。

この章では、Amazon API Gatewayをじっくりと見ていきます。APIを構築するための基本的な作業、ステージングやバージョニングの機能、キャッシング、ロギング、リクエストのスロットリングなどを説明します。24-Hour Videoの開発も引き続き進め、Amazon API Gatewayを活用した動画リスト作成機能などを追加します。Amazon API Gatewayは、多くの機能を持つサービスであり、この章だけではとても説明し切れません。この章を読んだら、サンプルAPIを作り、その他の機能を試し、公式ドキュメントを読むことをおすすめします。AWSのほとんどのサービスがそうですが、Amazon API Gatewayは開発が盛んに進められているので、ここで取り上げていない機能が少しあるからといって、驚かないようにしてください。

7.1 インターフェイスとしてのAmazon API Gateway

Amazon API Gatewayは、バックエンドサービス（AWS Lambdaなど）とフロントエンドのクライアントアプリケーション（ウェブ、モバイル、デスクトップ）を結び付けるインターフェイスと考えるとよいでしょう（**図7.1**）。

以前も説明したように、フロントエンドアプリケーションは、サービスと直接やり取りするようにすべきです。しかし、セキュリティやプライバシーの関係から、それが不可能な場合や望まし

くない場合がよくあります。また、バックエンドサービスだけで実行すべき処理もあります。たとえば、すべてのユーザーにメールを送るのは、Lambda関数を使って行うべきです。フロントエンドで行えば、ユーザーのブラウザにすべてのユーザーのメールアドレスをロードすることになりますが、これはセキュリティ、プライバシー上重大な問題であり、あっという間に顧客を失うことになるので絶対に行ってはなりません。ユーザーのブラウザは信用してはいけないものであり、ブラウザ内で機密情報を扱う処理を行ってはなりません。ブラウザは、システムを不安定な状態にしてしまう処理を実行するのにも不向きです。「オペレーション完了までこのウィンドウを閉じないでください」などと表示するウェブサイトがありますが、もってのほかです。そんな脆弱なシステムを作ってはなりません。この種の処理はバックエンドのLambda関数で実行し、完了したときにUIで知らせるようにすべきです。

　サーバーレスアプリケーションが、従来型のサーバーベースのアプリケーションよりも作りやすく、維持しやすいと言われる理由の1つは、Amazon API Gatewayにあります。サーバーベースのシステムでは、EC2インスタンスをプロビジョニングし、ELB（Elastic Load Balancer）でロードバランシングを設定し、各サーバーでソフトウェアを保守しなければなりませんでした。Amazon API Gatewayによってそういったことはすべて不要になります。Amazon API Gatewayを使えば、わずか数分でAPIを定義し、そのAPIにサービスを接続することができます。us-east-1では、Amazon API Gatewayの料金は、受け付けたAPI呼び出し100万回あたり3.5ド

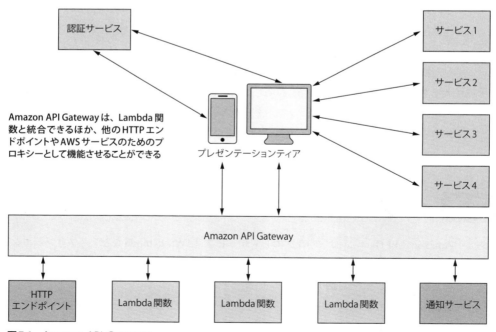

図7.1　Amazon API Gateway

ルであり、多くのアプリケーションで十分許容範囲に入るはずです。それでは、Amazon API Gatewayの重要な機能のいくつかを詳しく見ていきましょう。

◆ 7.1.1　AWSサービスとの統合

第5章では、`user-profile` Lambda関数にAmazon API Gatewayをつなぎました。これは、ウェブサイトがLambda関数にユーザーについての情報を要求できるようにするためです。鋭い方は、AWS Lambdaが4つのオプションの中の1つだったことに気づかれたでしょう。他の3つは、HTTPプロキシ、AWSサービスプロキシ、モック統合です。それぞれについて簡単に説明しておきましょう。

HTTPプロキシ

HTTPプロキシはリクエストを他のHTTPエンドポイントに転送できます。標準HTTPメソッド（HEAD、POST、PUT、GET、PATCH、DELETE、OPTIONS）がサポートされています。HTTPプロキシは、古いAPIの手前にインターフェイスを構築しなければならないときや、目的のエンドポイントに達する前にリクエストを変換／変更しなければならないときに特に役に立ちます。

AWSサービスプロキシ

AWSサービスプロキシは、Lambda関数を介さず、直接AWSサービスを呼び出すことができます。各メソッド（たとえばGET）は、Amazon DynamoDBテーブルへの要素の直接的な追加など、目的のAWSサービスの特定の操作にマッピングされます。テーブルに書き込みができるLambda関数を作るよりも、Amazon DynamoDBに対するプロキシになったほうがはるかに早くなります。サービスプロキシは、基本的なユースケース（リスト表示、追加、削除など）では非常に優れた方法であり、広い範囲のAWSサービスで使えます。しかし、もっと高機能なユースケース（特にロジックを必要とするもの）では、関数を書かなければなりません。

モック統合

モック統合は、他のサービスに統合せずにAmazon API Gatewayからレスポンスを返すために使います。事前テスト用のCORS（Cross-Origin Resource Sharing）リクエストを発行すると、Amazon API Gatewayであらかじめ定義されているレスポンスが返されるようにしたいときに使います。

◆ 7.1.2　キャッシング、スロットリング、ロギング

キャッシング、スロットリング、暗号化、ロギングの機能がなければ、Amazon API Gatewayはあまり役に立つサービスにはなっていなかったでしょう。7.3節「ゲートウェイの最適化」では、これらについて詳しく説明します。キャッシングは、以前計算した結果を返すことによってレイテンシーとバックエンドの負荷を下げます。しかし、キャッシングは簡単ではないので、正しく行うためには注意が必要です。

スロットリングは、トークンバケットアルゴリズムを使ってAPI呼び出しの回数を抑えるものです。これを使えば、1秒あたりの呼び出し回数を制限できるため、バックエンドがリクエストの処理に追いつかなくなることを避けられます。最後に、ロギングは、APIで起きたことをAWS CloudWatchが記録できるようにします。AWS CloudWatchは、すべての送られてきたリクエストと送られたレスポンスをキャッチすることができ、キャッシュヒット、キャッシュミスなどの情報も管理できます。

◆ 7.1.3　ステージングとバージョニング

ステージングとバージョニングは今までにすでに使っている機能です。ステージはAPIの環境です。1つのAPIについて10個までのステージを作ることができます（アカウントあたり60個のAPI）。そして、ステージをどのようにセットアップするかは自由に決められます。私たちは、開発環境、UAT（User Acceptance Test：ユーザー受け入れテスト）環境、本番環境を作ることをおすすめします。個々の開発者のためのステージを作ることもあります。各ステージは、別々に設定でき、ステージ変数を使って異なるエンドポイントを呼び出すことができます（つまり、ステージによって異なるLambda関数、異なるHTTPエンドポイントを呼び出すような設定をすることができます）。

APIがデプロイされるたびに、新たなバージョンが作られます。ミスを犯したときには前のバージョンに戻ることができるので、ロールバックは比較的簡単です。ステージによって異なるバージョンのAPIを参照できるため、ステージごとにアプリケーションの異なるバージョンをサポートできます。

◆ 7.1.4　スクリプティング

Amazon API Gatewayの使い方を覚えようとしているときなら、Amazon API Gatewayをマニュアルで（つまりAWSコンソールを使って）設定してもかまいませんが、それでは長続きせず、堅牢さが足りません。幸い、API定義のためによく使われている形式であるSwagger（ URL http://swagger.io）を使ってAPI全体をスクリプティングできます。既存のAPIをSwaggerにエクスポートすると、新しいAPIとしてSwagger定義をインポートできます。

7.2 Amazon API Gatewayの操作

第5章では、24-Hour Videoのための新しいAPIをプロビジョニングしました。APIは、リソースパス（たとえば/api/user）でアクセスできるリソース（「ユーザー」などのエンティティ）から構成され、個々のリソースは、HTTP動詞（GET、DELETE、POSTなど）で表現される1つ以上の操作を持つことができます（**図7.2**）。

この章では、Amazon API Gatewayに新しいリソースとメソッドを追加して、それをLambda関数につなぐとともに、Lambdaプロキシ統合の使い方を学びます。**図7.3**は、この章で扱う24-Hour Videoシステムのコンポーネントがどれかを示しています。

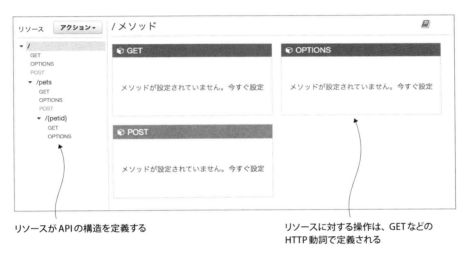

図7.2 API GatewayコンソールでAPIを確認する

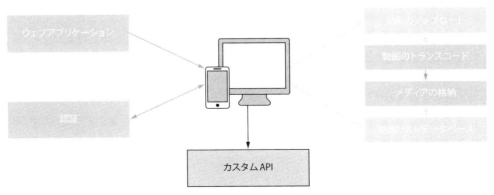

図7.3 本章では24-Hour VideoシステムのうちカスタムAPIを扱う

新しい API の作り方

第5章でAPIを作っていない場合は、ここで作らなければなりません。APIを作るには、AWS コンソールで［API Gateway］を選択し、［APIの作成］ボタンをクリックします。［新しいAPI］ラジオボタンは選択されたままにしておいて、API名（たとえば、「`24-hour-video`」）とオプションで説明を入力します。［APIの作成］をクリックすると、設定した内容が保存されます（**図7.4**）。

APIの名前を設定する。スペースを入れることはできない。また、1024字を超えてはならない

図7.4 APIの作成画面。作れるAPIの数は、AWSアカウントあたり60個に制限されている

7.2.1 プラン

第6章では、S3バケット内の動画のリストを返すLambda関数を作りました。これらの動画は、サイト上で視聴できるようにするとよいでしょう。YouTubeのように、サイトに移動すると動画リストが表示され、リストの動画をすぐに再生できるようにしたいところです。そのためには、ウェブサイトはAmazon API Gatewayを介して、`get-video-list` Lambda関数にリクエストを発行しなければなりません。

そこで、「Videos」という動画のリソースを作り、このリソースのためにGETメソッドを追加します。動画のリストを要求して受け取るためにこのGETメソッドを使います。この章の作業をすべて終えると、24-Hour Videoは**図7.5**のようなものになります。話を少し面白くするために、`encoding`というオプションのURLクエリ文字列を追加します。このパラメータを指定すれば、特定のエンコーディング（たとえば720p、1080p）の動画が返されます。

ただし、あらかじめ注意しておくべきこともあります。まだデータベースがないため、今の段階でしなければならないことは、Lambda関数を作り、Amazon API Gatewayに動画リストを返

すことです。第9章では、Amazon API Gateway や AWS Lambda を使わずに、データベースから直接動画 URL を取得する方法を説明します。

動画とコントロールの表示には、HTML5 の video タグを使う。新しいブラウザはどれも HTML5 の video タグと MPEG-4/H.264 動画形式をサポートしているため、動画の再生で困ることはまずない

図7.5 本章の作業終了後の 24-Hour Video ウェブサイト

◆ 7.2.2　リソースとメソッドの作成

　API Gateway コンソールで、以前に作った 24-hour-video API を選択し、次の手順で Videos というリソースを作ります（**図7.6**）。

1. ［アクション］ドロップダウンリストを選択する
2. 「リソースの作成」を選択する
3. ［リソース名］に「Videos」を設定し、［リソースパス］には「/videos」を設定する。リソースパスは衝突してはならない点に注意が必要（将来、「/videos」という別のリソースを作りたくなっても、ここで作成した「/videos」を削除しなければ作ることはできない）
4. この段階では、［プロキシリソースとして設定］や［API Gateway CORS を有効にする］を選択してはならない
5. ［リソースの作成］をクリックする

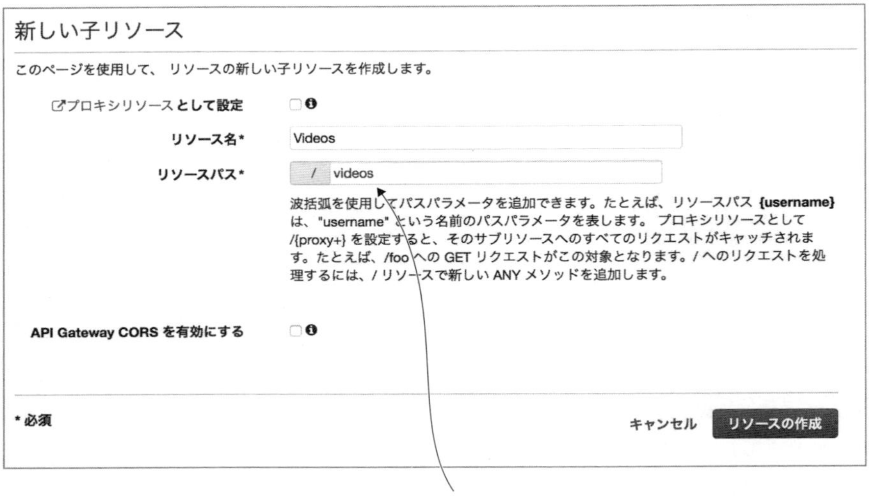

図7.6 リソースの作成画面

リソースパスはスペースを含んではならず、またリソースパスの衝突は認められない

プロキシリソースとCORS

Amazon API Gatewayでリソースを作ると、[プロキシリソースとして設定] というオプションを選択できるようになっています（**図7.6**）。これを有効にすると、{proxy+}のような「欲張りな」パス変数を持つプロキシリソースが作られます。欲張りなパス変数は、親リソースの下のあらゆる子リソースを表します。たとえば、/videos/{proxy+}というパスを指定すると、/videos/abc、/videos/xyzなど、/videos/で始まるあらゆるエンドポイントにリクエストを送れます。これらのリクエストは、すべて自動的に{proxy+}リソースにルーティングされます（{proxy+}は実質的にパスのワイルドカードになっています）。+という記号は、Amazon API Gatewayに、マッチするリソースに対するすべてのリクエストをキャプチャーせよと指示します（ URL https://docs.aws.amazon.com/apigateway/latest/developerguide/api-gateway-set-up-simple-proxy.html#apigatewayproxy-resource）。

[プロキシリソースとして設定] オプションを有効にすると、リソースの下にANYというメソッドも作られます。ANYメソッドを使えば、クライアントは任意のHTTPメソッド（GET、POSTなど）を使ってリソースにアクセスできます。しかし、使いたくなければANYリソースを使う必要はありません。GET、POSTなどの個別のメソッドを作ることができます。

最後に、統合タイプとしてサービスプロキシかHTTPプロキシを選べます。

では、[プロキシリソースとして設定] オプションは、どのようなときに有効にすべきなのでしょうか。答えは、特定の理由やユースケースがあるときだけです。可能であればより成熟したRESTful APIを作るようにして、[プロキシリソースとして設定] を使うのはどうして

も必要なときだけにすることをおすすめします（ URL https://martinfowler.com/articles/richardsonMaturityModel.html）。

最後にもうひとつ付け加えておくと、パス変数、ANYメソッド、プロキシ統合は別々の機能であり、互いに独立して使うことができます。Lambdaプロキシ統合の使い方はこの章で説明しますが、パス変数とANYメソッドについては皆さんで試してみてください。

リソース作成時に選択できるオプションとしては、［API Gateway CORSを有効にする］もあります。［API Gateway CORSを有効にする］は、リソース作成時に安全に選択でき、実際に選択すると、CORSで必要なOPTIONSメソッドが作られます。Lambdaプロキシ統合やHTTPプロキシ統合を使う（本章でも使います）ときには、すべてが自動的にセットアップされます。OPTIONSメソッドが生成されるので、Lambda関数でどのようなCORSヘッダーでも追加設定できます（後ほど解説します）。

しかし、リクエスト／レスポンスを個別にマッピングする場合には、新しいメソッドを作るたびに［アクション］ドロップダウンリストから［CORSの有効化］を実行しなければなりません。［CORSの有効化］を実行すると、メソッドのレスポンスに必須のCORSヘッダーが追加されます。ここで必要なのはこれです。リソース作成時に［API Gateway CORSを有効にする］を選択すると、これよりもわずかに制限が緩いOPTIONSメソッドが生成されることがわかっています（しかし、あとで操作することはできますが）。このチェックボックスを有効にするかどうかは好きなように決めてかまいませんが、［アクション］ドロップダウンリストの［CORSの有効化］オプションのことは忘れないようにしてください。

メソッドの追加

リソースを作ったら、リソースに対するメソッドを作ります。

1. Resourcesサイドバーで［/videos］リソースを選択する
2. ［アクション］→［メソッドの作成］を順に選択する
3. /videosの下に小さなドロップダウンリストボックスが表示されるので、ボックスをクリックして［GET］を選択し、確認のために丸いチェックマークアイコンをクリックする

AWS Lambdaとの統合

GETメソッドの統合のセットアップ画面が表示されているはずです。GETメソッドでLambda関数が呼び出されるように設定します。

1. ［Lambda関数］ラジオボタンを選択する

2. ［Lambdaプロキシ統合の使用］をチェックする（このオプションの意味については7.3節「ゲートウェイの最適化」で後述）
3. ［Lambdaリージョン］ドロップダウンリストから「us-east-1」のようなリージョンを選択する
4. ［Lambda関数］テキストボックスに「`get-video-list`」と入力する。第6章でも触れたように、関数との統合ではエイリアスを使うことが強く推奨される。エイリアスを使えば、イベントソースを再設定せずにバージョンの異なる関数の間で切り替えをすることが可能だからだ。エイリアスは、`get-video-list` Lambda関数の $LATEST バージョンを指していなければならない。エイリアスを使う場合は、［Lambda関数］テキストボックスに「`get-video-list:dev`」と入力する。この中の`dev`の部分がエイリアスの名前となる（図7.7）
5. 保存のために丸いチェックマークアイコンをクリックする
6. ポップアップウィンドウで［OK］をクリックする

Lambdaプロキシ統合

　Lambdaプロキシ統合は、Amazon API GatewayとAWS Lambdaを併用するときに仕事が楽になるオプションです。有効にすると、Amazon API Gatewayは、すべてのリクエストをJSONに変換し、イベントオブジェクトとしてAWS Lambdaに渡します。Lambda関数内では、クエリ文字列、ヘッダー、ステージ変数、パス変数、リクエストコンテキスト、リクエスト本体を取り出すことができます。

　Lambdaプロキシ統合を有効にしなければ、Amazon API GatewayのIntegration Requestセクションでマッピングテンプレートを作り、HTTPリクエストをどのようにJSONにマッピングするかを決めなければなりません。そして、クライアントに情報を返す場合には、Integration Responseマッピングも作らなければならなくなるはずです。Lambdaプロキシ統合が追加される前は、ユーザーは否応なくリクエストとレスポンスを手作業でマッピングしなければなりませんでしたが、特に複雑なマッピングはユーザーの頭痛の種でした。

　Lambdaプロキシ統合を使えば仕事が楽になるというだけでなく、たいていの場合、使ったほうが使わないときよりもよい結果になります。しかし、カスタムでマッピングテンプレートを作ったほうがよい場合もあります（第5章で行ったように）。マッピングを作れば、プロキシ統合でリクエスト全体を渡してしまうのではなく、関数で必要とされるだけの、簡潔でターゲットが絞られた統合ペイロードが作れる場合があります。

　HTTP Request Integrationを選択すると、Lambda Proxy Integrationとよく似た［Use Http Proxy Integration］というオプションが選べます。このオプションを有効にすると、リクエスト全体が指定されたHTTPエンドポイントに転送されます。有効にしなければ、マッピングを指定して自分で新しいリクエストペイロードを作ることができます。

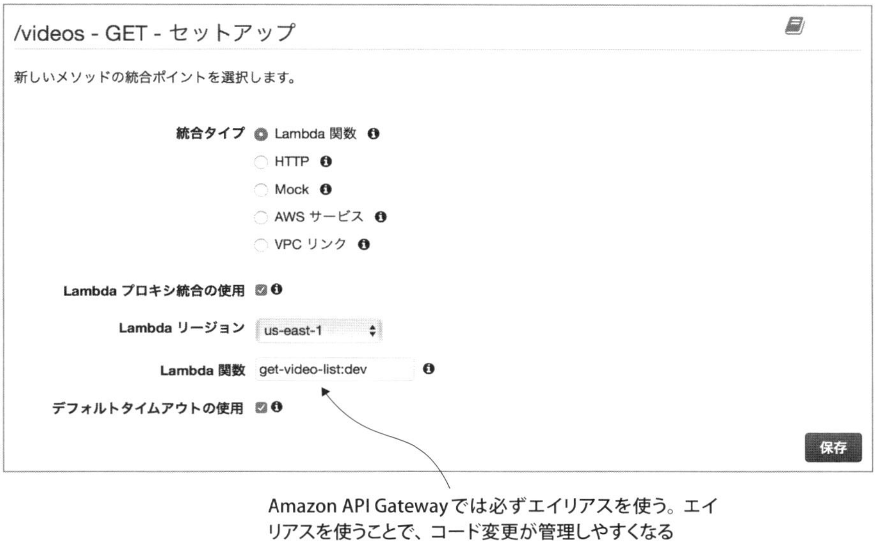

```
/videos - GET - セットアップ
新しいメソッドの統合ポイントを選択します。

                統合タイプ  ● Lambda 関数
                          ○ HTTP
                          ○ Mock
                          ○ AWS サービス
                          ○ VPC リンク
    Lambda プロキシ統合の使用 ☑
          Lambda リージョン  us-east-1
              Lambda 関数   get-video-list:dev
     デフォルトタイムアウトの使用 ☑
                                                    保存
```

Amazon API Gatewayでは必ずエイリアスを使う。エイリアスを使うことで、コード変更が管理しやすくなる

図7.7 Amazon API GatewayとLambda関数の統合

CORSの追加

今までにリソースとGETメソッドを作りました。クライアントがAPIにアクセスできるようにするためには、CORSを有効にしなければなりません。もっとも、それだけなら、どこの誰ともわからないクライアントに/videosに対するGETリクエストを認めることになります。サイトのステージング、本番バージョンを作るときには、要求元を絞り込み、APIにアクセスできるのはあなたのウェブサイトだけに限定することになるでしょう。

1. リソースサイドバーで［/videos］リソースを選択する
2. ［アクション］を選択する
3. ［CORSの有効化］を選択する
4. 設定はすべてそのままにして、［CORSを有効にして既存のCORSヘッダーを置換］をクリックする
5. 確認のためのダイアログボックスが表示されるので、［はい、既存の値を置き換えます］をクリックして終了する

CORSのセキュリティ

セキュリティは重要です。誰かにセキュリティの裏をかかれれば、真新しいサーバーレスシステムの輝きは一度に失われてしまいます。Lambdaプロキシ統合を使うときには、Lambda関数が作るレスポンスにCORS設定を組み込まなければなりません。リクエストとレスポンスを手作業でマッピングすれば、メソッドの統合レスポンスにCORS設定を追加できます。

◆ 7.2.3　メソッド実行の設定

VideosリソースのGETメソッドを選択すると、**図7.8**のようなページが表示されます。このページは設定セクションに分かれていて、それぞれにアクセスできます。

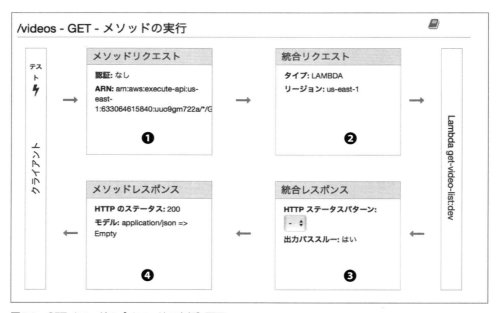

図7.8　GETメソッドの［メソッドの実行］画面

❶ ［メソッドリクエスト］では、このリソースとメソッドの組み合わせに対する公開インターフェイス（ヘッダーと本体）を定義する

❷ ［統合リクエスト］では、バックエンド統合（たとえば、どのLambda関数を呼び出すかなど）を定義する。今回はLambdaプロキシ統合を有効にしたので、HTTPリクエストの要素は、自動的にイベントオブジェクトにマッピングされ、Lambda関数に渡されることとなる。Lambdaプロキシ統合は便利だが、必要な場合には、自分でマッピングを定義することもで

きる（付録 E 参照）

❸ ［統合レスポンス］では、API の呼び出し元が期待する形式にデータをマッピングする方法を定義する。今回は Lambda プロキシ統合を使っているので、ここでしなければならないことは特にない

❹ ［メソッドレスポンス］では、レスポンスのヘッダーと本体の公開インターフェイスを定義する。Lambda プロキシ統合を使っているので、ここでしなければならないことは特にない。しかし、付録 E では、メソッドレスポンスがどのように役立つかを説明している

メソッドリクエスト

［メソッドリクエスト］の部分をクリックするとメソッドリクエストを設定できます。ここではさまざまなことができますが、Lambda プロキシ統合を使っているので、さしあたり関係はありません。付録 E では、この画面の設定の一部について、どのような意味があるかを説明しています。この段階で選択しなければならないオプションは、カスタムオーソライザーだけです。この GET メソッドに対するリクエストを認証するためには、カスタムオーソライザーを設定しなければなりません。［認証］の横にある鉛筆アイコンをクリックし、リストからカスタムオーソライザーを選択してください（このオーソライザーは第 5 章で作ったものです）。**図 7.9** は、この画面を示しています。

図7.9 メソッドリクエストの設定ページで、API の呼び出し元が守り、提供しなければならないインターフェイスと設定を定義する

プロキシ統合とマニュアルマッピング

これは面白いテーマです。本章では、Lambdaプロキシ統合を使ったAPIの作り方を説明しています。しかし、Lambdaプロキシ統合を使わずに同じことをしたい場合には、どうすればよいのでしょうか。イベントオブジェクトを介してLambda関数を細かく管理するためにマッピングを書きたい場合にはどうすればよいのでしょうか。マッピングとモデルを理解していると役に立つので、本書では付録Eを用意して、Lambdaプロキシ統合なしでAPIを実装する方法を説明しています。付録Eで説明しているのは、統合リクエストと統合レスポンスの設定方法です。VTL（Velocity Template Language）の初歩やAmazon API Gatewayで正規表現を使ってHTTPステータスコードを作る方法も説明します。ほとんどの場合はLambdaプロキシ統合を使うことになるはずですが、マッピングを理解したい場合や、Amazon API Gatewayが生成するペイロードを細かく管理したい場合には、付録Eが役に立つでしょう。

Amazon API Gatewayに変更を加えるたびに、デプロイが必要になります。デプロイを忘れると、変更の効果は現れません。デプロイは次のようにして実行します。

1. APIのリソースセクションが選択されていることを確認する
2. ［アクション］ドロップダウンリストボタンをクリックする
3. ［APIのデプロイ］を選択し、ドロップダウンリストからデプロイステージ（dev）を選択する
4. デプロイステージがない場合は、新しいものを作って「dev」という名前を付けておく
5. ［デプロイ］をクリックする

7.2.4 Lambda 関数

Amazon API Gatewayサイドの仕事はほぼ終わりました。Amazon API GatewayはHTTPリクエストをLambda関数に転送し、リクエストはイベントオブジェクトを介してLambda関数に与えられます。関数はリクエスト本体、ヘッダー、クエリ文字列といった役に立つ情報を抽出できます。Lambda関数は、最終的に決められた形式のレスポンスを作って、Amazon API Gatewayがクライアントに返さなければなりません。レスポンスが決められた形式に従っていなければ、Amazon API Gatewayは、クライアントに502（Bad Gateway）エラーを返します。

入力の形式

リスト7.1は、Amazon API GatewayがLambda関数を呼び出したときのイベントオブジェクトの内容を示しています。この例は、encodingというクエリ文字列を伴った基本的なGETリクエストによるものです。簡潔にするために、このリストには凝縮した部分や若干書き換えた部分が

あることに注意してください。

リスト7.1 入力されるイベントオブジェクト

```
{
    resource: '/videos',          ← リソースパス
    path: '/videos',              ← パスパラメータ
    httpMethod: 'GET',            ← リクエストのメソッド名
    headers: {                    ← リクエストヘッダー
        Accept: '*/*',
        'Accept-Encoding': 'gzip, deflate, sdch, br',
        'Accept-Language': 'en-US,en;q=0.8',
        Authorization: 'Bearer eyJ0eXK...',
        'Cache-Control': 'no-cache',
        'CloudFront-Forwarded-Proto': 'https',
        'CloudFront-Is-Desktop-Viewer': 'true',
        'CloudFront-Is-Mobile-Viewer': 'false',
        'CloudFront-Is-SmartTV-Viewer': 'false',
        'CloudFront-Is-Tablet-Viewer': 'false',
        'CloudFront-Viewer-Country': 'AU',
        DNT: '1',
        Host: 'bl5mn437o0.execute-api.us-east-1.amazonaws.com',
        Origin: 'http://127.0.0.1:8100',
        Pragma: 'no-cache',
        Referer: 'http://127.0.0.1:8100/',
        'User-Agent': 'Mozilla/5.0 (Macintosh; Intel Mac OS X 10_12_2) ➡
        AppleWebKit/537.36 (KHTML, like Gecko) Chrome/55.0.2883.95 ➡
        Safari/537.36',
        Via: '1.1 2d7b0cb3d.cloudfront.net (CloudFront)',
        'X-Amz-Cf-Id': 'nbCkMUXzJFGVwkCGg7om97rzrS6n',
        'X-Forwarded-For': '1.128.0.0, 120.147.162.170, 54.239.202.81',
        'X-Forwarded-Port': '443',
        'X-Forwarded-Proto': 'https'
    },
    queryStringParameters: {      ← クエリ文字列
        encoding: '720p'
    },
    pathParameters: null,
    stageVariables: {             ← Amazon API Gateway のステージ変数
        function: 'get-video-list-dev'
    },
    requestContext: {             ← 利用できる識別情報を含むリクエストのコンテキスト
        accountId: '038221756127',
        resourceId: 'e3r6ou',
        stage: 'dev',
        requestId: '534bcd23-e536-11e6-805c-b1e540fbf5c7',
        identity: {
            cognitoIdentityPoolId: null,
            accountId: null,
```

```
            cognitoIdentityId: null,
            caller: null,
            apiKey: null,
            sourceIp: '121.147.161.171',
            accessKey: null,
            cognitoAuthenticationType: null,
            cognitoAuthenticationProvider: null,
            userArn: null,
            userAgent: 'Mozilla/5.0 (Macintosh; Intel Mac OS X 10_12_2) ➡
                ]AppleWebKit/537.36 (KHTML, like Gecko) Chrome/55.0.2883.95 ➡
                Safari/537.36',
            user: null
        },
        resourcePath: '/videos',
        httpMethod: 'GET',
        apiId: 'tlzyo7a7o9'
    },
    body: null,          ←──────────── JSON形式のリクエスト本体
    isBase64Encoded: false
```

出力の形式

　Lambda関数は、**リスト7.2**で定義されるJSONの形式で、コールバック関数からレスポンスを返さなければなりません。形式が一致しない場合、Amazon API Gatewayは、502（Bad Gateway）レスポンスを返します（ URL https://docs.aws.amazon.com/apigateway/latest/developerguide/api-gateway-set-up-simple-proxy.html）。

リスト7.2 AWS Lambdaの出力の形式

```
{
    "statusCode": httpStatusCode,
    "headers": { "headerName": "headerValue", ... },
    "body": "..."
}
```

AWS Lambda の実装

　第6章で`get-video-list`関数を実装しました。今度は、Amazon API Gatewayのもとで使うために、この関数を書き換える必要があります。**リスト7.3**は、Amazon API GatewayとLambdaプロキシ統合を前提とした、新しいバージョンの関数です。今までの実装の代わりにこのリストを使って関数をAWSにデプロイしてください。

リスト7.3 get-video-list Lambda関数

```javascript
'use strict';

var AWS = require('aws-sdk');
var async = require('async');

var s3 = new AWS.S3();

function createErrorResponse(code, message, encoding) {
    var response = {
        'statusCode': code,
        'headers' : {'Access-Control-Allow-Origin' : '*'},
        'body' : JSON.stringify({'code': code, 'messsage' : message,
        'encoding' : encoding})
    }
    return response;
}

function createSuccessResponse(result) {
    var response = {
        'statusCode': 200,
        'headers' : {'Access-Control-Allow-Origin' : '*'},
        'body' : JSON.stringify(result)
    }

    return response;
}

function createBucketParams(next) {
    var params = {
        Bucket: process.env.BUCKET
    };

    next(null, params);
}

function getVideosFromBucket(params, next) {
    s3.listObjects(params, function(err, data){
        if (err) {
            next(err);
        } else {
            next(null, data);
        }
    });
}

function createList(encoding, data, next) {
    var files = [];
    for (var i = 0; i < data.Contents.length; i++) {
```

- この関数は、動画が見つからない場合や、その他のエラーが起きたときに、404または500のHTTPステータスコードを持つレスポンスを作る

- レスポンスには、Access-Control-Allow-Originが含まれていなければならない。このコードの本番バージョンでは、このヘッダーを返すのはドメイン内に制限する必要があることを忘れないように注意

- この関数は、動画が見つかったときのレスポンスを作る。HTTPステータスコード200 (OK) の設定もここで行う

```
            var file = data.Contents[i];
            if (encoding) {      ◀――――――
                var type = file.Key.substr(file.Key.lastIndexOf('-') + 1);
                if (type !== encoding + '.mp4') {
                    continue;
                }
            } else {
                if (file.Key.slice(-4) !== '.mp4') {
                    continue;
                }
            }
            files.push({
                'filename': file.Key,
                'eTag': file.ETag.replace(/"/g,""),   ◀――――――
                'size': file.Size
            });
        }

        var result = {
            domain: process.env.BASE_URL,
            bucket: process.env.BUCKET,
            files: files
        }
        next(null, result)
    }

exports.handler = function(event, context, callback){
    var encoding = null;

    if (event.queryStringParameters && event.queryStringParameters.encoding) {
        encoding = decodeURIComponent(event.queryStringParameters.encoding);
    }

    async.waterfall([createBucketParams, getVideosFromBucket, ➡
  async.apply(createList, encoding)],
        function (err, result) {
            if (err) {
                callback(null, createErrorResponse(500, err, encoding));
            } else {
            if (result.files.length > 0) {
                callback(null, createSuccessResponse(result));
            } else {
                callback(null, createErrorResponse(404, 'No files were found', ➡
              encoding));
```

> 特定のファイル（たとえば、720pバージョンの動画）だけを取得するためのオプションのencodingパラメータを受け付けられるようにする。encodingパラメータが指定されていない場合には、トランスコード済み動画バケットに格納されているすべてのmp4ファイルを返す。ここでのファイルの選択方法は、ファイル名が特定の構造になっていることを前提としたものであり、脆弱な点がある。章末には、改善方法を考える演習問題がある

> replace関数は、ETagから余分なダブルクォートを取り除く

```
            }
        }
    });
};
```

　リスト7.3では、クライアントにエラーを返したいときも含め、いつも`callback(null, response)`を呼び出しています。ユーザーから見てエラーが起きていても、コールバック関数の第1引数が`null`になっているのです。なぜそのようなことをしているのでしょうか。それは、AWS Lambdaから見れば、すべてが正しいからです。関数自体は失敗していません。第2引数はレスポンスであり、エラーがあるときにクライアントに知らせる必要があるかどうかです。幸い、ここにはAmazon API Gatewayがレスポンスとともに送るHTTPステータスコードも設定できます。400、500番台のHTTPステータスコードを送り返さなければならない場合、ペイロードを操作して、`statusCode`引数を好きな値に変えれば、それを簡単に実現できます。コールバック引数の第1引数として`null`を指定するのを忘れると、クライアントはHTTPステータスコードが502のレスポンスを受け取ります。`get-video-list` Lambda関数の実装を更新したら、それをAWSにデプロイします。

Amazon API Gateway でのテスト

　すべてが正しく動作することは、API Gatewayコンソールですぐにテストできます。GETメソッドの［メソッドの実行］画面（**図7.8**）の左側の［テスト］をクリックしてください。［クエリ文字列］テキストボックスに「`encoding=720p`」と入力して、さらに［テスト］ボタンをクリックします。ファイル名の末尾が「-720p.mp4」になっているトランスコード済みファイルがあれば、レスポンス本文にそれらのリストが表示されます（**図7.10**）。720pファイルがなければ、レスポンス本文はHTTPステータスコードが404で、「No files were found」というメッセージを含むものになります。そして、［クエリ文字列］テキストボックスに何も入力しなければ、レスポンス本体には、トランスコード済み動画バケットに格納されているすべてのmp4ファイルのリストが表示されます。

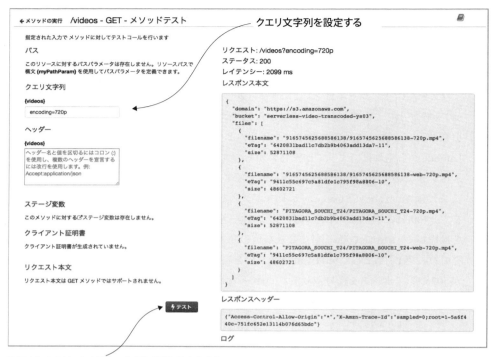

［テスト］をクリックすると、右側に結果が出力される

図7.10 Lambda関数とAmazon API Gatewayのテストが成功したときの画面

7.2.5 ウェブサイトの修正

　Amazon API GatewayとAWS Lambdaの作業は終わりましたが、しなければならないことがあと1つ残っています。動画を表示するために、第5章から開発を始めた24-Hour Videoのウェブサイトに修正を加えなければなりません。ページをロードしたときにユーザーがアップロードした動画が表示されるようにフロントページを変更するとともに、HTML5のvideoタグを使って動画を再生します。主要なブラウザの最新バージョンはどれもvideoタグをサポートしています。

　サイトの修正のために、好みのテキストエディタでindex.htmlを開き、`<div class="container">`から`</div>`までのコードを全部取り除きます。そして、このdivがあった場所に、**リスト7.4**の内容をコピーします。

リスト7.4 ウェブサイトのindex.html

```
<div class="container" id="video-list-container">
    <div id="video-template" class="col-md-6 col">     ← 再生しなければならないすべての動
        <div class="video-card">                          画に対して、このdivをコピーする
            <video width="100%" height="100%" controls>
```

```
                <source type="video/mp4"> Your browser does not support the ➥
                    video tag.
            </video>
        </div>
    </div>
    <div id="video-list" class="row">  ◀── 動画を含むdivのコピーが
    </div>                                  コンテナの前に配置される
</div>
```

次に、Amazon API Gateway に GET リクエストを発行して、フロントページに動画を表示するコードを実装します。そのために、ウェブサイトのjsディレクトリにvideo-controller.jsというファイルを作り、**リスト7.5**の内容をコピーします。

リスト7.5　ウェブサイトのビデオコントローラー

```
var videoController = {
    data: {
        config: null
    },
    uiElements: {
        videoCardTemplate: null,
        videoList: null,
        loadingIndicator: null
    },
    init: function(config) {
        this.uiElements.videoCardTemplate = $('#video-template');
        this.uiElements.videoList = $('#video-list');

        this.data.config = config;

        this.getVideoList();
    },
    getVideoList: function() {
        var that = this;
        var url = this.data.config.apiBaseUrl + '/videos';  ◀──

        $.get(url, function(data, status){
            that.updateVideoFrontpage(data);
        });
    },
    updateVideoFrontpage: function(data) {  ◀──
        var baseUrl = data.domain;
        var bucket = data.bucket;
```

> apiBaseUrlは、config.jsで設定しなければならない。値が正しいものになっており、Amazon API Gatewayで管理している値と一致することをチェックしておく必要がある

> Amazon API Gatewayから返されたそれぞれの動画について、ビデオカードテンプレートのコピーを作り、ソースを設定し、フロントページの動画リストに追加する

> 成功したときの処理しかしておらず、失敗したときには動作しない。特に、レスポンスコードを自分で管理できるようになったので、異なるレスポンスコードをチェックすべきである。本章の末尾には、エラー条件の処理を行う演習問題を用意した

```
        for (var i = 0; i < data.files.length; i++){
            var video = data.files[i];
            var clone = this.uiElements.videoCardTemplate.clone().attr('id', ➡
  'video-' + i);

            clone.find('source')
                .attr('src', baseUrl + '/' + bucket + '/' + video.filename);

            this.uiElements.videoList.prepend(clone);
        }
    }
}
```

jsディレクトリのmain.jsも変更が必要なファイルの1つです。このファイルの内容を**リスト7.6**に置き換えます。

リスト7.6 ウェブサイトのビデオコントローラー

```
(function(){
    $(document).ready(function(){
        userController.init(configConstants);
        videoController.init(configConstants);
    });
}());
```

videoController.init(configConstants)は、getVideoList関数を実行して動画をロードする

最後に、index.htmlの`<script src="js/user-controller.js"></script>`の上に`<script src="js/video-controller.js"></script>`を追加してファイルを保存します。ついにこれでウェブサイトの表示を見られるようになりました。コマンドラインで`npm run start`を実行して、ウェブサイトを立ち上げてみましょう。動画をすでにアップロードしていれば、少し待つと表示されるはずです。動画をまだアップロードしていなければ、アップロードして画面をリフレッシュしましょう。少し待っても動画が表示されないようなら、ブラウザのコンソールで何が起きているのかをチェックしてください。

7.3 ゲートウェイの最適化

7.1「インターフェイスとしてのAmazon API Gateway」で、Amazon API Gatewayのキャッシングやスロットリングの機能についても簡単に触れておきました。これらはサーバーレスアーキテクチャを構築するときに役に立つので、ここではもう少し詳しく説明しておきましょう。この節で触れるオプションは、すべてステージエディターの［設定］に含まれています。［設定］タブには、次のようにして進みます。

1. 24-Hour-Video APIの［ステージ］を選択する
2. ステージリストから［dev］を選択する

7.3.1 スロットリング

先にスロットリング、具体的にはレートとバースト制限について説明しましょう。レートとは、Amazon API Gatewayが1秒にメソッド呼び出しを認める平均回数です。バースト制限は、Amazon API Gatewayが認めるメソッド呼び出しの上限回数です。Amazon API Gatewayは、「1つのAWSアカウントのすべてのAPI、ステージ、メソッドを通じて、10,000rps（rpsは秒あたりのリクエスト数）を定常リクエストレートとし、5,000rpsまでのバーストを認める」とされています（ URL https://docs.aws.amazon.com/apigateway/latest/developerguide/api-gateway-request-throttling.html）。

このデフォルト値は、Amazonに申請すれば増やすことができます。スロットリング機能は、指定されたしきい値以上のHTTPリクエストを認めないことにより、DoS（Denial of Service）攻撃を防ぎます。リクエストのレートを下げ、立て続けに数百のリクエストを生成する簡単なLambda関数を作れば、スロットリングの仕組みはわかるでしょう。

プログラムでなく、自分で試したいときには、次のようにします。

1. ［スロットリングの有効化］チェックボックスにチェックを入れる
2. ［レート］と［バースト］を「5」に変える
3. ［変更を保存］をクリックする（**図7.11**）

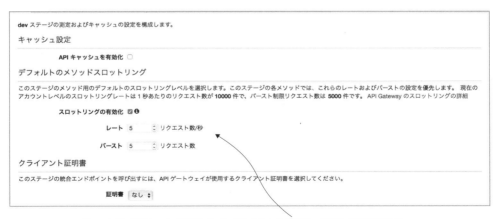

スロットリングのレート（平均）とバーストの2つの設定は、簡単に設定できるが、
制限を引き上げたい場合には、Amazonに申請しなければならない

図7.11 スロットリング機能を有効にする

制限を設定したら、新しいLambda関数を作り、次のリストの内容をコピーします。この関数は、新しい関数を作るときに選択できるhttps-request設計図を基礎としています。

リスト7.7 DoS Lambda関数

```javascript
'use strict';

let https = require('https');

function makeRequests(event, iteration, callback){
    const req = https.request(event.options, (res) => {
        let body = '';
        console.log('Status:', res.statusCode);
        res.setEncoding('utf8');
        res.on('data', (chunk) => body += chunk);
        res.on('end', () => {
            console.log('Successfully processed HTTPS response, iteration: ',
            iteration);

            if (res.headers['content-type'] === 'application/json') {
                console.log(JSON.parse(body));
            }
        });
    });
    return req;
}
exports.handler = (event, context, callback) => {
    for (var i = 0; i < 200; i++) {
        var req = makeRequests(event, i, callback);
        req.end();
    }
};
```

- よくあるリクエストを実行し、ステータスコードとレスポンス本体をログに出力する
- APIに対して200個のリクエストを立て続けに発行する。スロットリングが機能しているかどうかをテストするには、これで十分である

カスタムオーソライザーの無効化

/videosへのGETメソッドに対してカスタムオーソライザーを有効にしている場合は、このテストの実行のために一時的に無効にしてください。[リソース]で/videosの下にある[GET]をクリックし、[メソッドリクエスト]を選択して[認証]ドロップダウンリストを[なし]にします。この変更を有効にするためには、APIをデプロイしなければなりません。スロットリングのテストが終わったら、カスタムオーソライザーの設定を元に戻すことを忘れないようにしましょう。

この関数を実行するためには、［テスト］をクリックし、イベントとして**リスト7.8**の内容をコピーしてください。`hostname`は、APIのホスト名に変更してから［保存］→［テスト］をクリックしてください。

リスト7.8 DoS攻撃を行うLambda関数

```
{
    "options": {
        "hostname":"bd54gbf734.execute-api.us-east-1.amazonaws.com",
        "path":"/dev/videos",
        "method": "GET"
    },
    "data": ""
}
```

← ホスト名は、自環境のAmazon API Gatewayを指すように書き換えておく

このテストは実行に数分かかるかもしれませんが、［ログ出力］の下の部分をスクロールダウンすると、結果がわかります。ここにはすべての結果がキャプチャーされているわけではないので、［実行結果］という見出しの横の［ログ］リンクを選択しましょう。ログをスクロールしてみると、ほとんどのリクエストが成功していないことがわかります。テストを終えたら、レートとバースト制限をまともな値に戻すか、［スロットリングの有効化］のチェックを外しましょう。

7.3.2 ロギング

自分のAPIに対してはAWS CloudWatchのログとメトリクスの計測を有効にすることを強くおすすめします。設定のためには、AWS CloudWatchへの書き込みのアクセス権限を持つIAMロールが必要です。そして、そのロールのARNをAmazon API Gatewayに指定しておかなければなりません。IAMコンソールでAPI Gateway用のロールを作成し、`AmazonAPIGatewayPushToCloudWatchLogs`というポリシーを追加して、`api-gateway-log`という名前を付けます（**図7.12**）。そして、このロールのARNを書き留めておきます。

最後に、Amazon API Gatewayを設定する必要があります。

1. ［API Gateway］画面の左下の［設定］を選択する
2. このロールのARNを［CloudWatchログのロールARN］テキストボックスにペーストして、［保存］をクリックする
3. APIの［ステージ］画面に戻り、ステージを選択する。［ログ］タブを開いた中にある［CloudWatchログを有効化］と［詳細CloudWatchメトリクスを有効化］チェックボックスを選択して、ログを有効にする（**図7.13**）
4. オプションで、リクエスト／レスポンスデータの完全なロギングをオンにすることもできるが、さしあたりはオフにしておく。［変更を保存］を忘れずにクリックする

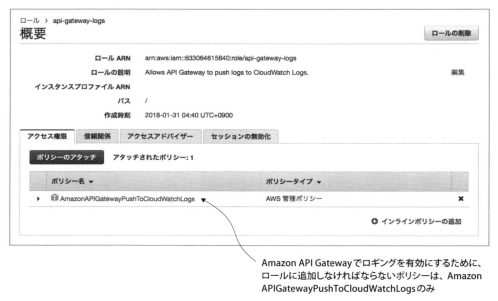

図7.12　Amazon API Gatewayでロギングを有効にする

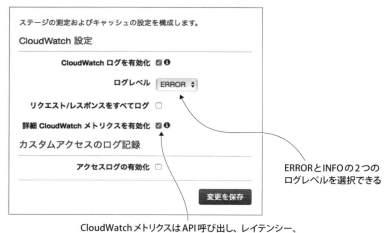

図7.13　Amazon API Gatewayのロギングは常にオンにしておくべき

すべてが正しくセットアップされていることをチェックするためには、次のようにします。

1. AWSコンソールでCloudWatchを開く
2. ［ログ］を選択し、/aws/apigateway/welcomeというロググループを探す

3. ロググループを選択し、最初のログストリームをクリックする
4. 「Cloudwatch logs enabled for API Gateway」のようなメッセージが表示される

Amazon API Gatewayを使い始めると、AWS CloudWatchにログが表示されます。実際、次節ではこのログが役に立ちます。

◆ 7.3.3 キャッシング

AWSのドキュメントには、キャッシングについての優れた説明があります。

APIキャッシュを有効にして応答性を強化する - Amazon API Gateway 開発者ガイド
URL https://docs.aws.amazon.com/apigateway/latest/developerguide/api-gateway-caching.html

キャッシングは、バックエンドサービスを呼び出さずに結果を返して、APIのパフォーマンスを向上できます。キャッシュを有効にするのは簡単ですが、古くなった結果をクライアントに返さないように、キャッシュを無効にすべきケースを把握しておく必要があります。またそれは、キャッシングには使用料がかかるためです。

Amazon API Gatewayのキャッシュは、少量の0.5GBから237GBまでの大きさにすることができます。Amazonは、1時間単位でキャッシュの使用料を取っており、料金はキャッシュサイズによって変わります。0.5GBの場合は1時間あたり0.02ドルですが、237GBなら1時間あたり3.8ドルかかります。料金表は、以下のページに掲載されています。

料金 - Amazon API Gateway｜AWS
URL https://aws.amazon.com/api-gateway/pricing/

キャッシングは難問

計算機科学では、キャッシングの無効化、命名、境界条件エラーという難問があるということはよく言われることです。どのシステムでも適切なキャッシングは難しい問題なので、はじめて設定するときにはいつも試行錯誤が必要になります。

APIのキャッシングを有効にするには、APIのステージエディターの［設定］タブで［APIキャッシュを有効化］にチェックを入れます（**図7.14**）。

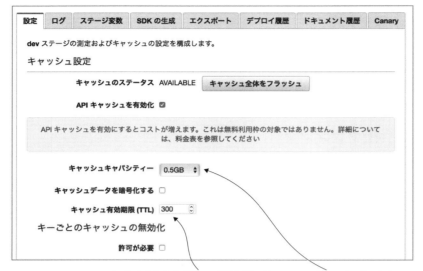

図7.14 APIキャッシュは簡単に有効にできるが、無料ではない

　キャッシングによって何が変わるのでしょうか。エンドポイント（Lambda関数など）の実行にかかる時間が通常どれくらいかによって結果は異なります。クイック&ダーティなテストとして、`get-video-list` APIに、キャッシュあり／なしの環境で500回リクエストを送ってみました。キャッシュなしの場合、全体の実行時間は120,000ミリ秒ほどでしたが、キャッシュありの場合、16,000ミリ秒前後になりました。どれだけの効果が得られるかはまちまちですが、非常によく使われているシステムでは、キャッシングによって違いが現れます。**図7.15**に示すように、実行時間などの結果を確かめられるようになっています。

キャッシングなしの実行時間

キャッシングありの実行時間。キャッシングなしのときよりも短くなった

図7.15 キャッシングによりLambda関数のリクエスト実行時間と料金に大きな差が出た例

他にも、キャッシングに関連して知っているとよいことがいくつかあります。詳しく知りたい場合は、次のページを参照してください。

APIキャッシュを有効にして応答性を強化する - Amazon API Gateway 開発者ガイド
URL https://docs.aws.amazon.com/apigateway/latest/developerguide/api-gateway-caching.html

- AWS CloudWatchのCacheHitCountとCacheHitMissを見れば、キャッシングが効果的に機能しているかどうかを確かめられる
- メソッドごとに、キャッシングの設定をオーバーライドできる。それだけでなく、スロットリングやAWS CloudWatchの設定も、メソッドごとにオーバーライドできる（**図7.16**）

- API Gateway でステージ名の左側にある三角をクリックし、展開する
- メソッドを選び、[このメソッドの上書き]を選択する
- そのメソッドの CloudWatch 設定、キャッシング、スロットリングを変更する
- キャッシュを作った場合、ステージエディター画面の[キャッシュ全体をフラッシュ]ボタンをクリックすれば、フラッシュ／無効化することができる（**図 7.17**）
- カスタムヘッダー、URL パス、クエリ文字列に基づいてレスポンスをキャッシングできる。たとえば、リクエストのクエリ文字列が `/videos?userId=peter` であるか、`/videos?userId=sam` であるかによって、別々にキャッシングされたレスポンスを返すことができる
- クライアントは、`Cache-Control: max-age=0 header` ヘッダーを含むリクエストを送ることによって、特定のキャッシュエントリを無効にすることができる。キャッシュを無効にできるクライアントを制限したい場合には、`InvalidateCache` ポリシーを設定しなければならない
- 認可されなかったキャッシュ無効化リクエストの処理方法は、レスポンスで 403（unauthorized）を返すところから、警告するだけにとどめるところまで幅を持たせることができる

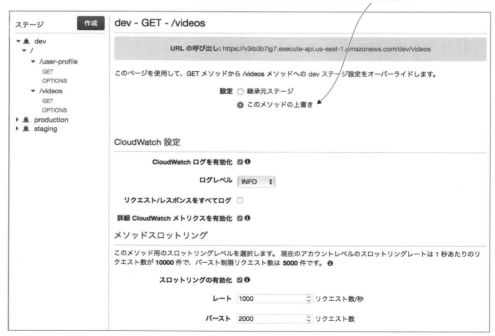

図7.16 メソッドごとに細かく設定を変更できる

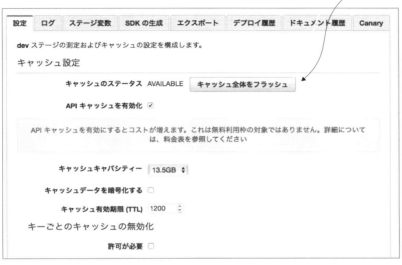

図7.17 ボタンをクリックするだけで、キャッシングを全面的に無効にできる

7.4 ステージとバージョン

　Amazon API Gatewayにとってのステージについてはすでに簡単に触れましたが、ステージとは何かについて突っ込んだ説明はまだしていません。忘れてしまった方のために言っておくと、ステージとはAPIの環境のことです。開発環境、UAT用環境、本番環境などを表すステージを作ることができます。APIは異なるステージにデプロイでき、それぞれに一意なURLを与えることができます。

　ステージには、「キー／値」ペアのステージ変数のサポートという、便利な機能があります。ステージ変数は環境変数として機能します。ステージ変数は、マッピングテンプレート内で使ったり、Lambda関数に渡したり、HTTP/AWS統合URIやAWS統合認証情報の中で使ったりすることができます。

◆ 7.4.1　ステージ変数の作成

　ステージ変数は、次の手順で作ります（**図7.18**）

1. ステージエディターで［ステージ変数］タブを選択する
2. ［ステージ変数の追加］を選択する。名前と値を入力し、チェックマークアイコンをクリックして保存する

各ステージはそれぞれ独立した変数を持っています。3つのステージで使える`function`という変数を持ちたい場合には、3回の作成操作によって、それぞれ独立に作る必要があります。

APIごとに、最大10個のステージを作ることができる

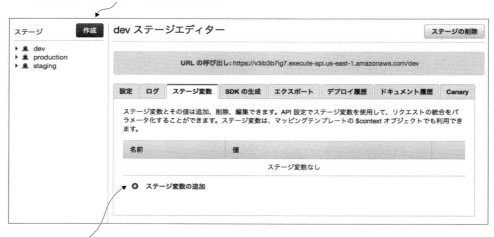

各ステージに固有な変数を追加する

図7.18 変数を参照するステージごとに、変数を追加する

◆ 7.4.2　ステージ変数の使い方

ステージ変数は、マッピング変数内で参照したり、Lambda関数名やHTTP統合URIの代わりに使ったりすることができます。ステージ変数を使うには、`stageVariables.<変数名>`と記述します。VTLの参照の簡略記法により、`$`、`{}`を付けなければならないことがよくあります。詳しくは以下のページを参照してください。

Apache Velocity Engine VTL Reference
URL　https://velocity.apache.org/engine/devel/vtl-reference.html

次に示すのは、前節で作った`function`というステージ変数の参照例です。

`${stageVariables.function}`

統合リクエスト内でLambda関数名の代わりにこのステージ変数を参照したい場合には、直接指定することができます（**図7.19**）。

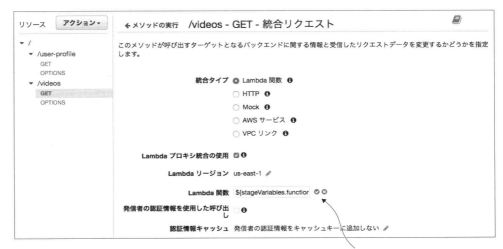

図7.19 ステージ変数をAWSコンソールでマニュアルで設定する例

図7.20は、第2章で触れた本番システム（A Cloud Guru）で使われている実際の例です。このシステムは、production、uat（user acceptance test）、developmentなどのAPI Gatewayステージを持っています。Lambda関数には、`serverless-join:production`、`serverless-join:uat`などのエイリアスがあります。Amazon API Gatewayでステージ変数を使うと、Gatewayは呼び出されたURIに合わせて適切なLambda関数（たとえば、`myapi/staging`と`myapi/production`）を呼び出せるようになります。

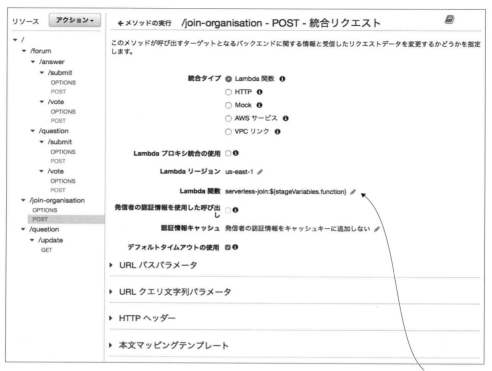

Amazon API Gateway が複数のステージを抱えており、ステージごとに異なる Lambda 関数やエンドポイントを統合しなければならないときには、ステージ変数が欠かせない

このステージ変数は、本番ステージでは production、UAT、ステージでは UAT などに設定されており、それぞれのステージで適切な Lambda 関数を呼び出すために使われる

図7.20 ステージ変数の利用例

◆ 7.4.3　バージョン

　APIの前のデプロイにロールバックしたい場合は、ステージエディターの［デプロイ履歴］タブを使います（**図7.21**）。すべてのデプロイには、リビジョンを見分けやすくするためにタイムスタンプが付けられています（入力していれば説明も表示されます）。異なるバージョンを選択して画面下部の［デプロイの変更］ボタンをクリックすると、そのバージョンに移れます。これは、ミスを犯してしまい、問題点を探している間は古いバージョンに戻さなければならないときに役に立つ機能です。

バージョンを選択し、ページをスクロールダウンして［デプロイの変更］
ボタンをクリックすると、そのバージョンにロールバックする

図7.21 以前のバージョンのAPIに簡単に戻すことができる

7.5 演習問題

この章では、Amazon API Gatewayが持つ多くの機能を取り上げました。次の演習問題を解いて、知識を確かなものにしてください。

1. 7.2節では、Lambdaプロキシ統合を使って`get-video-list`関数を実装しました。付録Eを読み、マニュアルマッピングで改めてこの関数を実装してください。既存の/videosを削除しなくても済むように、新しいリソース（たとえば/videos-manual）を作ってください。
2. **リスト7.5**では、video-controller.jsを実装しました。この実装では、コントローラーはすべての動画をロードしていました。しかし、このコードは、特定のエンコーディングだけを返す`encoding`パラメータもサポートします。720pの動画だけを返すように、**リスト7.5**のGETリクエストを書き換えてください。
3. `get-video-list`関数は、特定のエンコーディングの動画を返すようにしたいときのメカニズムに脆弱な点があります。ファイル名の一部としてエンコーディング（たとえば、720p）が含まれていなければ、このメカニズムは機能しません。これでは、S3バケット内でファイル名を変更してしまうと動作しなくなります。この機能を実装するための方法として、もっと堅牢なものを考えてください。Amazon S3でオブジェクト名を変更しても、エンコーディングの指定通りのファイルを返せるようにしなければなりません。
4. S3バケット内のファイル名を変更できる、新しいLambda関数を作ってください。引数として、ファイルの既存のパスと、新しいキー（ファイル名）を指定できるようにします。リソー

スとPOSTメソッドを作り、このLambda関数に結び付けてください。また、ユーザーが動画のファイル名を変えられるように、24-Hour Videoのユーザーインターフェイスを変更してください。
5. stagingとproductionの2つのステージを作成、設定してください。そして、これら2つのステージにAPIをデプロイしてください。
6. デプロイの1つに対するロールバックを実行し、どのような感じになるかを確かめてください。

7.6 まとめ

この章では、Amazon API Gatewayについて、次のことを中心として詳しく見てきました。

- リソースの作成とGETメソッドの設定の方法
- Lambdaプロキシ統合の使い方
- Lambda関数からAmazon API Gatewayを返してレスポンスを返す方法
- スロットリング、キャッシングの設定方法、使い方とロギングを有効にする方法
- ステージ変数の作り方と使い方

次章では、ストレージをもっと詳しく見ていきます。S3バケットに直接ファイルをアップロードする方法と、Lambda関数を使ってアップローダーにこの処理のためのアクセス権限を与える方法を示します。また、ファイルアクセスの保護と、署名済みURLの生成についても説明します。

第3部

アーキテクチャの拡張

　皆さんは第1部と第2部を読み通してきたわけですが、もっと多くのことを読みたいと思っていることでしょう。ご安心ください。この第3部は、歯ごたえのあるように作ってあります。ファイルとデータストレージはきわめて大切なテーマであり、サーバーレスアプリケーションでこれらがどのように機能するかは理解しておく必要があります。それから、マイクロサービスなどの重要な概念を復習し、分散アーキテクチャにおけるエラー処理について考え、AWS Step Functionなどのその他のAWSサービスについても探ってみます。そして、最後の章のあとに続く付録を読むことが大切です。特に、サーバーレスアプリケーションをスクリプトでデプロイする方法を学ぶために必要な付録Gはぜひ読んでください。

　この第3部では、今までに学んだすべてのことを結合、融合して、さらに先に進みます。サーバーレスアーキテクチャを発展させる方法を学び、サーバーレスのマスターに向かって着実に前進しましょう。

第8章 ストレージ

この章の内容

- Amazon S3のバージョニング、ホスティング、Transfer Accelerationなどの機能
- ブラウザからAmazon S3へのファイルの直接アップロード
- 署名済みURLの作り方と使い方

　皆さんが作るアプリケーションやシステムの多くは、ファイルを格納しなければなりません。ユーザーがアップロードしたプロフィール写真やドキュメント、システムが生成したアーティファクトなどです。一時的なファイルもあれば、長期にわたって保存しなければならないファイルもあります。ファイルを格納するためのサービスとして信頼できるのが、Amazon S3（Simple Storage Service）です。Amazon S3は、2006年3月にスタートしたAmazonのウェブサービスとしては最も古いものの1つで、それ以来ずっと、AWSの中核的なサービスであり続けています。この章では、Amazon S3をもっと詳しく見ていきます。まず、バージョニング、ストレージクラス、Transfer Accelerationなどの機能を紹介してから、24-Hour Videoに新しいストレージ関連の機能を追加します。

8.1 賢いストレージ

　Amazon S3は第3章から使ってきていますが、まだ本格的に説明してはいません。Amazon S3には、基本的なファイルストレージだけでなく、バージョニング、静的ウェブサイトのホスティング、ストレージクラス、クロスリージョンレプリケーション、リクエスター払いバケットなどの多くの優れた機能が含まれています。ここでは、Amazon S3の特に魅力的な機能の一部を紹介し、どのように使ったらよいかを説明します。

>
> **Amazon S3についての詳しい説明**
>
> Amazon S3の機能を漏れなく説明するガイドブックが必要なら、Amazonの優れたドキュメントを読んでください。
>
> Amazon Simple Storage Service 開発者ガイド
> URL https://docs.aws.amazon.com/AmazonS3/latest/dev/Welcome.html
>
> このドキュメントには、Amazon S3の仕組みの優れた説明と例が多数紹介されています。

◆ 8.1.1　バージョニング

　今までは、ファイル（Amazon S3の用語に従えばオブジェクト）の格納のためにAmazon S3の初歩的な機能を使ってきました。第3章では、動画を格納するために2つのS3バケットを作りました。1つはユーザーがファイルをアップロードするためのバケットで、もう1つはトランスコードしたファイルを格納するためのバケットです。これは単純で実践的な使い方ですが、既存のファイルを上書きして消してしまう危険があります。幸い、Amazon S3には、オプションですべてのオブジェクトのすべてのバージョンのコピーを管理する機能があります。この機能を使えば、オブジェクトに上書きをしても、いつでも上書きされたオブジェクトに戻ってくることができます。この機能は非常に強力で、完全に自動化されています。筆者も、うっかりファイルを削除して復元しなければならなくなったときに、バージョニングには何度も助けられています。

　バケットはデフォルトでバージョニングを有効にしているわけではなく、利用するためにはオンにしなければなりません。バージョニングを有効にすると、そのバケットのバージョニングは一時的に停止できるものの、無効にすることはできません。そのため、バケットには次の3つの状態があるということになります。

- バージョニングなし（デフォルト）
- バージョニング有効
- バージョニング一時停止

　当然ながら、バージョニングを有効にすると、Amazon S3の料金は高くなります。しかし、不要になったバージョンは削除できるので、残しておきたくないファイルのために課金されることはありません。S3オブジェクトのライフサイクルルール（8.1.4「オブジェクトのライフサイクル管理」参照）とバージョニングを併用すると、古いバージョンの削除、アーカイブ化を自動化することができます。たとえば、オペレーティングシステムのゴミ箱のように機能するS3バケットをセットアップすることができます（つまり、一定期間、たとえば30日経過したら、ファイルを

バケットから削除するルールをセットアップすることができます）。

バージョニングの使い方

バージョニングは、次の手順で有効にすることができます。

1. AWSコンソールでS3のバケットをクリックし、[プロパティ]をクリックする
2. [バージョニング]をクリックする
3. [バージョニングの有効化]を選択して[保存]をクリックする

これで上書き、削除した、古いバージョンのオブジェクトを自分で復元できるようになります。

1. バケットにいくつかのファイルをアップロードし、すでにバケットにあるファイルを上書きする
2. S3コンソールで、バージョニングを有効にしたバケットをクリックする
3. [バージョン]の横にある[表示]ボタンをクリックして、ダウンロードできるファイルのリストを表示する
4. ダウンロードしたいバージョンを右クリックする（**図8.1**）

バージョニングされているすべてのS3オブジェクトには、一意なバージョンIDが付けられています。**図8.1**からもわかるように、キーは同じでもID（右から2番目の列を参照）が異なるオブジェクトをたくさん作ることができます。プログラムからファイルの特定のバージョンにアクセスするときには、そのIDが必要です。AWS SDKやREST APIを使えば、バージョンIDの取得は難しいことではありません。すべてのオブジェクトとそのバージョンIDを取得することも、特定のキーのバージョンIDを取得することもできます。また、オブジェクトのLastModified（最終変更日時）のようなメタデータを取得することもできます。

バージョンIDがわかれば、ファイルのダウンロードは簡単です。たとえば、REST APIでイメージを取得する場合なら、/my-image.jpg?versionId=L4kqtJlcpXroDTDmpUMLUo HTTP/1.1に対するGETリクエストを発行します。

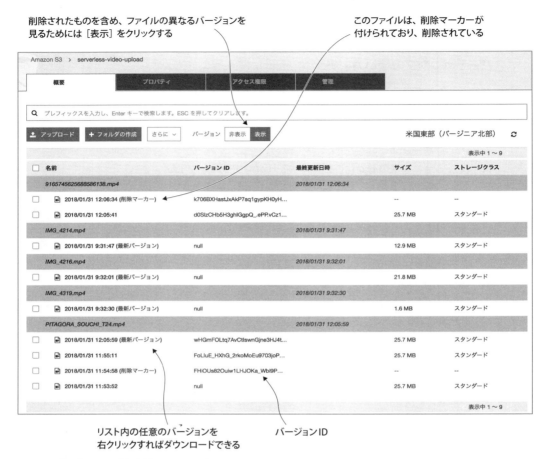

図8.1 バージョニングを有効にしたS3バケット

◆ 8.1.2 静的ウェブサイトのホスティング

　静的ウェブサイトのホスティングは、S3バケットのユースケースとして非常によく見られるものです。Amazon S3はサーバーサイドコード（サーバーで実行しなければならないコード）をサポートしませんが、HTML、CSS、画像、JavaScriptファイルなどのウェブサイトの静的コンテンツをサーブすることはできます。Amazon S3は、手っ取り早く、低コストでセットアップできるので、静的ウェブサイトのホスティングには効果的な方法です。静的ウェブサイトのホスティングを有効にすると、バケット内のコンテンツは、Amazon S3が提供するエンドポイントを介してウェブブラウザからアクセスできるようになります。

> **A Cloud GuruがAmazon S3から移ったわけ**
>
> A Cloud Guru（ URL https://acloud.guru）は、もともとAmazon S3上で静的ウェブサイトをホスティングしていました。AngularJSで作ったこのウェブサイトは、特定のウェブクローラーがかかわってくる部分を除けば、快適に動作していました。しかし、Facebook、Slack、その他のプラットフォームでは、プラットフォームが使っているクローラーがJavaScriptを実行できないために、ウェブサイトのリッチスニペットのレンダリングがうまくいかないことがわかりました。A Cloud Guruは、そういったクローラーがパースできるレンダリング済みの静的HTMLバージョンのウェブサイトを提供することが必要だったのですが、Amazon S3とCloudFrontではできなかったのです。FacebookにレンダリングずみのHTMLバージョンのサイトをサーブし、そこから別の（JavaScript駆動）バージョンを他の人々に提供することはどうしてもできませんでした。結局、A Cloud Guruは、この問題を解決するためにNetlify（静的ウェブサイトホスティングサービス）に移ることにしました。
>
> Netlifyは、prerender.ioというサービスと統合されています。prerender.ioは、JavaScriptを実行して静的HTMLページを作成できます。このHTMLページをクローラーに送ると、一般のユーザーは通常のSPAサイトを使い続けられます。Netlify（ URL https://www.netlify.com）は小規模ですが、チェックする価値のあるすばらしいサービスです。

静的ウェブサイトホスティングの有効化

それでは、静的ウェブサイトホスティングを有効にして、バケットからHTMLを返す手順をたどっていきましょう。

1. Amazon S3内のバケットをクリックして［プロパティ］を選択する
2. ［Static website hosting］をクリックする
3. ［このバケットを使用してウェブサイトをホストする］を選択する
4. ［インデックスドキュメント］テキストボックスにインデックスファイルの名前を入力する（たとえば、「index.html」のような）
5. エンドポイントをメモし（これを使ってウェブサイトにアクセスする）、［保存］ボタンを選択する（**図8.2**）

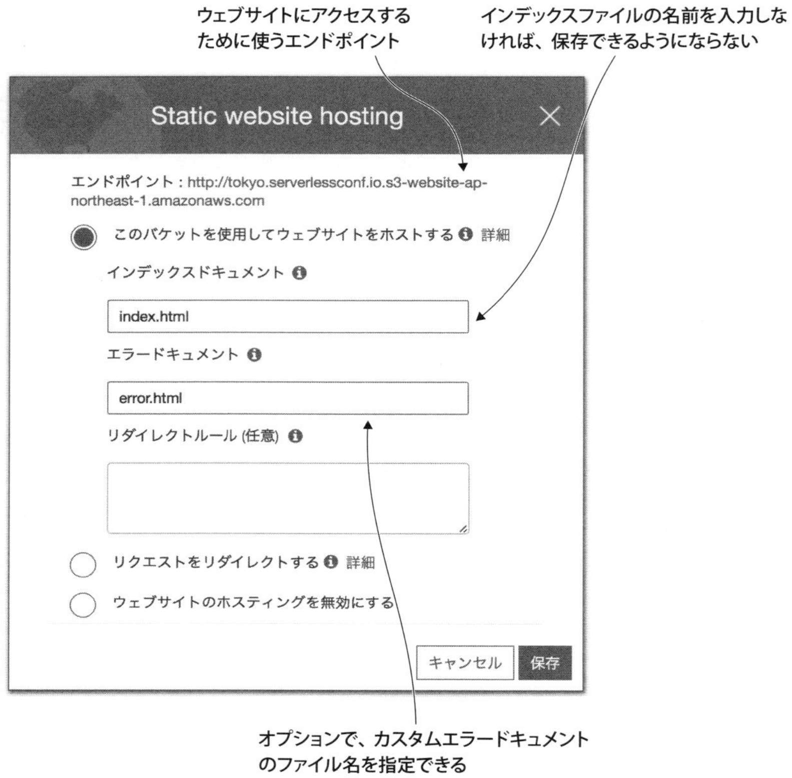

ウェブサイトにアクセスする　　　インデックスファイルの名前を入力しな
ために使うエンドポイント　　　ければ、保存できるようにならない

```
Static website hosting                               ×

エンドポイント : http://tokyo.serverlessconf.io.s3-website-ap-
northeast-1.amazonaws.com

◉ このバケットを使用してウェブサイトをホストする ❶ 詳細
  インデックスドキュメント ❶
  [ index.html ]
  エラードキュメント ❶
  [ error.html ]
  リダイレクトルール (任意) ❶
  [                        ]

○ リクエストをリダイレクトする ❶ 詳細
○ ウェブサイトのホスティングを無効にする

                            [ キャンセル ] [ 保存 ]
```

オプションで、カスタムエラードキュメント
のファイル名を指定できる

図8.2 Amazon S3の静的ウェブサイトホスティングを使えば、低コストで簡単にウェブサイトを運営できる

　次に、誰もがバケット内のオブジェクトにアクセスできるようにするために、バケットポリシーをセットアップする必要があります。

1. バケット内で［アクセス権限］をクリックする
2. ［バケットポリシー］を選択する
3. テキストボックスに**リスト 8.1**をコピーして、［保存］をクリックする

リスト8.1　アクセス権限ポリシー

```
{
    "Version": "2012-10-17",
    "Statement": [
        {
            "Sid": "PublicRead",
            "Effect": "Allow",
            "Principal": "*",
```

```
        "Action": [
            "s3:GetObject"
        ],
        "Resource": [
            "arn:aws:s3:::BUCKET-NAME/*"    ← BUCKET-NAMEの部分は、実際のバケット
        ]                                     名に書き換えなければならない
    }
  ]
}
```

　静的ウェブサイトホスティングが動作しているかどうかをテストするには、バケットにHTMLファイルをアップロードし（「index.html」という名前でなければなりません）、ウェブブラウザでバケットのエンドポイントを開きます。さらにもう1歩先に進みましょう。24-Hour Videoのウェブサイトをバケットにコピーし、開いてみてください（実は、これは章末の演習問題にもなっています）。

ドメイン

　ドメイン名を買って、そのドメインのDNSプロバイダーとしてAmazon Route 53を使うことができます。ただし、その場合は注意が必要です。たとえば、バケットの名前がドメインの名前と一致していなければなりません。たとえば、ドメイン名がwww.google.comなら、バケット名もwww.google.comでなければなりません。S3バケットで独自ドメインをセットアップしたい場合は、以下のドキュメントを参照してください。

例：独自ドメインを使用して静的ウェブサイトをセットアップする
　URL https://docs.aws.amazon.com/AmazonS3/latest/dev/website-hosting-custom-domain-walkthrough.html

---

◆ 8.1.3　ストレージクラス

　バージョニングからは話が離れますが、データが異なればストレージの要件も異なるといってよいでしょう。たとえばログのように、長期間にわたって保存しておかなければならなくてもさほど頻繁にアクセスされないデータもあれば、頻繁にアクセスできるようにしておかなければならないものの、ストレージの信頼性はそれほど必要とされないデータもあります。幸い、Amazon S3は冗長性、アクセス特性、料金が異なる4種類のストレージクラスをサポートしており、さまざまな用途に対応できます。

ストレージクラス - Amazon Simple Storage Service 開発者ガイド
URL https://docs.aws.amazon.com/AmazonS3/latest/dev/storage-class-intro.html

- スタンダード
- Standard_IA（少頻度アクセス）
- Glacier
- Reduced Redundancy（低冗長化ストレージ）

それぞれについて詳しく説明していきますが、その前に料金のことを話しておきましょう。料金は、ストレージクラス、ファイルの場所（リージョン）、格納されているデータの量などの要素から決まります。ここでは、次の前提条件のもとに要件を単純化して話を進めます。

- 無料枠は無視する
- ファイルは米国東部リージョンに格納される
- 1TB 以上のデータを格納しない

要件が異なる場合は、Amazon S3 の料金ページ（ URL https://aws.amazon.com/s3/pricing/）で詳細を確認してください。また、Amazon S3 の料金は、ストレージの他、リクエストとデータ転送にもかかることに注意してください。

スタンダード

これが Amazon S3 のデフォルトストレージクラスです。作成、アップロードしたオブジェクトは、特に他のストレージクラスを指定しない限り、自動的にスタンダードクラスになります。このクラスは、頻繁にアクセスされるデータを対象として設計されています。最初の 1TB では、1GB あたり月額で 0.03 ドルです。このクラスと低頻度アクセス、Glacier クラスの耐久率は 99.999999999% となっています。

Standard_IA（少頻度アクセス）

このクラスは、アクセス頻度の低いデータを対象として設計されています。Amazon は、バックアップ用、あるいは必要なときにすぐにアクセスできるようにしておかなければならない古いデータ用にこのクラスを使うことを推奨しています。リクエストの料金は、スタンダードよりも高く設定されています（スタンダードが 10,000 リクエストあたり 0.004 ドルなのに対し、Standard_IA は 10,000 リクエストあたり 0.01 ドルとなっています）が、ストレージの料金は安くなっています（最初の 1TB では、1GB あたり月額 0.0125 ドル）。

Glacier

Glacierストレージクラスは、アクセス頻度の低いデータを対象として設計されており、データの取得ために3時間から5時間もかかることがあります。リアルタイムアクセスが必要とされない、バックアップなどのデータに最も適したオプションです。Glacierストレージクラスは、Amazon Glacierサービスを使っていますが、オブジェクトはS3コンソールで管理されます。Glacierクラスでは、オブジェクトを0から作ることはできないことに注意しましょう。ライフサイクル管理ルールを使って、オブジェクトをGlacierクラスに移行させることができるだけです。Glacierストレージクラスの料金は、最初の1TBでは、1GBあたり月額0.007ドルです。

Reduced Redundancy（低冗長化ストレージ）

低冗長化ストレージクラス（RRS）は、安い分他のクラスと比べて冗長性が低いクラスです。耐久率が99.99%となっています（他のクラスの耐久率はすべて99.999999999%です）。Amazonは、簡単に作り直せるデータでこのストレージクラスを使うことを推奨しています（たとえば、ユーザーがアップロードしたオリジナルイメージにはスタンダードストレージクラス、自動生成されたサムネイルにはRRSを使います）。当然ながら、RRSの料金は低く設定されており、最初の1TBでは、1GBあたり月額で0.024ドルです。

◆ 8.1.4　オブジェクトのライフサイクル管理

ライフサイクル管理は、オブジェクトの生涯で起こることを定義できるAmazon S3の優れた機能です。基本的に、次のことをするためのルールをセットアップできます。

- オブジェクトの価格の安い、アクセス頻度の低いストレージクラス（少頻度アクセス）への移行
- Glacierストレージクラスを使ったオブジェクトのアーカイブ化（ストレージの料金はさらに安くなるが、ファイルへのリアルタイムアクセスができなくなる）
- オブジェクトの永久的な削除
- 不完全なマルチパートアップロードの終了とクリーンアップ

どのルールも、有効になるまでの時間（ファイル作成時からの日数）を指定しなければなりません。例として、ファイル作成後30日で、オブジェクトをGlacierクラスのストレージにアーカイブ化するルールをセットアップしてみましょう。

ライフサイクル管理の設定

オブジェクトのライフサイクル管理は、次の手順でセットアップします。

1. バケットを開き、[管理] タブをクリックして [ライフサイクル] を選択する
2. [ライフサイクルルールの追加] ボタンをクリックする
3. 「`file archival`」のようなルール名を入力して、[次へ] をクリックする
4. [現行バージョン] チェックボックスをクリックし、[Add transition] リンクをクリックする
5. [移行を追加する] ドロップダウンリストから [Amazon Glacier への移行の期限] を選択し、[日間] テキストボックスに「30」を入力する（**図8.3**）

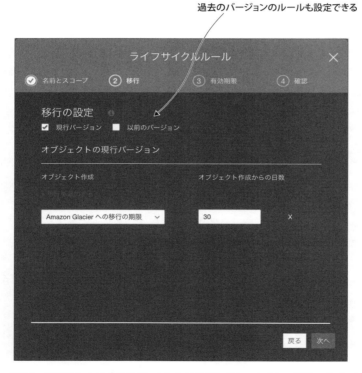

図8.3 複雑なシナリオをサポートしなければならないときに、複数のライフサイクル管理を作成できる

6. [次へ] をクリックし、再び [現行バージョン] チェックボックスをクリックする
7. [オブジェクトの現行バージョンを失効する] テキストボックスに「60」を入力する
8. [不完全なマルチパートアップロードをクリーンアップする] をチェックし、7日のままにする
9. [次へ] をクリックしてから、[保存] をクリックする

あとになってからルールを無効にしたり編集したりしたくなったときには、バケットの [管理] → [ライフサイクル] セクションで変更できます。

8.1.5 Transfer Acceleration

Transfer Accelerationは、Amazon CloudFrontの分散エッジロケーションを使って、通常よりも高速にファイルをアップロード、転送できるAmazon S3の機能です。Amazonは、一元管理されたバケットに世界中のユーザーがデータをアップロードしなければならないとき（これは24-Hour Videoのユースケースになる可能性があります）や、大陸間でGB（またはTB）級のデータを転送するときには、Transfer Accelerationを使うことを推奨しています。

Amazon S3 Transfer Acceleration
URL https://docs.aws.amazon.com/AmazonS3/latest/dev/transfer-acceleration.html

スピード比較ツール（**図8.4**）を使えば、Transfer Accelerationにどれだけの効果があるかを調べられます。

Amazon S3 Transfer Acceleration: Speed Comparison
URL http://s3-accelerate-speedtest.s3-accelerate.amazonaws.com/en/accelerate-speed-comparsion.html

データ転送の料金（送受信）は、Transfer Accelerationで使われるCloudFrontエッジロケーションによって異なりますが、1GBあたり0.04ドルから0.08ドルまでの範囲です。

Transfer Accelerationの有効化

AWSコンソールでは、次の手順でS3バケットのTransfer Accelerationを有効にします。

1. バケットを開き、[プロパティ] を選択する
2. [詳細設定] の [Transfer acceleration] をクリックする
3. [有効] をクリックし、[保存] をクリックする
4. Transfer Accelerationのために使う新しいエンドポイントがすぐに表示される。パフォーマンス向上の効果を知りたいときには、このURLを使わなければならない

[無効] オプションを選択すれば、いつでもTransfer Accelerationを一時的に停止することができます。Transfer Accelerationは、AWS SDKやCLIでも有効にできます。詳細については、
URL https://docs.aws.amazon.com/AmazonS3/latest/dev/transfer-acceleration-examples.htmlを参照してください。

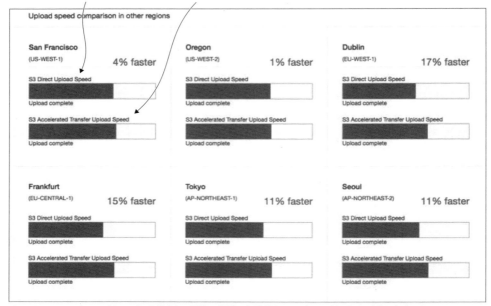

図8.4 Transfer Accelerationは、ユーザーが世界中からファイルをアップロードしてくるときに役立つ

8.1.6 イベント通知

私たちがAmazon S3のイベント通知をはじめて使ったのは、第3章でAWS Lambda、Amazon SNSとバケットを接続したときです。イベント通知の目的は、バケットに次のイベントが発生したときに通知を受け取ることです。

- PUT、POST、COPYやCompleteMultiPartUploadで新しいオブジェクトが作成されたとき
- オブジェクトが削除されたときやDelete Markerが作成されたとき（後者はバージョニングが有効になっている場合に限られる）
- RRS（低冗長化ストレージクラス）のオブジェクトが失われたとき

Amazon S3は、次の送信先に対してイベントを通知できます（バケットとターゲットは同じリージョンになければなりません）。

- Amazon SNS（Simple Notification Service）

- Amazon SQS（Simple Queue Service）
- AWS Lambda

ただし、Amazon S3に対してSNSトピックやSQSキューにメッセージをポストするアクセス権限を認めることが必要です。第3章では、Amazon SNSとAmazon S3にアクセス権限を与えるためにIAMポリシーを操作する方法を示しましたが、SQSキューへのアクセス権限の設定方法はまだ説明していません。**リスト8.2**は、S3イベントの送信先としてSQSキューを使うときに、SQSキューにアタッチしなければならないサンプルポリシーを示しています。当然ながら、Amazon S3にもLambda関数呼び出しのアクセス権限を与えなければなりませんが、S3コンソールを使えば、その部分は自動的に行われます。

リスト8.2 SQSポリシー

```
{
    "Version": "2008-10-17",
    "Id": "MyID",
    "Statement": [
        {
            "Sid": "ExampleID",
            "Effect": "Allow",
            "Principal": {
                "AWS": "*"
            },
            "Action": [
                "SQS:SendMessage"          ← SendMessage SQSアクションを
            ],                                明示的に認めている
            "Resource": "SQS-ARN",
            "Condition": {
                "ArnLike": {
                    "aws:SourceArn":
                    "arn:aws:s3:*:*:YOUR_BUCKET_NAME"   ← YOUR_BUCKET_NAMEの部分は、
                }                                          実際のバケット名に変更する
            }
        }
    ]
}
```

S3イベントの詳細とサンプルコードやIAMポリシーの例については、 URL https://docs.aws.amazon.com/AmazonS3/latest/dev/NotificationHowTo.htmlを参照してください。

イベントメッセージの構造

Amazon S3とAWS Lambda（またはAmazon SNS、Amazon SQS）を併用するときには、S3イベントの理解が大切です。S3イベントは、特定の形式でバケットとオブジェクトの情報を記述するJSONメッセージです。S3イベントメッセージの構造は、第3章3.1.4で`transcode-video`関数をローカルにテストしたときにも簡単に触れましたが、付録Fでさらに詳しく説明してあります。

8.2 セキュアなアップロード

今まで24-Hour Videoをテストしたいときは、S3コンソールを使ってバケットに直接動画ファイルをアップロードしてきました。しかし、これではエンドユーザーには通用しません。エンドユーザーに対しては、24-Hour Videoウェブサイトにファイルをアップロードするためのインターフェイスを作る必要があります。また、どこの誰だかわからない人（つまり「匿名ユーザー」です）にファイルのアップロードを認めるのは避けたいでしょう。登録し、認証を受けたユーザーだけにアップロードを認めるようにしたいところです。本節では、24-Hour Videoにセキュアなアップロード機能を追加します。エンドユーザーは、ウェブサイトでボタンをクリックし、ファイルを選択すればS3バケットに動画をアップロードできるようになります。図8.5は、アーキテクチャのどのコンポーネントを扱うかを示しています。

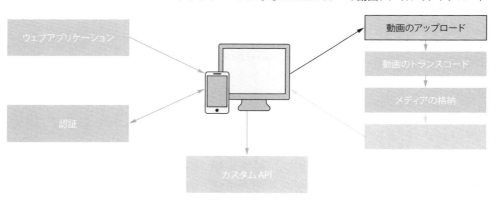

図8.5　24-Hour Videoの中心的な機能の1つ、動画アップロード

8.2.1 アーキテクチャ

ユーザーのブラウザから、バケットに認証されたセキュアな形でファイルをアップロードするには、次のものが必要です。

- 関連情報とアップロードの条件が記述されたセキュリティポリシー（アップロードバケットの名前など）
- 新ファイルを作成するアクセス権限を持っているリソースオーナー（つまり IAM ユーザー）のシークレットアクセスキーを使って作られた HMAC 署名
- 署名の生成に使われるシークレットアクセスキーを持つ IAM ユーザーのアクセスキー ID
- アップロードしたいファイル

まず、Lambda 関数を作ります。この Lambda 関数は、ユーザーを認証し、Amazon S3 にファイルをアップロードするために必要なポリシーと署名を生成します。この情報は、ブラウザに送り返されます。この情報をユーザーのブラウザが受け取ると、HTTP POST を使ってバケットへのアップロードを始めます。エンドユーザーはファイルを選択してアップロードするだけなので、このやり取りはエンドユーザーには見えません。図8.6 は、この処理の完全なフローを示したものです。

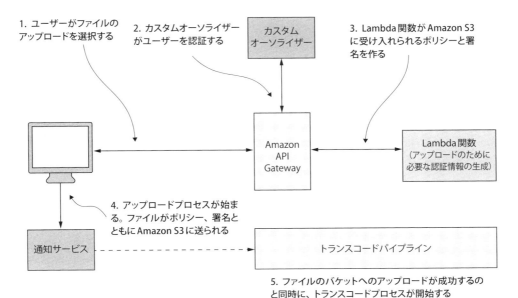

図8.6 アップロードプロセスのフロー

アップロードには、Auth0を使って一時AWS認証情報を手に入れてから、AWS JavaScript SDKを使ってファイルをアップロードするという別の方法もあります。これも有望な方法ですが、ここでは、ポリシーの生成方法と単純なPOSTリクエストを使ったアップロードの方法を説明するためにLambda関数を書くことにしました。また、Lambda関数を持っていると、あとで面白いことをするチャンスが増えます（認証情報要求試行のロギング、データベースの更新、管理者への通知の送信など）。

8.2.2 アップロードポリシーLambda関数

全体を動作させるためにしなければならない作業の手順は次のとおりです。

1. IAMユーザーを作り、このユーザーの認証情報を使って署名を生成する。Amazon S3へのファイルのアップロードを成功させるためには、この署名（および付属するセキュリティポリシー）が必要となる
2. Lambda関数を実装する。この関数が署名とセキュリティポリシーを生成する
3. API GatewayにLambda関数を接続する
4. S3 CORS（Cross-Origin Resource Sharing）設定を更新する。これは、ブラウザからバケットにファイルをアップロードするために必要となる
5. 24-Hour Videoウェブサイトを更新し、ユーザーがファイルを選択、アップロードできるようにする

IAMユーザー

これから作るIAMユーザーには、Amazon S3にファイルをアップロードするために必要なアクセス権限が与えられることになっています。ユーザーに適切なアクセス権限を与えなければ、ファイルのアップロードは失敗します。IAMコンソールでいつものようにIAMユーザーを作り（IAMユーザーの作成方法がわからない場合は、第4章を読み直してください）、「upload-s3」という名前を付けます。ユーザーのアクセスキーIDとシークレットアクセスキーは、セキュアな場所に保存してください。これらの情報はあとで必要になります。そのあとは、以下の手順に従ってください。

1. IAMコンソールで［upload-s3］ユーザーを開く
2. ［アクセス権限］タブの下のほうの［インラインポリシーの追加］を選択する
3. ［JSON］タブを選択して、**リスト8.3**のコードをポリシードキュメント本体にコピーする
4. ［Review policy］ボタンをクリックする
5. ポリシー名として「upload-policy」を設定する

6. [Create Policy] を選択して保存、終了する

リスト8.3 アップロードポリシー

```
{
    "Version": "2012-10-17",
    "Statement": [
        {
            "Effect": "Allow",
            "Action": [
                "s3:ListBucket"
            ],
            "Resource": [
                "arn:aws:s3:::YOUR_UPLOAD_BUCKET_NAME"
            ]
        },
        {
            "Effect": "Allow",
            "Action": [
                "s3:PutObject"
            ],
            "Resource": [
                "arn:aws:s3:::YOUR_UPLOAD_BUCKET_NAME/*"
            ]
        }
    ]
}
```

YOUR_UPLOAD_BUCKET_NAME の部分には、実際のアップロードバケット名を入れる

Lambda 関数

　Lambda 関数が受け取る引数は、ユーザーがアップロードするファイルの名前だけです。関数からの出力は以下のものです。

- ポリシードキュメント
- HMAC（keyed-Hash Message Authentication Code）署名
- オブジェクトのための新しい鍵（同名のファイルをアップロードする他のユーザーとの衝突を避けるために、ファイル名にプレフィックスを追加する）
- IAM ユーザーのアクセスキー ID（ポリシードキュメントを Amazon S3 にアップロードするときには、この鍵を組み込まなければならない。この鍵は公開されているので、セキュリティに悪影響を及ぼすことなく共有できる）
- アップロード先の URL

　Amazon S3 にファイルをアップロードするためには、これらすべての情報が必要です。
　ローカルマシンで今までに作った他の Lambda 関数のうち、いずれかのコピーを作り、名前を

「get-upload-policy」に変更します。そして、package.jsonを適切に更新します（ターミナルから関数をデプロイしたい場合は、deployスクリプト内のARN値か関数名を更新しなければなりません）。また、dependenciesの内容を**リスト8.4**のように書き換えます。依存ファイルをインストールするために、忘れずにターミナルでnpm installを実行してください。

リスト8.4 Lambdaの依存ファイル

```
"dependencies": {
    "async": "^2.0.0",
    "aws-sdk": "^2.3.2",
    "crypto": "0.0.3",
}
```

- "async": Lambda関数の中で非同期ウォーターフォールを使うために必要
- "aws-sdk": AWS-SDKが必要なのはローカルテストのときだけ。デプロイ後はLambdaランタイムが自動的に提供してくれる
- "crypto": ポリシードキュメントから署名を作るために必要

package.jsonを書き換えたら、index.jsに**リスト8.5**をコピーします。

リスト8.5 アップロードポリシー取得用Lambda関数

```
'use strict';

var AWS = require('aws-sdk');
var async = require('async');
var crypto = require('crypto');

var s3 = new AWS.S3();

function createErrorResponse(code, message) {
    var response = {
        'statusCode': code,
        'headers' : {'Access-Control-Allow-Origin' : '*'},
        'body' : JSON.stringify({'message' : message})
    }
    return response;
}

function createSuccessResponse(message) {
    var response = {
        'statusCode': 200,
        'headers' : {'Access-Control-Allow-Origin' : '*'},
        'body' : JSON.stringify(message)
    }
    return response;
}

function base64encode (value) {
    return new Buffer(value).toString('base64');
}
```

base64encode関数は、与えられたバッファー（文字列化されたドキュメント）をbase64形式に変換する

```javascript
function generateExpirationDate() {
    var currentDate = new Date();
    currentDate = currentDate.setDate(currentDate.getDate() + 1);
    return new Date(currentDate).toISOString();
}

function generatePolicyDocument(filename, next) {
    var directory = crypto.randomBytes(20).toString('hex');
    var key = directory + '/' + filename;
    var expiration = generateExpirationDate();
    var policy = {
        'expiration' : expiration,
        'conditions': [
            {key: key},
            {bucket: process.env.UPLOAD_BUCKET},
            {acl: 'private'},
            ['starts-with', '$Content-Type', '']
        ]
    };

    next(null, key, policy);
}

function encode(key, policy, next) {
    var encoding = base64encode(JSON.stringify(policy))
    .replace('\n','');
    next(null, key, policy, encoding);
}

function sign(key, policy, encoding, next) {
    var signature = crypto.createHmac('sha1',
    process.env.SECRET_ACCESS_KEY)
    .update(encoding).digest('base64');
    next(null, key, policy, encoding, signature);
}

exports.handler = function(event, context, callback){
    var filename = null;

    if (event.queryStringParameters &&
    event.queryStringParameters.filename) {
        filename = decodeURIComponent(event.queryStringParameters.filename);
    } else {
        callback(null, createErrorResponse(500,
        'Filename must be provided'));
        return;
    }
```

- generateExpirationDate関数は、1日後の日付を生成する。1日後にポリシーは無効になる。この日付よりもあとにアップロードしても、動作しない。有効期限日付は、ISO 8601 UTC形式でなければならない
- generatePolicyDocument関数は、ポリシードキュメントを作る。ポリシードキュメントとは、実質的にキー/値形式の条件をJSONにまとめたもの
- ここでは面白いことをしている。バケット内の同名のファイルとの衝突を避けるために、ファイル名にプレフィックス（無作為な16進文字列）を追加している
- S3 ACLが満たさなければならない条件を指定する
- encode関数は、ポリシーをbase64形式に変換する
- sign関数は、IAMユーザーのシークレットアクセスキーを使ってポリシーからHMAC署名を作る
- ユーザーがアップロードしたいファイルの名前は、クライアントからAmazon API Gateway経由で関数に渡される

```
            async.waterfall([async.apply(generatePolicyDocument, filename), ➡
  ➤ encode, sign],
            function (err, key, policy, encoding, signature) {
                if (err) {
                    callback(null, createErrorResponse(500, err));
                } else {
                    var result =
                    {
                        signature: signature,
                        encoded_policy: encoding,
                        access_key: process.env.ACCESS_KEY,
                        upload_url: process.env.UPLOAD_URI + '/' ➡
                            + process.env.UPLOAD_BUCKET,
                        key: key
                    }

                    callback(null, createSuccessResponse(result));
                }
            }
        )
    };
```

> ハンドラ関数では非同期ウォーターフォールパターンが使われる。async関数については第6章で示した（各関数が結果を次の関数に渡せるようにする）。最後に、呼び出し元にポリシー、署名、その他のプロパティを返す

　AWSコンソールで新しい空の関数を作り（Lambda関数の作り方は、付録Bで説明しています）、「`get-upload-policy`」という名前を付けます。この関数に「`lambda-s3-execution-role`」ロールを与えます。このロールは付録Bで作ったものです。コンピューターからAWSに関数をデプロイします（ターミナルで`npm run deploy`を実行すればデプロイできますが、package.jsonに適切なARNを設定するのを忘れないようにしてください）。

　最後に、`get-upload-policy`を動作させるために、適切な環境変数を設定しなければなりません。AWSコンソールで`get-upload-policy` Lambda関数を開き、アップロードバケットを定義する`UPLOAD_BUCKET`、作成したupload-s3ユーザーのアクセスキーIDの`ACCESS_KEY`、同じユーザーのシークレットアクセスキーの`SECRET_ACCESS_KEY`、Amazon S3のアップロードURL（`UPLOAD_URI`）を定義する4個の環境変数を追加します（図8.7）。

アクセスキーIDとシークレットアクセスキーは、
セキュリティの強化のために暗号化することもできる

図8.7 環境変数の設定

Amazon API Gateway

では、Amazon API Gatewayに移りましょう。作ったばかりのLambda関数を起動するエンドポイントを作る必要があります。

1. AWSコンソールで［API Gateway］を選び、［24-hour-video］APIをクリックする
2. ［リソース］が選択された状態で［アクション］を選択する
3. メニューから［リソースの作成］を選択し、「s3-policy-document」という名前を付ける
4. ［リソースの作成］を選択して保存する
5. ［リソース］で［s3-policy-document］が選択されていることを確認する
6. ［アクション］→［メソッドの作成］を選択する
7. リソース名のドロップダウンリストから［GET］を選択し、チェックマークアイコンをクリックして保存する
8. そのあとに表示される画面で、以下のことを行う
   - ［Lambda関数］ラジオボタンを選択する
   - ［Lambdaプロキシ統合の使用］をチェックする
   - ［Lambdaリージョン］として「us-east-1」のようなリージョンを設定する
   - ［Lambda関数］テキストボックスに「get-upload-policy」と入力する
   - ［保存］を選択し、表示されたダイアログボックスで［OK］をクリックする
9. 最後にCORSを有効にする
   - ［アクション］→［CORSの有効化］を選択する
   - ［CORSを有効にして既存のCORSヘッダーを置換する］をクリックする
   - ［はい、既存の値を置き換えます］をクリックする

セキュアなアップロードを目指しているので、このメソッドのためにカスタムオーソライザーを有効にします（すでに説明したように、カスタムオーソライザーとは、Amazon API Gatewayが受け取ったリクエストの認可のために呼び出す、特殊なLambda関数のことです）。

- Resouces の /s3-policy-document の下にある［GET］を選択する
- ［メソッドリクエスト］を選択する
- ［認証］の横にある編集アイコンをクリックする
- custom-authorizer を選択する
- チェックマークアイコンをクリックして保存する
- ［メソッドの実行］を選択してメイン画面に戻る

最後に、変更を反映させるためにAmazon API Gatewayをデプロイします（［アクション］ドロップダウンリストの［APIのデプロイ］をクリックします）。これでAWS LambdaとAmazon API Gatewayの部分は完成ですが、AWSの中でしなければならないことがまだ1つ残っています。POSTアップロードが認められるようにするために、バケットのCORS設定を更新し、アップロードしなければなりません。

◆ 8.2.3　S3 CORS 設定

デフォルトのS3 CORS設定は、POSTアップロードを認めていません。これはAWSのデフォルト設定ですが、設定を変えるのは簡単です。S3コンソールのアップロードバケットの設定画面で、次の操作をしてください。

1. ［アクセス権限］をクリックする
2. ［CORSの設定］ボタンを選択する
3. テキストボックスに**リスト8.6**をコピーする
4. ［保存］を選択する

リスト8.6　S3 CORS設定

```xml
<?xml version="1.0" encoding="UTF-8"?>
<CORSConfiguration xmlns="http://s3.amazonaws.com/doc/2006-03-01/">
    <CORSRule>
        <AllowedOrigin>*</AllowedOrigin>
        <AllowedHeader>*</AllowedHeader>
        <AllowedMethod>POST</AllowedMethod>
        <MaxAgeSeconds>3000</MaxAgeSeconds>
    </CORSRule>
</CORSConfiguration>
```

AllowedHeader要素は、どのヘッダーを認めるかを定義する。リクエストを成功させるためには、Access-Control-Request-Headersに含まれているすべてのヘッダーがAllowedHeaderと一致していなければならない

認めようとしているHTTPメソッドはPOSTだけであり、設定の中にGETメソッドが含まれている場合は取り除く

これで、ウェブサイトの変更に移ることができます。

8.2.4 ウェブサイトからのアップロード

24-Hour Videoのウェブサイトにupload-controller.jsという新しいファイルを追加します。jsフォルダー内にこのファイルを作成し、**リスト8.7**の内容をコピーしてください。このファイルは、次のことを目的としています。

- ユーザーがアップロードするファイルを選択できるようにすること
- ポリシーと署名を取得するために、Lambda関数を呼び出すこと
- ファイルをAmazon S3にアップロードすること

リスト8.7 アップロードコントローラーの実装

```javascript
var uploadController = {
    data: {
        config: null
    },
    uiElements: {
        uploadButton: null
    },
    init: function (configConstants) {
        this.data.config = configConstants;
        this.uiElements.uploadButton = $('#upload');
        this.uiElements.uploadButtonContainer = $('#upload-video-button');
        this.uiElements.uploadProgressBar = $('#upload-progress');

        this.wireEvents();
    },
    wireEvents: function () {
        var that = this;
        this.uiElements.uploadButton.on('change', function (result) {
            var file = $('#upload').get(0).files[0];
            var requestDocumentUrl =
              that.data.config.apiBaseUrl +
              '/s3-policy-document?filename=' +
              encodeURI(file.name);   // ← requestDocumentUrlには、作成したAPI GatewayエンドポイントのURLを格納する。また、クエリ文字列にはencodeURIを適用する

            $.get(requestDocumentUrl, function (data, status) {
                that.upload(file, data, that);   // ← ポリシー、署名、その他のプロパティを手に入れるために、Lambda関数にリクエストを送る。応答が返ってきたら、upload関数を呼び出して実際のファイルをアップロードする
            });
        });
    },
    upload: function (file, data, that) {

        this.uiElements.uploadButtonContainer.hide();
```

```javascript
        this.uiElements.uploadProgressBar.show();
        this.uiElements.uploadProgressBar. ↪
         find('.progress-bar').css('width', '0');

        var fd = new FormData();      ← ここでは、データを指定すると簡単にキー／
        fd.append('key', data.key);     値ペアを追加できるFormDataオブジェクトを
        fd.append('acl', 'private');    作っている。このFormDataオブジェクトを使
        fd.append('Content-Type', file.type);  うと、multipart/form-dataエンコーディング
        fd.append('AWSAccessKeyId', data.access_key);  タイプのHTMLフォームが作られる
        fd.append('policy', data.encoded_policy);
        fd.append('signature', data.signature);
        fd.append('file', file, file.name);

        $.ajax({                       ← jQueryを使ってAjax POSTリクエストを実
            url: data.upload_url,        行し、ファイルをアップロードする。URLと
            type: 'POST',                フォームデータを設定しなければならない
            data: fd,
            processData: false,
            contentType: false,
            xhr: this.progress,              この要求では、Authorization bearer
            beforeSend: function (req) {     トークンを使わないので取り除く
                req.setRequestHeader('Authorization', '');  ←
            }
        }).done(function (response) {
            that.uiElements.uploadButtonContainer.show();
            that.uiElements.uploadProgressBar.hide();
            alert('Uploaded Finished');
        }).fail(function (response) {
            that.uiElements.uploadButtonContainer.show();
            that.uiElements.uploadProgressBar.hide();
            alert('Failed to upload');
        })
    },
    progress: function () {                       メインページには、ファイルのアッ
        var xhr = $.ajaxSettings.xhr();           プロードとともに少しずつ伸びるプ
        xhr.upload.onprogress = function (evt) {  ← ログレスバーが表示される
            var percentage = evt.loaded / evt.total * 100;
            $('#upload-progress').find('.progress-bar') ↪
             .css('width', percentage + '%');
        };
        return xhr;
    }
}
```

　ウェブサイトに新ファイルをインクルードするために、index.htmlを開き、`<script src="js/config.js"></script>`の上に`<script src="js/upload-controller.js"></script>`という行を追加します。`<div class="container" id="video-listcontainer">`行の下に、**リスト8.8**の内容（アップロードボタンとプログレスバーのためのHTML）をコピーします。

リスト8.8 index.htmlへの追加部分

```
<span id="upload-video-button" class="btn btn-info btn-file">
    <span class="glyphicon glyphicon-plus"></span>
        <input id="upload" type="file" name="file">     ← ファイルアップロードボタン
</span>

<div class="progress" id="upload-progress">
    <div class="progress-bar progress-bar-info progress-bar-striped
    role="progressbar" aria-valuemin="0" aria-valuemax="100">   ←
    </div>
</div>
```
ファイルアップロードプログレスバー

main.jsを開き、`videoController.init(configConstants);`の下に`uploadController.init(configConstants);`を追加します。そして、cssディレクトリのmain.cssの末尾に、**リスト8.9**の内容をコピーします。

リスト8.9 ウェブサイトのCSSへの追加部分

```
#upload-video-button {   ←
    display: none;
    margin-bottom: 30px;
}
```
ユーザーが認証されていないときには、アップロードボタンとプログレスバーは隠しておく。これらが表示されるのは、ユーザーがシステムにログインしたときだけ

```
.btn-file {
    position: relative;
    overflow: hidden;
}

.btn-file input[type=file] {
    position: absolute;
    top: 0;
    right: 0;
    min-width: 100%;
    min-height: 100%;
    font-size: 100px;
    text-align: right;
    filter: alpha(opacity=0);
    opacity: 0;
    outline: none;
    background: white;
    cursor: inherit;
    display: block;
}

#upload-progress {   ←
    display: none;
}
```
ユーザーが認証されていないときには、アップロードボタンとプログレスバーは隠しておく。これらが表示されるのは、ユーザーがシステムにログインしたときだけ

```
#video-list-container {
    text-align: center;
    padding: 30px 0 30px;
}

.progress {
    background: #1a1a1a;
    margin-top: 6px;
    margin-bottom: 36px;
}
```

最後にもう1つしなければならないことがあります。user-controller.jsを修正して、以下の動作を組み込みます。

- ユーザーがログインしたあとに限りアップロードボタンを表示する
- ユーザーがログアウトしたときにアップロードボタンとプログレスバーを消す
- ファイルのアップロード中にアップロードボタンを消し、プログレスバーを表示する

user-controller.jsに次の編集を加えてください。

- `profileImage: null` の下に `uploadButton: null` を追加する
- `this.uiElements.profileImage = $('#profilepicture');` の下に `this.uiElements.uploadButton = $('#upload-video-button');` を追加する
- `this.uiElements.profileImage.attr('src', profile.picture);` の下に `this.uiElements.uploadButton.css('display', 'inline-block');` を追加する
- `that.uiElements.profileButton.hide();` の下に `that.uiElements.uploadButton.hide();` を追加する

試運転

ターミナルでウェブサイトのディレクトリに移り、`npm start`を実行してウェブサーバーを立ち上げます。ブラウザでウェブサイトを開き、ログインすると、ページの中央に青いボタンが表示されます。このボタンをクリックしてファイルをアップロードします。Chromeブラウザの[デベロッパーツール]を開けば、リクエストを見ることができます。まず、/s3-policy-documentに対するリクエストが発行され、続いてAmazon S3へのアップロードのためのマルチパートPOSTリクエストが発行されます（**図8.8**）。

ここでトランスコード済みバケットを見ると、奇妙なことに気づくでしょう。新しくアップロードされたファイルのキーが、`<guid>/file.mp4`ではなく、`<guid>/file/<guid>/file.mp4`のよ

うになっているのです。第3章で実装した`transcode-video` Lambda関数（**リスト3.1**）を見るまでは、なぜこうなるのかわからないでしょう。この関数は、プレフィックスとして前に付加される OutputKeyPrefixを作っており、それが問題の原因になっています。もともとは、Amazon S3 に直接ファイルをアップロードしていたので、出力プレフィックスを付けることが必要でしたが、今は`upload-policy` Lambda関数の中でマニュアルでプレフィックスを付けているため、プレフィックスを2回付け加えることになってしまったのです。`transcode-video` Lambda関数から`OutputKeyPrefix: outputKey + '/',`という行を取り除き、関数をデプロイし直しましょう。こうすると、問題は解決します。

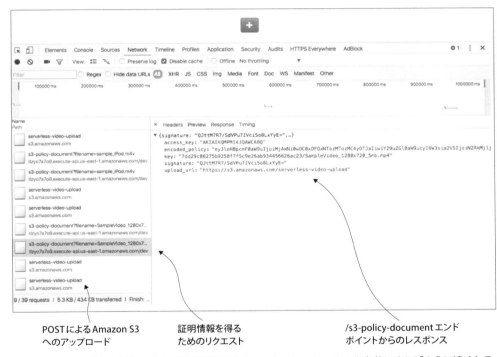

図8.8 Amazon S3へのアップロードは高速だが、Transfer Accelerationを有効にすればさらに速くなる

8.3 ファイルへのアクセス制限

今までは、トランスコード済みの動画ファイルのアクセスを公開していました。しかし、動画ファイルを保護し、認証済みユーザーだけが視聴できるようにしたい場合にはどうすればよいでしょうか。動画視聴を有料にして（帯域幅はタダではありません）、登録して料金を支払ったユーザーだけがファイルにアクセスできるようにしたい場合などです。そのようなシステムを実現す

るためには、次の2つが必要です。

- トランスコード済みバケットで動画ファイルに対する匿名／公開アクセスを無効にすること
- 認可を受けたユーザーのために、動画アクセス用の署名済みで時間制限付きのURLを生成すること

◆ 8.3.1　公開アクセスの無効化

ファイルへの公開アクセスに制限を加えるには、今あるバケットポリシーを削除する必要があります。トランスコード済みバケットのページで、次のようにしてください。

1. ［アクセス権限］をクリックする
2. ［バケットポリシー］をクリックする
3. ［削除］をクリックしてポリシーを削除する

それから、動画のアクセス権限を変更する`set-permissions` Lambda関数のことを思い出してください（第3章で作ったものです）。このLambda関数を削除してもよいのですが、それよりも良い方法はAmazon SNSから切断することです（`set-permissions`は、Amazon SNSの`transcoded-video-notifications`トピックから呼び出されています）。Amazon SNSのサブスクリプションを削除すれば切断できます。

さらに、確実に公開アクセスできないようにするために、各動画ファイルのアクセス権限を変える必要があります。次の手順で変更してください。

1. S3バケットの、個々の動画ファイルをクリックする
2. 開いたダイアログから［アクセス権限］を選択する
3. Everyoneに対するオブジェクトの読み取りに「はい」が含まれていたら、それをクリックし、開いたダイアログですべてのチェックボックスオプションの選択を解除する
4. ［保存］をクリックし、保存する。Everyoneによるオブジェクトの読み取り（パブリックアクセス）はできなくなる

ここで24-Hour Videoをリフレッシュすると、動画に対するすべてのリクエストがステータスコード403（Forbidden）でアクセス禁止になっていることがわかります。

◆ 8.3.2　署名済みURLの生成

次にしなければならないのは、ステータスコード403が返されたりせずに、動画にアクセスできる署名済みURLを生成することです。署名済みURLを生成してクライアントに返せるように、

get-video-list関数に変更を加えましょう。なお、データベースを導入すると、プライベート動画、購読、リスト作成などの機能を実装できるようになります。署名済みURLを使わなくても、誰がどの動画にどれくらいの間アクセスできるかをコントロールできるのです。

動画リスト

まず、署名済みURLを生成して返すように get-video-list Lambda関数を書き換えましょう。createList関数の中の urls.push(file); の行を**リスト8.10**のコードに書き換えます。

リスト8.10 get-video-list Lambda関数の書き換え

```
var params = {Bucket: process.env.BUCKET, Key: file.Key};
var url = s3.getSignedUrl('getObject', params);      ← AWS S3 SDKを使って署名
                                                       済みURLを生成する
files.push({
    'filename': url,
    'eTag': file.ETag.replace(/"/g,""),
    'size': file.Size
});
```

ウェブサイト

24-Hour Videoのvideo-controller.jsに次の行があります。

```
clone.find('source').attr('src',baseUrl + '/' + bucket + '/' + video.filename);
```

これを次のように書き換えます。

```
clone.find('source').attr('src', video.filename);
```

ウェブサイトをリフレッシュして（ウェブサーバーを実行しておいてください）、動画を再び見てみましょう。S3キーだけが返されていた以前とは異なり、完全なURLが送り返されていることがわかるはずです。なお、署名済みURLのデフォルトの有効期限は15分だということを覚えておきましょう。15分後には、新しいURLを得るためにリフレッシュが必要になります。有効期限は、paramsにExpiresプロパティを追加すれば変更できます（整数で秒数を指定します）。次のようにすると、30分有効なURLを作れます。

```
var params = {Bucket: config.BUCKET, Key: file.Key, Expires: 18000}
```

8.4 演習問題

この章では、Amazon S3 の役に立つ機能を説明するとともに、24-Hour Video の動画アップロード機能を実装しました。次の演習問題を解いて、知識を確かなものにしてください。

1. アップロードバケットで Transfer Acceleration を有効にし、実装のその他の部分が新しいエンドポイントを使うように書き換えてください。
2. アップロードバケットをクリーンアップするために、オブジェクトのライフサイクル管理を実装してください。「5 日たったファイルを削除する」というルールをセットアップしてください。
3. アップロードのための認証情報の有効期限は 1 日です。おそらく、それでは長すぎます。有効期限が 2 時間になるように認証情報を書き換えてください。
4. Amazon S3 で新しいバケットを作り、静的ウェブサイトホスティングを有効にしてください。そこに 24-Hour Video ウェブサイトをコピーし、インターネット経由でアクセスできるようにしてください。全体を動作させるためには、Auth0 と config.js に変更を加える必要があります。
5. 現時点では、署名済み URL の有効期限は 15 分です（デフォルト値）。有効期限を 24 時間に変更してください。
6. ユーザーがログインしたときに、`get-video-list` Lambda 関数が呼び出されるように、24-Hour Video ウェブサイトの実装を書き換えてください。認証を受けていないユーザーには、登録して動画を視聴しましょうというメッセージが書かれているメインサイトを表示してください。
7. リスト 8.6 では、バケットの CORS 設定の `AllowedHeader` としてワイルドカードを使っていました。ワイルドカードを使わず、アップロードを機能させるために必要なヘッダーを指定してください。
8. 公開動画と非公開動画を持てるようにする方法を考えてください。次章では、そのための手がかりが得られるはずです。
9. 8.3.1「公開アクセスの無効化」では、個々の動画ファイルのアクセス権限を手作業で変更していました。バケット内のファイルを反復処理して動画ファイルをすべて見つけ出し、アクセス権限を書き換える新しい Lambda 関数を書いてください。

8.5 まとめ

この章では、Amazon S3 の機能を掘り下げ、24-Hour Video に新しい機能を追加しました。8.1 節で説明した Amazon S3 の機能は、ファイル管理で役に立ちます。次のことを学びました。

- さまざまなストレージクラス

- バージョニング
- Transfer Acceleration
- 静的ウェブサイトホスティング
- オブジェクトのライフサイクル管理
- イベント通知

ここで学んだ知識を活用すれば、ストレージサービスを効果的に管理できます。この章では、ユーザーのウェブブラウザから直接ファイルをアップロードする方法や、署名済みURLを生成する方法も説明しました。次章では、Firebaseを消化します。Firebaseはリアルタイムストリーミングデータベースで、サーバーレスアプリケーションにとって強力な助っ人になります。また、データベースという最後のピースを加えて、24-Hour Videoを完成させます。

第9章 データベース

この章の内容
- Firebaseの基礎
- サーバーレスアプリケーションでのFirebaseの使い方

　ほとんどのアプリケーションはデータを格納しなければなりません。そして、ほとんどの場合はデータベースが一般的なソリューションになります。この章では、おすすめするデータベースとしてFirebaseを紹介します。Firebaseは、WebSocketを使ったリアルタイムストリーミング、オフライン機能、宣言的なセキュリティモデルなどの優れた機能を持つNoSQLデータベースです。すぐに始められてスケーラビリティが高く、JSONを知っていればすぐに慣れるという点で優れています。

　ソフトウェア開発の常として、データベースの選択は要件によって変わらなければなりません。アプリケーションがリレーショナルなデータを操作するものなら、リレーショナルデータベースを使ってください。NoSQLのアプローチが適切な場合でも、なんらかの構造が必要なら、MongoDBやCouchDBのようなドキュメントデータベースのほうが役に立つかもしれません。しかし、スケーラブルなキー／バリューストアと高速なルックアップが求められる場合には、Firebaseが優れたソリューションになるでしょう。そして、他の何よりもグラフデータベースが優れているアプリケーションもあります。私たちが言えることは、要件をよく考え、利用できるオプションを評価し、ドメインとアプリケーションにぴったり合うものはどれかを考えて決めるべきだということです。サーバーレスアーキテクチャにもっとも適したデータベースはもちろん、もっとも適したデータベースタイプさえありません。何を選ぶべきかは、目標と要件次第です。

9.1 Firebase入門

　Firebaseは、Googleが開発した認証、メッセージング、ストレージ、ホスティングなどのサービスとデータベースを提供する製品コレクションによって構成されるプラットフォームです。

Firebaseプラットフォームを構成する製品群は面白く役に立ちますが、この章ではデータベースだけを取り上げます。Firebaseデータベースは、リアルタイム、スキーマレス、クラウドホスティングのNoSQLデータベースです（ここからは、Firebaseといえばプラットフォーム全体のことではなくデータベースのことだと考えてください）。Firebaseは、HTTPを介して（WebSocketを使って）クライアントとデータを同期することができ、ここにリアルタイムという性質がかかわってきます。クライアントがオフラインになり、再びオンラインに戻ってきたときに、データを同期します。Firebaseは、データをJSON形式で格納するため、わかりやすくデータを編集しやすいデータベースになっています。しかし、単純だということは制限があるということです。Firebaseは、構造化やデータのクエリでは柔軟性がありません。冗長性が大きくなることがありますが、これはデフォルトで非正規化されているデータベースの自然な副作用です。

◆ 9.1.1　データ構造

　Firebaseではデータはどのように格納されているのでしょうか。すでに触れたように、FirebaseはデータをJSONオブジェクトとして格納します。データはノードとして格納され、キーと対応付けられます。キーはあなたが指定したものか、データベースが生成したものです（操作はいつでもキーとバリューのペアを使います）。皆さんに特に言っておきたいのは、できる限りデータをフラットな構造にして非正規化することです。**図9.1**は、Firebaseデータベースとそのデータ構造がどのようになっているかを示しています。

　Firebaseのデータベース構造化ガイド（ URL https://firebase.google.com/docs/database/web/structure-data）は、データ構造を考えるときは次の点を考慮すべきだと述べています。

- **データをネストしない**── Firebase Realtime Databaseでは、最大32レベルの深さまでデータをネストできるため、これがデフォルトの構造であると考えられることも多いでしょう。ただし、データベース内の特定の場所にあるデータをフェッチすると、そのすべての子ノードも取得されます。また、データベース内のノードの読み取りアクセス権や書き込みアクセス権をあるユーザーに付与すると、そのノードの下位にあるすべてのデータへのアクセス権もそのユーザーに付与することになります。
- **データ構造を平坦化する**── データを複数のパスに分割する（非正規化とも呼びます）と、必要に応じて、データを個別の呼び出しで効率的にダウンロードできます。
- **多対多の関係が必要なときには、両方の側でエンティティの関係を格納するようにしたほうがよい**── こうするとデータが重複し、関連データを変更するときには2つの更新が必要になります。Firebaseが示している実例に少し変更を加えたものを**リスト9.1**に示します。

リスト9.1 多対多の関係

```
{
    "users": {
        "psbarski" : {
            "name" : "Peter Sbarski",
            "groups" : {
                "serverlessheroes": true,
                "acloudguru" : true
            }
        }
    },
    "groups" : {
        "serverlessheroes" : {
            "name" : "Serverless Heroes",
            "members" : {
                "psbarski" : true,
                "acollins" : true,
                "skroonenburg" : true
            }
        }
    }
}
```

ユーザーはグループに所属し、グループは複数のユーザーを抱えている。この多対多の関係は、Firebaseでは明示的に指定することができる。これによりユーザーが所属するグループをリストして、それらのグループのデータだけを的確にフェッチできる。ただし関係が変更されたときには、データベースに対する2つの書き込みか更新が必要になる。詳細と実例はhttps://firebase.google.com/docs/database/web/structure-data を参照

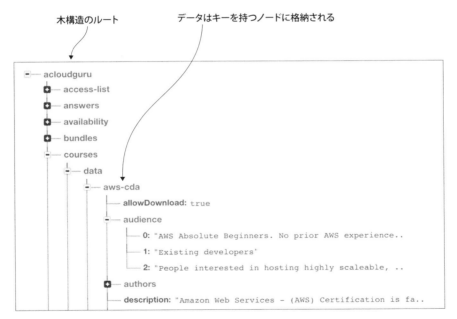

図9.1 データベース構造の例（オンライン学習管理システムA Cloud Guruのデータベースより）

◆ 9.1.2　セキュリティルール

Firebaseデータベースルールは、いつ、誰がデータを読み書きできるか、データがどのように構造化されるか、どのようなインデックスがなければならないかなどを定義しています。そのうち、まずはセキュリティから始めることにしましょう。セキュリティルールには、4つの種類があります（詳細は URL https://firebase.google.com/docs/database/security/ を参照）。

- `.read`と`.write` —— ユーザーがデータを読み書きできるか、いつ読み書きできるかを指定します。このルールはカスケードします。つまり、/abc/ に対する読み出しアクセスが認められていれば、明示的にオーバーライドされていない限り、自動的に /abc/123/ や /abc/123/xyz/ の読み出しも認められます。
- `.validate` —— 正しい値がどのようなものかを定義します。`.read`、`.write`ルールとは異なり、`.validate`ルールはカスケードせず、`true`と評価されなければ成功しません。
- `.indexOn` —— 順序付けやクエリをサポートするためのインデックスを定義します。

ルールの中で使える次のような定義済みの変数があります。

- `now` —— Linuxエポックからの、ミリ秒単位で指定した現在の時刻
- `root` —— データベースのルート
- `newData` —— 書き込まれようとしている新データ
- `data` —— 現在のデータ（新しいオペレーションが行われる前）
- `auth` —— 認証されたユーザーのトークンの内容
- `$（変数）` —— IDとダイナミックキーを表すために使われるワイルドカード

Firebaseのバリデーションルールの例を見ておきましょう。

リスト9.2　Firebaseのバリデーションルールの例

```
"$answer_id": {
    ".validate": "newData.isNumber() && (newData.val() == -1 || newData.val() == 1)"
}
```

> このルールは、書き込まれようとしている新しいデータが数値で、−1か1であることをチェックしている

リスト9.2のルールはごく単純なものですが、データの読み書き、バリデーションのために書けるルールがどのようなものか、イメージをつかむことはできるでしょう。セキュリティルールの詳細は、 URL https://firebase.google.com/docs/database/security/securing-data で説明されています。

9.2 24-Hour VideoへのFirebaseの追加

それでは、24-Hour VideoにFirebaseを統合し、ユーザーがアップロードした動画についての情報をFirebaseに格納しましょう。Firebaseを選んだのは、このアプリケーションではリレーショナルデータベースは不要だからです。それに、リアルタイムのストリーミング更新は、ユーザーエクスペリエンスとして優れています。ユーザーインターフェイスにFirebaseをバインドすれば、Firebase内のデータが変更されると自動的にUIが更新されます。

24-Hour Videoは、次のようにしてデータベースとやり取りします。

- ウェブサイトがFirebaseから動画ファイルの名前を読み出します。これの前にS3のドメインを付ければ、動画の完全なURLを作ることができます。これにより、`get-video-list`関数は不要になります。
- ユーザーが動画をアップロードすると、新しい動画が処理中だということをFirebaseに知らせるために、`transcode-video` Lambda関数（既存）がFirebaseに書き込みをします。すると、動画が追加されようとしていることをユーザーに知らせるために、ウェブサイトにスピナーの動画を表示することができます。
- 動画がトランスコードされたら、トランスコードされたファイルのS3キーなど、必要な情報を送ってFirebaseを更新する新しいLambda関数を実行します。すると、ループが終了し、ウェブサイトは新しい動画を表示、再生できるようになります。

図9.2は、これから実装しようとしているコンポーネントが全体の中でどこに位置しているのかを示しています。

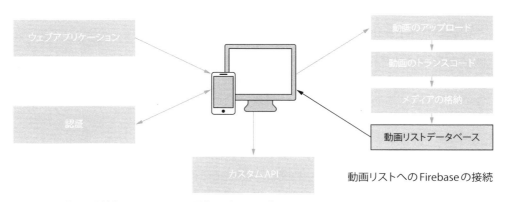

図9.2 Firebaseを追加してシステムの最後の重要コンポーネントを実装する

◆ 9.2.1 アーキテクチャ

では、構築しようとしているアーキテクチャについて説明しましょう。この章が終わると、第3章から構築してきたイベント駆動パイプラインが完成します。ユーザーは動画をアップロードし、動画がトランスコードされていることをウェブサイトの表示から知り、トランスコード後の新しい動画を見ることができるようになります。ウェブサイトへの更新のプッシュにはFirebaseを使います。これにより、すばらしいユーザーエクスペリエンスが得られるようになります。図9.3は、このフローを示したものです。

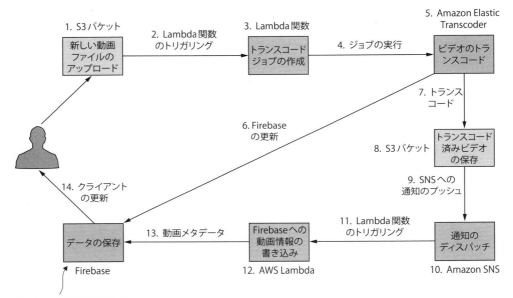

図9.3 第3章から作り始めたアーキテクチャへの修正

この章で行う作業のプランは、次のとおりです。

1. Firebaseのアカウントとデータベースを作る
2. Firebaseに動画メタデータを保存する新しいLambda関数を作る（この関数を呼び出すために、第3章で作ったSNSトピックに変更を加える必要がある）
3. Firebaseにプレースホルダー情報を保存するように`transcode-video`関数を書き換える（これにより、動画がトランスコード処理中だということをユーザーに示せるようになる）
4. Firebaseにアクセスするようにウェブサイトを書き換える。第8章で署名済みURLを実装した場合は、データベースから関連データ（つまりS3キー）を入手したあとで動画のURL

を得るために、この関数を呼び出す必要がある。前章でセキュアな URL を実装していない場合は、Firebase に動画ファイルの直接的な URL を格納できる

　第8章でファイルへのアクセスを保護する方法を説明し、章末で署名済みURLを生成するための方法を実装しました。データベースを軌道に乗せるために、最初は署名済みURLのことを無視しますが、この章のあとのほうで再び署名済み URL に戻り、Firebaseを使ってすべてが機能する方法を考えます。今までテストしてきた動画ファイルがある場合は、Amazon S3で公開アクセス／再生できるようにしておいてください（基本的に、8.3.1「公開アクセスの無効化」で行った設定を元に戻さなければなりません）。それでこの項で行うべきことは終わりです。

◆ 9.2.2　Firebase のセットアップ

それでは Firebase アカウントと Firebase データベースをセットアップしましょう。

1. `URL` https://firebase.google.com に行き、新しいアカウントを作る
2. アカウントを登録したら、メインコンソールに入り、［プロジェクトを追加］を選択する
3. ポップアップウィンドウでプロジェクトの名前を指定し（24-hour-video など）、リージョンを選択する
4. Firebase にはデータベース以外にも面白い製品がたくさんある（**図9.4**）。しかし、今は左側のメニューから［DEVELOP］→［Database］を選択する

データベースはFirebaseが提供する製品の1つにすぎない。ストレージ、ウェブアプリケーションのホスティング、クラッシュ報告、通知、アナリティクスなどのサービスも提供されている。多くのサービスは、モバイル（iOSとAndroid）開発を目的としている

Firebase データベースをセットアップするため［Database］を選択する

図9.4　Firebaseはたくさんのサービスを提供している

5. 自分が空のデータベースを持っていることを確認する（データはあとで追加する）。作成したデータベースの URL をメモしておく（**図 9.5**）

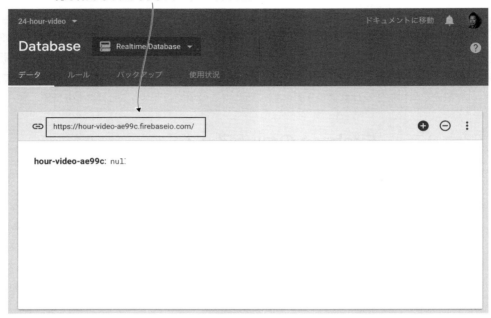

図 9.5 24-Hour Video ウェブサイトは、この URL を介してデータベースにアクセスする

24-Hour Video ウェブサイトは、Firebase に直接アクセスしてデータを読み出します。さしあたり、仕事を簡単にするために、ウェブサイトは Firebase から認証を受けなくてもデータベースにアクセスできるようにします。読み出しアクセスの保護は、この章のあとのほうで追加します。

1. 先ほどと同じ Database コンソールでトップメニューから［ルール］を選択する
2. テキストボックスに**リスト 9.3** のセキュリティルールをコピーする
3. コピーが終了したら、［公開］を選択する

リスト 9.3 Firebase のルール

```
{
    "rules": {
        ".read": "true",
        ".write": "auth != null"
    }
}
```

← データベースからは誰でもデータを読み出せるようにする

← データベースに書き込みを行うエンティティは依然として認証を必要とする

◆ 9.2.3　動画トランスコードLambdaの修正

　24-Hour Videoウェブサイトで動画をアップロードするユーザーになったつもりで考えてみましょう。ユーザーからすれば、動画のアップロードが成功したのか、再生できる状態になっているのか、再生できるとしてそれはいつからなのかを知りたいところでしょう。また、（トランスコードの関係など）なんらかの理由で動画が再生できる状態にならなければ、メッセージやロード中を示す動画で、そのことを知る手がかりが欲しいところです。これは、ファイルのAmazon S3へのアップロード中にプログレスバーを表示し、アップロードされたファイルが処理、トランスコードされていることをプレースホルダーイメージの動きで表現すれば実現できます。

　プログレスバーは簡単です。アップロードの状況をモニタリングして、それに合わせてプログレスバーを先に進める、ちょっとしたコードを書けばよいのです。プレースホルダーイメージも簡単です。新しい動画がAmazon Elastic Transcoderに送られるたびに、Firebaseに情報を書き込み、プレースホルダーレコードを挿入するように`transcode-video` Lambda関数を書き換えればよいのです。ウェブサイトはこのプレースホルダーレコードを受け取ると、鮮やかな動画を表示します。最後に、データベースからプレースホルダーレコードを削除し、再生できる状態になったときにトランスコードされた動画のS3キーを挿入する新しい関数を作ります。しかし、さしあたりは`transcode-video` Lambda関数を読み直し、必要な変更を加えることにします。

Firebaseのセキュリティ

　`transcode-video`関数は、プレースホルダーレコードを挿入するためにFirebaseに書き込みをするので、Firebaseの認証を受けられるようにしなければなりません。そのためにはサービスアカウントを作る必要があります。サービスアカウントは、個々のユーザーではなく、アプリケーションに所属することになります（ URL https://developers.google.com/identity/protocols/OAuth2ServiceAccount）。これは、AWS Lambdaで使うにはちょうどよい形です。

1. Firebaseコンソールで歯車の形をした［設定］ボタンをクリックする
2. ポップアップメニューから［ユーザーと権限］を選択する
3. 左側のメニューから［サービスアカウント］を選択する
4. ［サービスアカウントを作成］を選択する
5. 表示されたダイアログで、サービスアカウント名として「lambda」を設定し、［役割］ドロップダウンリストから［Project］→［編集者］を選択する
6. さらに［新しい秘密鍵の提供］をチェックする。［キーのタイプ］は「JSON」のまま（**図 9.6**）
7. ［作成］をクリックし、生成されたプライベートキーをローカルコンピューターのどこか安全な場所に保存する

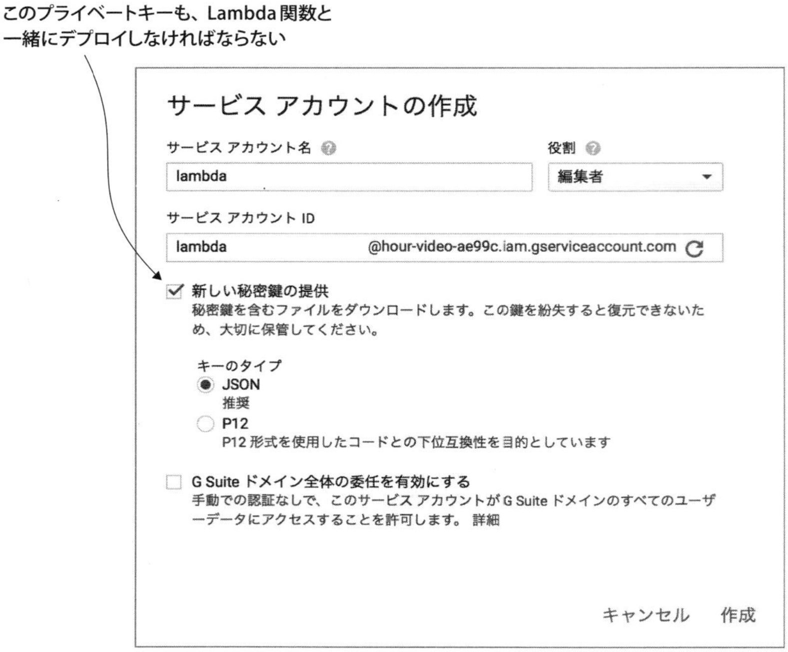

このプライベートキーも、Lambda関数と
一緒にデプロイしなければならない

図9.6 Lambda関数がFirebaseに書き込むために必要なサービスアカウント

関数の書き換え

Firebaseのサービスアカウントのためのプライベートキーを手に入れたので、`transcode-video` Lambda関数の書き換えに取り掛かりましょう。まず、Firebaseとやり取りできるようにする準備をします。

1. `transcode-video`関数のディレクトリにプライベートキー（つまり、生成されたJSONファイル）をコピーする。コードは、このプライベートキーを参照する
2. 関数にFirebase npmパッケージを追加する。ターミナルで`transcode-video`関数のディレクトリに移動し、`npm install firebase --save`を実行する
3. package.jsonを開き、predeploy行を`"predeploy": "zip -r Lambda-Deployment.zip * -x *.zip *.log"`に書き換える。-xの対象から*.jsonを取り除いているが、それはzipにJSONファイルを追加しなければならなくなったため。従来は、predeployスクリプトはすべてのJSONファイルをzipの対象から外していた
4. AWSのコンソールに移り、[Lambda]を開き、[transcode-video]をクリックする。関数を動作させるには4つの環境変数を設定する必要がある：Elastic Transcoderのリージョン（`ELASTIC_TRANSCODER_REGION`）、Elastic TranscoderのパイプラインID（`ELASTIC_TRANSCODER_PIPELINE_ID`）、プライベートキーのファイル名（`SERVICE_ACCOUNT`）、データベー

スのURL（`DATABASE_URL`）の4つ。今までの`transcode-video`関数はAmazon Elastic TranscoderのリージョンとパイプラインIDを直接指定していたが、今回は環境変数を使うように書き換えた（**図9.7**）

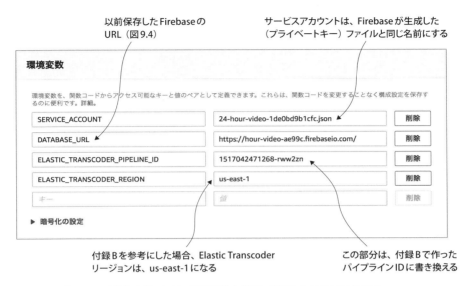

図9.7 関数を正しく動作させるには、環境変数を設定、保存しなければならない

では、最後に関数の新しい実装をindex.jsに書き込みます。`transcode-video`の既存の実装を取り除き、**リスト9.4**をコピーしてください。

リスト9.4 新しい`transcode-video`関数

```
'use strict';

var AWS = require('aws-sdk');
var firebase = require('firebase');

var elasticTranscoder = new AWS.ElasticTranscoder({
    region: process.env.ELASTIC_TRANSCODER_REGION
});

firebase.initializeApp({
    serviceAccount: process.env.SERVICE_ACCOUNT,
    databaseURL: process.env.DATABASE_URL
});
```

正しく初期化してFirebaseの認証を受けるためには、firebase.initializeAppが必要となる

```javascript
                function pushVideoEntryToFirebase(key, callback) {
                    console.log('Adding video entry to firebase at key:', key);

                    var database = firebase.database().ref();

                    database.child('videos').child(key)
                        .set({
                            transcoding: true
                        })
                        .then(function () {
                            callback(null, 'Video record saved to firebase');
                        })
                        .catch(function (err) {
                            callback(err);
                        });
                }

                exports.handler = function (event, context, callback) {
                    context.callbackWaitsForEmptyEventLoop = false;

                    var key = event.Records[0].s3.object.key;

                    var sourceKey = decodeURIComponent(key.replace(/\+/g, ' '));

                    var outputKey = sourceKey.split('.')[0];

                    var uniqueVideoKey = outputKey.split('/')[0];

                    var params = {
                        PipelineId: process.env.ELASTIC_TRANSCODER_PIPELINE_ID,
                        Input: {
                            Key: sourceKey
                        },
                        Outputs: [
                            {
                                Key: outputKey + '-720p' + '.mp4',
                                PresetId: '1351620000001-000010'
                            }
                        ]
                    };
                    elasticTranscoder.createJob(params, function (error, data) {
                        if (error) {
                            console.log('Error creating elastic transcoder job.');
                            callback(error);
                            return;
```

```
        }
        console.log('Elastic transcoder job created successfully');
        pushVideoEntryToFirebase(uniqueVideoKey, callback);  ←
    });
};
```

トランスコードジョブが開始
したので、FirebaseにUIが表
示できるレコードを作る

リスト9.4には、次のような興味深い箇所が含まれています。

- ハンドラ関数の先頭に`context.callbackWaitsForEmptyEventLoop = false;`という行が含まれています。コールバックが呼び出されると同時にLambda関数を一時停止するために、このプロパティは`false`にしなければなりません。通常、このようなことをする必要はありませんが、ここではFirebaseを使っているがゆえの、特殊な条件に対処する必要があります。Firebaseに書き込みをすると、Firebaseは接続をオープンしますが、そのためにLambda関数はタイムアウトになるまで生き残ります。これは、この関数の実行のための料金が高くなるだけでなく、AWS Lambdaの実行環境がこのタイムアウトをエラーとみなして関数を再実行しようとするということからも問題があります。AWS Lambdaの実行環境はこれを3回も繰り返して、混乱を深めます。そのため、Firebaseを使うときには、このプロパティを`false`にするのを忘れないようにしてください。

> [監注] 本書では、FirebaseのNode.js SDKとしてクライアント用（ElectronやIoT向け）のものを利用しています（`npm install firebase --save`）。サーバー用のNode.js SDKを使うと、管理者権限あるいは特定ユーザーとしてアクセスできるため、コールバックが呼び出されると同時にLambda関数を一時停止するために、この`callbackWaitsForEmptyEventLoop`プロパティを`false`にする必要はありません。サーバー用のSDKは`npm install firebase-admin --save`でインストールできます。詳細については、URL https://firebase.google.com/docs/admin/setup にアクセスしてください。

- `pushVideoEntryToFirebase`関数は、キーが`processing`、値が`true`のエントリを作ります。この関数は、`key`引数としてS3オブジェクトのキー名を取り除いたGUIDの部分を取ります。このGUIDは、第8章で作った`get-upload-policy`関数で生成されたものです。

関数を実装したら、AWSにデプロイし（ターミナルで`npm run deploy`を実行します）、ウェブサイトを実行してから、動画ファイルをアップロードしてみましょう。Firebaseコンソールを見れば、**図9.8**に示すように新しいエントリが追加されたことがわかります。

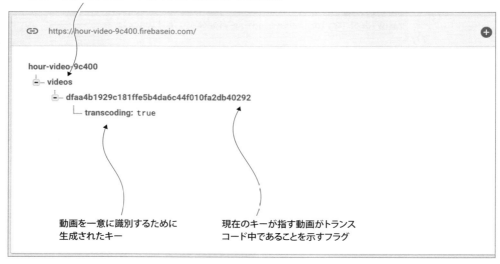

図9.8 データベースは単純な階層構造になっている

◆ 9.2.4　動画のトランスコード後の Firebase の更新

`transcode-video`関数を書き換えたので、次にトランスコード処理終了後に実行される新しい Lambda 関数を作ります。この Lambda 関数は、新しくトランスコードされたファイルについての情報を Firebase に書き込みます。

1. Transcode Video 関数のコピーを作り、名前を「Transcode Video Firebase Update」に変更する
2. AWS コンソールで新しい Lambda 関数を作り、「`transcode-video-firebase-update`」という名前を付けて、タイムアウトを 10 秒に設定する
3. 新しい Lambda 関数に合わせて、Transcode Video Firebase Update の package.json を書き換え、`npm install` を実行する
4. AWS の新しい関数の ARN に合わせて package.json の ARN を忘れずに書き換える
5. Lambda コンソールで [`transcode-video-firebase-update`] 関数をクリックし、データベース URL、Firebase が生成したプライベートキーのファイル名、Amazon S3 の `transcoded videos` バケットのフルパス、バケットのリージョンを表す環境変数を作る（**図 9.9**）
6. Firebase プライベートキーも関数のディレクトリにあることを確認する
7. index.js を **リスト 9.5** の内容に置き換える

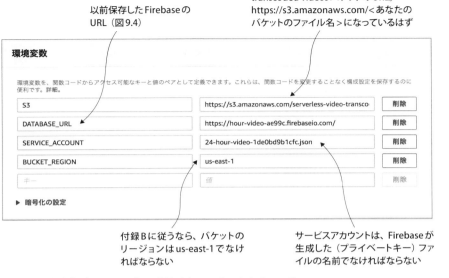

図9.9 環境変数が正しくコピー、保存されていることをチェック

リスト9.5 Firebaseの更新

```
'use strict';

var AWS = require('aws-sdk');
var firebase = require('firebase');

firebase.initializeApp({
    serviceAccount: process.env.SERVICE_ACCOUNT,
    databaseURL: process.env.DATABASE_URL
});

exports.handler = function(event, context, callback){
    context.callbackWaitsForEmptyEventLoop = false;
    var message = JSON.parse(event.Records[0].Sns.Message);   ← このLambda関数はAmazon SNSを使って呼び出されるので、アンパックしなければならない
    var key = message.Records[0].s3.object.key;
    var bucket = message.Records[0].s3.bucket.name;
    
    var sourceKey = decodeURIComponent(key.replace(/\+/g, ' '));
    
    var uniqueVideoKey = sourceKey.split('/')[0];
    
    var database = firebase.database().ref();
    
    database.child('videos').child(uniqueVideoKey).set({   ← トランスコード処理が終わり、ユーザーがファイルを再生できるようになったことを示すために、transcodingフラグはfalseに設定する必要がある
        transcoding: false,
        key: key,
```

```
        bucket: process.env.S3
    }).catch(function(err) {
        callback(err);
    });
};
```

Transcode Video Firebase Update 関数は、前節で実装した関数とよく似ています。その目的は、`transcoding`キーを`false`に書き換え、新しく作成された動画のS3キーを設定するためにFirebaseを書き換えることだけです。関数をAWSにデプロイしておきましょう。

◆ 9.2.5　Lambda関数の接続

Transcode Video Firebase Update関数を実装しましたが、トランスコード済み動画バケットに動画ファイルが書き込まれたときにLambda関数を呼び出すためのメカニズムが必要です。第3章の作業を実際に行っていれば、`transcoded-video-notification`というSNSトピックがあるはずです。トピックのサブスクライバーとしてTranscode Video Firebase Update関数を追加しましょう（図9.10）。

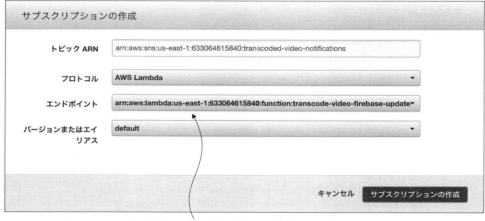

正しいLambda ARNを選択して［サブスクリプションの作成］をクリックする

図9.10　transcoded-video-notificationトピックのためのサブスクリプションを作り、エンドポイントとしてLambda関数を設定する

SNSトピックをまだ実装していない場合には、バケットが関数を直接呼び出すようにセットアップします。その場合、Amazon SNSからのイベントではなく、S3イベントをパースするように関数の実装を書き換えなければなりません。

テスト

ワークフローが機能しているかどうかを簡単にテストしてみましょう。24-Hour Videoウェブサイトを介して新しい動画ファイルをアップロードし、Firebaseコンソールを覗いてみます。最初は**図9.8**のようなエントリが表示されるはずですが、しばらくすると（動画ファイルのサイズによって時間は変わります）、**図9.11**のレコードと似たエントリ（つまり、バケット、キーを持ち、`transcoding`フラグが`false`になっているエントリ）に変わっているはずです。

keyとbucketは新しいLambda関数によって設定される。transcodingキーはfalseに設定される

図9.11 すべてが正しく実装されていれば、コンソールでFirebaseの更新後のレコードをリアルタイムで見ることができる

9.2.6 ウェブサイト

最後に、24-Hour Videoウェブサイトを書き換えなければなりません。ウェブサイトをデータベースにバインドし、WebSocketの手品によっていつもアップツーデートにしなければなりません。また、ユーザーエクスペリエンスを少し向上させるために、ユーザーがファイルをアップロードしたら、ファイルが処理されていることを示すスピナーを表示します。トランスコードが終了したら、直ちにスピナーを隠し、実際の動画を表示します。Firebaseにバインドしているため、接続を開設し、データをロードし、すべてのものを画面に表示するために1、2分かかるかもしれません。そこで、ユーザーに何もない画面を見せないで、データをロードしていることを示す別のスピナーイメージを表示します。

スピナー

スピナーイメージを2つ作る必要があります。1つはユーザーがはじめてウェブサイトを見たときに、データをロードしていることを示すために使うもので、もう1つは動画のトランスコード中に動画の代わりに表示されるものです。まず、これらのスピナーを準備しましょう。

1. ウェブサイトのメインディレクトリに img というフォルダーがあるか確認する。なければ、作成しておく
2. `URL` http://loading.io にアクセスし、気に入ったスピナー、ローディングイメージを img フォルダーにダウンロードする。SVG バージョンを選び、ファイルに loading-indicator.svg という名前を付ける。これは、ユーザーがはじめてウェブサイトをロードしたときに表示されるスピナーとなる
3. 同じステップを繰り返し、今度は別のイメージを入手する。img フォルダーにダウンロードし、transcoding-indicator.svg という名前を付ける。これは、ユーザーが新しい動画をアップロードしたときに表示されるスピナーとなる
4. index.html を開き、`<div id="video-template" class="colmd6 col">` 行の上に**リスト 9.6** の内容をコピーし、ウェブサイトロードイメージを追加する

リスト 9.6 index.htmlの中のロード中プレースホルダー

```
<object id="loading-indicator" type="image/svg+xml"
data="img/loading-indicator.svg">
    Your browser does not support SVG
</object>
```

5. トランスコードスピナーイメージを追加するために、index.html を開き、`<div id="video-template" class="col-sm-4 col">` ブロックを**リスト 9.7** の内容に置き換える

リスト 9.7 index.htmlの中のトランスコードスピナー

> 複数の動画をアップロードした場合、複数のローダーイメージが同時に表示される。これはなかなかの見もの

```
<div id="video-template" class="col-sm-4 col">
    <div class="video-card">
        <div class="transcoding-indicator">
            <object type="image/svg+xml" data="img/transcoding-indicator.svg">
                Your browser does not support SVG
            </object>
        </div>
        <video width="100%" height="100%">
            <source type="video/mp4">
            Your browser does not support the video tag.
        </video>
    </div>
</div>
```

CSSにちょっとひと工夫を加えると、すばらしい表示になります。main.cssを開き、ファイルの末尾に**リスト9.8**の内容をコピーしてください。

リスト9.8 更新後のCSS

```
#loading-indicator {
    margin: 90px auto;
    display: block;
}

.transcoding-indicator object {
    margin-top: 30px;
}

body {
    background: #1e1e1e;
}
```

設定

Firebaseに接続するためには、APIキーとデータベースURLが必要です。これらを一番簡単に入手する方法は、Firebaseコンソールにログインし、プロジェクトをクリックし、[ウェブアプリにFirebaseを追加]ボタンをクリックするというものです。すると、**図9.12**のようなポップアップが表示されます。

図9.12 Firebaseは、必要とされる設定情報を教えてくれる（iOS、Androidアプリケーションを作るときにも同じような設定情報が得られる）

ウェブサイトのconfig.jsを開き、`configConstants`の中で`firebase`という新しいオブジェクトを作り、ポップアップに表示されていた`apiKey`と`databaseURL`をコピーしましょう。config.jsは**リスト9.9**のようになるはずです。

> **リスト9.9** 更新後のconfig.js

```
var configConstants = {
    auth0: {
        domain: 'serverless.auth0.com',
        clientId: 'r8PQy2Qdr91xU3KTGQ01e598bwee8LQr'
    },
    firebase: {
        apiKey: 'AIzaS4df5hnFVDlg-5g5gbxhcIWO6uLPpsE8K2E',
        databaseURL: 'https://hour-video-d500.firebaseio.com'
    },
    apiBaseUrl: 'https://tlzyo7a719.execute-api.us-east-1.amazonaws.com/dev'
};
```

（注）Firebaseから追加する新しいプロパティは、`apiKey`と`databaseURL`の2つだけ。値は実際にFirebaseから得られたものに置き換える

（注）apiBaseURLは、API Gateway APIを参照しているはず

ウェブサイトにFirebaseライブラリを追加しておくと役に立ちます。先ほど開いたポップアップに`<script src="https://www.gstatic.com/firebasejs/3.4.0/firebase.js"></script>`というような行が含まれているはずです。この行をindex.htmlの`<script src="js/user-controller.js"></script>`行のすぐ上にコピーしてください。

ビデオコントローラー

Firebaseにバインドすることにしたので、ビデオコントローラーを交換する必要があります。新しいビデオコントローラーには、次の関数を組み込みます。

- `init` —— いつもと同じようにコントローラーを初期化する関数
- `addVideoToScreen` —— UIにHTML5のvideo要素を追加する関数
- `updateVideoOnScreen` —— プレースホルダーの表示、消去を管理する関数
- `getElementForVideo` —— 動画IDを取得するためのヘルパー関数
- `connectToFirebase` —— Firebaseに対する接続を初期化し、Firebaseのデータが変更されるとUIを更新する関数

video-controller.jsのもともとの内容をすべて、**リスト9.10**の内容に置き換えてください。

リスト9.10 ビデオコントローラーの書き換え

```javascript
var videoController = {
    data: {
        config: null
    },
    uiElements: {
        videoCardTemplate: null,
        videoList: null,
        loadingIndicator: null
    },
    init: function (config) {
        this.uiElements.videoCardTemplate = $('#video-template');
        this.uiElements.videoList = $('#video-list');
        this.uiElements.loadingIndicator = $('#loading-indicator');

        this.data.config = config;

        this.connectToFirebase();
    },
    addVideoToScreen: function (videoId, videoObj) {
        var newVideoElement = this.uiElements.videoCardTemplate.
        clone().attr('id', videoId);

        newVideoElement.click(function() {       // ユーザーが動画をクリックしたら、
            var video = newVideoElement.find('video').get(0);  // 状態に合わせて再生、または一時
                                                               // 停止する
            if (newVideoElement.is('.video-playing')) {
                video.pause();
                $(video).removeAttr('controls');
            }
            else {
                $(video).attr('controls', '');
                video.play();
            }
            newVideoElement.toggleClass('video-playing');
        });

        this.updateVideoOnScreen(newVideoElement, videoObj);

        this.uiElements.videoList.prepend(newVideoElement);
    },
    updateVideoOnScreen: function(videoElement, videoObj) {
        if (!videoObj)
        {                                        // 動画が現在トランスコード中なら、
            return;                              // 動画を消去し、プレースホルダー
        }                                        // イメージを表示する
        if (videoObj.transcoding) {
            videoElement.find('video').hide();
            videoElement.find('.transcoding-indicator').show();
```

```
        } else {
            videoElement.find('video').show();
            videoElement.find('.transcoding-indicator').hide();
        }
        videoElement.find('video').attr('src',
videoObj.bucket + '/' + videoObj.key);
    },
    getElementForVideo: function(videoId) {
        return $('#' + videoId);
    },
    connectToFirebase: function () {
        var that = this;

        firebase.initializeApp(this.data.config.firebase);

        var isConnectedRef = firebase.database().ref('.info/connected');

        var nodeRef = firebase.database().ref('videos');

        isConnectedRef.on('value', function(snap) {
            if (snap.val() === true) {
                that.uiElements.loadingIndicator.hide();
            }
        });

        nodeRef
            .on('child_added', function (childSnapshot) {
                that.uiElements.loadingIndicator.hide();

                that.addVideoToScreen(childSnapshot.key,
childSnapshot.val());
            });

        nodeRef
            .on('child_changed', function (childSnapshot) {
                that.updateVideoOnScreen(that.getElementForVideo
                    (childSnapshot.key), childSnapshot.val());
            });
    }
};
```

- HTMLのvideo要素に動画のURLを組み込む
- Firebaseに対する接続を初期化する
- /.info/connectedは、Firebaseに接続しているかどうかを知っている、特別な場所
- データベース内の動画のノードの参照情報を入手する
- このクロージャーは、データベースに新しい個（動画）が追加されるたびに実行される
- このクロージャーは、既存のレコードに変更が加えられたとき（たとえば、動画がトランスコードプロセスを終了して再生可能になったとき）に実行される
- 画面上の動画オブジェクトをFirebaseから得た新しい動画の詳細情報に書き換える
- Firebaseに対する接続を検出したとき、この部分のコードがロード中スピナーを消去する

　videoController関数は、Firebaseにレコード（子）が追加、更新されたときにUIを更新します。今追加したコードは、Firebaseからのイベントに応答し、画面を更新します。WebSocketを使っているため、変更をポーリングする必要はありません。変化が起きると、その情報はウェブサイトにプッシュされます。この実装で足りないのは、Firebaseレコードが削除されたときの

サイトの更新です。本来なら、Firebaseからレコードが削除されたら、UIをすぐに更新してその動画を取り除かなければなりません。これは、**child_added**、**child_changed**と同じように実装できる**child_removed**イベントを使って行います。章末の演習問題でも行っています。

リスト9.10で面白いもう1つの部分は、アプリケーションの接続状態の確認方法でしょう。**/.info/connected**はFirebaseが提供する特殊なBooleanフラグで、これを参照すれば、データベースとの間に接続が開設されているかどうかがわかります。クライアントがオフラインになる（またはオンラインに戻る）かどうかをチェックし、適切な動作をすることができるのは、このフラグのおかげです。この例では、クライアントがオフラインになるときには、接続が失われたのでクライアントは動画にアクセスできなくなる、ということを知らせるメッセージをUIで表示することになるでしょう。

◆ 9.2.7　エンドツーエンドのテスト

ここは、24Hour-Videoをエンドツーエンドでテストする良いチャンスです。最初にチェックすべきは、ウェブサイトを起動したときにスピナーが表示され、少し経ってFirebaseへの接続が開設されると消去されることです。次に、動画をアップロードします（まだなら）。アップロードした動画ごとに適切なスピナーを含むプレースホルダーイメージが表示されるでしょう。トランスコードが終わると、スピナーは消去され、動画が再生できる状態になります（**図9.13**）。

動画が再生可能になるのを待つ間、このプレースホルダーイメージが動き続ける

図9.13　24-Hour Videoウェブサイトは、ついに完成に近づいている。ほぼすべての主要機能が実装された

9.3 ファイルへのアクセスの保護

ファイルへのアクセスを保護するために署名済みURLを作る方法については、第8章で説明しました。Firebaseを機能させるためのコードを書いているときには、システムのセキュリティ面は無視してきました。ここでは、そのセキュリティを追加します。プロセスに1つステップを追加します。Firebaseからのデータを読み出したあと、HTTPリクエストを発行して署名済みURLを手に入れるのです。これにより少しレイテンシーが増大しますが、どうしても必要な機能とのトレードオフです。図9.14は、これからしようとしていることを示しています。

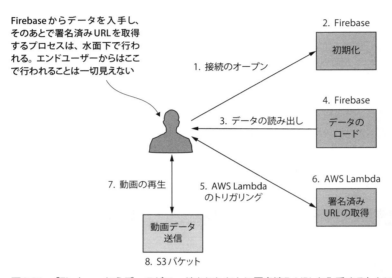

図9.14　「Firebaseからデータがロードされたあとに署名済みURLを入手する」というステップを追加

他のアーキテクチャも可能だということに注意してください。Firebaseにクエリを送れるHTTPエンドポイントにリクエストを送り、署名済みURLのリストを得るという方法もあります。このアプローチに悪いところはなく、同じようにうまく動作するはずです。しかし、ここではFirebaseのリアルタイム性を活用し、データベースのデータが変更されたときにほぼリアルタイムでインターフェイスに反映されるところを示したかったのです。

ここでもう1つしたいことは（第8章でしていなければ）、`set-permissions` Lambda関数の実行を止めることです。このLambda関数は、動画ファイルのアクセス権限を操作して誰でもアクセスできるようにするもので、第3章で作りました。この関数は、新しい動画ファイルが第2のバケット（トランスコード済み動画バケット）に追加されたときに作成されるSNSメッセージによって実行されていました。この関数を無効にするには、次のようにします。

1. Lambdaコンソールで関数を見つける
2. ［Triggers］タブを選択する
3. SNS設定の横にある［Disable］をクリックし、ポップアップメニューでも［Disable］をクリックする

この状態で24-Hour Videoウェブサイトから新しい動画ファイルをアップロードしても、再生できなくなります。Chromeブラウザの［デベロッパーツール］を開くと、動画ファイルに対するHTTPリクエストは403（Forbidden）ステータスコードを返していることがわかります。

9.3.1 署名済み URL Lambda 関数

第8章では、署名済みURLのリストを返すように`get-video-list`を書き換えました。そのときの関数は、S3バケットを反復処理してURLのリストを返していましたが、Firebaseがあるのでもうバケットを反復処理する必要はありません。そこで、動画のために署名済みURLを生成して返すことだけを目的とする`get-signed-url`という新しい関数を作ることにします。この関数は引数としてファイルのS3キーを取り、署名済みURLを返します。

第8章の`get-video-list` Lambda関数のコピーを作り、「`get-signed-url`」という名前を付けましょう。そして、既存のindex.jsの内容を消去し、**リスト9.11**の内容をコピーします。新関数の名前とARNに合わせてpackage.jsonを書き換えるのを忘れないようにしてください。

リスト9.11 get-signed-url Lambda関数

```javascript
'use strict';

var AWS = require('aws-sdk');
var s3 = new AWS.S3();

exports.handler = function(event, context, callback){
    s3.getSignedUrl('getObject', {Bucket: process.env.BUCKET, Key:
    event.queryStringParameters.key, Expires: 900},
        function(err, url) {
        if (err) {
            callback(err);
        } else {

            var response = {
                'statusCode': 200,
                'headers' : {'Access-Control-Allow-Origin':'*'},
                'body' : JSON.stringify({'url': url})
            }

            callback(null, response);
```

> getSignedUrlは、署名済みURLを生成する非同期関数で、第8章でもすでに使っている

> このサンプルが終わったら、CORSを一般公開しない設定に戻すことを忘れないように。認められる呼び出し元は、環境変数に格納できる

```
      }
    });
}
```

　この関数は、1個の環境変数を除き、特定の設定を必要としません。BUCKETという環境変数を作り、トランスコード済み動画バケットの名前を格納しておきます。ローカルマシンからAWSに関数をデプロイしましょう。今作ったLambda関数はごく単純です。バケット内のファイルのファイル名であるキーを受け付け、署名済みURLを生成して返します。API GatewayのLambdaプロキシ統合を使っているので、HTTPステータスコード、必須HTTPヘッダー、レスポンス本体を含むレスポンスメッセージを作る必要があります。

◆ 9.3.2　Amazon API Gateway の設定

　24-Hour Videoのウェブサイトは、依然としてS3オブジェクトのキーを渡し、レスポンスとして署名済みURLを返してくるエンドポイントを呼び出しています。そのために次のような手順でAPI Gatewayを設定します。

1. ［24-hour-video］APIを選択する
2. 新しいリソースを作り、「signed-url」という名前を付ける
3. ［API Gateway CORSを有効］を選択する
4. ［リソースの作成］をクリックする

　リソースを作ったら、それを選択してその下にGETメソッドを作ります。Lambda関数が選択され、［Lambdaプロキシ統合の使用］がチェックされていることを確認してください。ドロップダウンリストからはLambdaのリージョンを選び、最後にget-signed-url Lambda関数を設定します。準備が整ったら関数をデプロイします。

◆ 9.3.3　ウェブサイトの再度の書き換え

　ここでウェブサイトを再び書き換えなければなりません。ウェブサイトがFirebaseからデータをロードし、個々の動画についての情報を入手したら、get-signed-url Lambda関数を呼び出し、署名済みURLを手に入れる必要があります。updateVideoOnScreen関数を**リスト9.12**の内容に置き換えてください。

リスト9.12 セキュアなURLの入手

```
updateVideoOnScreen: function(videoElement, videoObj) {
    if (!videoObj){
        return;
    }
    if (videoObj.transcoding) {
        videoElement.find('video').hide();
    videoElement.find('.transcoding-indicator').show();
    } else {
        videoElement.find('video').show();
        videoElement.find('.transcoding-indicator').hide();

        var getSignedUrl = this.data.config.apiBaseUrl
        + '/signed-url?key=' + encodeURI(videoObj.key);

        $.get(getSignedUrl, function(data, result) {
            if (result === 'success' && data.url) {
                videoElement.find('video').attr('src', data.url);
            }
        })
    }
}
```

→ 動画の署名済みURLを得るために呼び出さなければならないURL

→ 結果が成功なら、video要素に署名済みURLを組み込む

ウェブサイトを実行し、ページをリフレッシュすると、ページに動画が表示されるはずです。クリックすれば、再生できます。

9.3.4 パフォーマンスの向上

さて、リストのコードは動作しますが、すべての動画の署名済みURLを得るためにいちいちリクエストを発行しているので、とてつもなく効率の悪いものになっています。公開している動画が5本だけならそれでもよいかもしれませんが、数千のクライアントに数千の動画を公開するシステムにはとうていスケールアップできません。接続を拒否しなければ、API GatewayにDoS（Denial of Service）攻撃を招くことになるでしょう（クライアントには429 Too many requestsが返されることになります）。

この問題を解決するにはどうすればよいでしょうか。たとえば、ユーザーが動画をクリックしたときだけ署名済みURLを得るようにする方法が考えられます。少し遅くなりますが、悪い方法ではありません。動画の視聴を認められなかったユーザーは、ログインページやサインアップページにリダイレクトすればよいのです。しかし、ユーザーが多数の動画をまとめてクリックすると、これでもあまり効率がよいとは言えません。それでは、メインページがロードされたときに署名済みURLをまとめて要求し、オンデマンドで追加の署名済みURLを要求するという方法はどうでしょうか。

リスト9.13は、キーの配列を受け取り（関数にはリクエスト本体を介して渡します）、署名済みURLを格納するオブジェクトの配列を生成するように書き直したget-signed-url関数です。この関数は、async.forEachOfを使ってキーの配列を反復処理します。async.forEachOfは、get-signed-urlの非同期呼び出しをカプセル化します。すべての署名済みURLが生成されたら、呼び出し元へのレスポンスに収めて返します。async.forEachOf関数は、第6章でじっくりと説明した非同期フレームワークの一部です。

リスト9.13 書き換えられたget-signed-url関数

```
'use strict';

var AWS = require('aws-sdk');
var async = require('async');

var s3 = new AWS.S3();

exports.handler = function(event, context, callback){
    var body = JSON.parse(event.body);
    var urls = [];

    async.forEachOf(body, function(video, index, next) {
        s3.getSignedUrl('getObject', {Bucket: process.env.BUCKET,
        Key: video.key, Expires: 9000}, function(err, url) {
            if (err) {
                console.log('Error generating signed URL for', video.key);
                next(err);
            } else {
                urls.push({firebaseId: video.firebaseId, url: url});
                next();
            }
        });
    }, function (err) {
        if (err) {
            console.log('Could not generate signed URLs');
            callback(err);
        } else {
            console.log('Successfully generated URLs');

            var response = {
                'statusCode': 200,
                'headers' : {'Access-Control-Allow-Origin':'*'},
                'body' : JSON.stringify({'urls': urls})
            }
            callback(null, response);
        }
    });
}
```

リクエスト本体には、署名が必要なキーが格納されている。JSON.parse()は、JSON文字列をパースして操作できるJSONオブジェクトを生成する

リクエスト本体に含まれていたすべてのキーを非同期反復処理する。forEachOf関数の第3引数は、反復処理が終わるかエラーが発生すると呼び出される

リスト9.13の関数は、Lambdaプロキシ統合を使ってAmazon API Gatewayから呼び出されることを想定して設計されています。また、リクエスト本体には関数に渡すキーが含まれていることを想定しています。リクエスト本体は、**リスト9.14**に示すような形になっていなければなりません。Firebase IDとAmazon S3内のファイルのキーを渡しています。Firebase IDは、返されてきた署名済みURLと元の入力を必要に応じて照合できるようにするために入れてあります。

リスト9.14 バッチget-signed-urlリクエストのリクエスト本体

```
[{"firebaseId":"0b18db4cbb4eca1a","key":"0b18db4cbb4eca1a/video-720p.mp4"},
{"firebaseId":"38b8c18c85ec686f","key":"38b8c18c85ec686f/video2-720p.mp4"},
{"firebaseId":"6ef3d6668780538e","key":"6ef3d6668780538e/video3_2mb-720p.mp4"},
{"firebaseId":"7b58d16bf1a1af6aa1","key":"7b58d16bf1a1af6aa1/video4-720p.mp4"}]
```

必要とされるリクエストとリクエスト本体の生成方法は、**リスト9.15**を参照してください。これは、24-Hour Videoウェブサイトで実装すべき関数がどのようなものかを示しています。

リスト9.15 24-Hour VideoのgetSignedUrls

```
nodeRef
    .on('child_added', function (childSnapshot) {
        that.getSignedUrls(childSnapshot.val());
});

getSignedUrls: function(videoObjs) {
    if (videoObjs) {
        var objectMap = $.map(videoObjs, function (video, firebaseId) {
            return {firebaseId: firebaseId, key: video.key};
        })

        var getSignedUrl = this.data.config.apiBaseUrl + '/signed-url';

        $.post(getSignedUrl, JSON.stringify(objectMap),
        function(data, status){
            if (status === 'success') {
                // レスポンスを反復処理してページに動画を追加
            }
            else {
                // エラー処理
            }
        });
    }
}
```

jQueryのmapを使えば、Firebaseから返されてきたオブジェクトの配列をLambda関数に送れるアイテムの配列に変換できる

jQueryの助けを借りて、通常のPOSTリクエストを送っている。リクエスト本体は、今作ったばかりの文字列化されたキーのマップ

レスポンスには、Firebase IDと署名済みURLの配列が含まれているはず。この配列を反復処理すれば、ページに動画を追加できる

POSTリクエストがエラーを返したときの処理を個々に書く

章末には、署名済みURLのバッチ読み出し実装を完成に導く練習問題を用意してあります。**リスト9.15**の実装をもとに、すべてが動作するようにしなければなりません。

◆ 9.3.5　Firebaseのセキュリティの向上

今までの作業をていねいにフォローし、署名済みURLなども含めて話題に出てきたすべてのものを実装していれば、かなり堅牢でセキュアなシステムができているはずです。しかし、問題が1つあります。**リスト9.3**を見ると、Firebaseセキュリティルールが、認証を受けたユーザーであれば誰でもFirebaseから読み出せるようなものになっていることがわかります。特に公開システムを作っている場合など、それで大きく間違っていないということもあるかもしれません。しかし、ログインしなければ動画を見られないように（そして署名済みURLを生成できないように）したい場合、認証済みユーザーでなければFirebaseを読み出せないように守りを固めるべきでしょう。

DelegationからOpenID Connect（OIDC）へ
（日本語監修者による補足情報）

本書では、Auth0で認証されたあとに、Firebaseのリソースと委任トークンを使ってやり取りをしています。しかし、2018年2月現在この方法は非推奨とされ、そのかわりにOpenID Connect（OIDC）に準拠したフローによりクライアント／サーバー間のやり取りを行うよう推奨されています。

詳細については以下を確認してください。

URL https://auth0.com/docs/api/authentication#delegation

URL https://auth0.com/docs/migrations#introducing-api-authorization-with-third-party-vendor-apis

URL https://auth0.com/blog/how-to-authenticate-firebase-and-angular-with-auth0-part-1/

URL https://auth0.com/blog/how-to-authenticate-firebase-and-angular-with-auth0-part-2/

本機能は2018年6月にオプトイン予定です〔上記サイトによる〕。実装方法などは公式ドキュメント（英語）を参照いただくか、翔泳社書籍サイト内の追加情報（**URL** http://www.shoeisha.co.jp/book/detail/9784798155166/）から日本語でアクセス可能な情報を公開する予定ですので、そちらをご覧ください。

まず、ルールを設定します。

1. Firebase のコンソールでデータベースを開く
2. トップメニューから［ルール］を選択する
3. テキストボックスに**リスト9.16**のセキュリティルールをコピーする
4. ［公開］を選択する

リスト9.16 Firebaseのルール

```
{
    "rules": {
        ".read": "auth != null",     ← ログインしなければウェブサイトを
        ".write": "auth != null"        使えないように、読み出しを保護する
    }
}
```

新しいルールを実装したら、ウェブサイトをリフレッシュします。認証を受けなければ何も読み出せなくしたので、何も表示されないはずです。次に、Auth0を使ってユーザーがサインインしているときにはカスタム委任トークンを発行するようにします。このトークンをFirebaseに送り、Firebaseでのユーザーの認証に使います。

Auth0との連携

Auth0を開き、［Clients］をクリックします。次に、アプリケーション（24 Hour Video）の横にある［Addon］をクリックします。そして大きな［Firebase］ボタンをクリックします。Firebase-Auth0統合の設定方法を説明するポップアップが表示されます。私たちはSDK ver.3を使っているので、この指示に従います。まず、FirebaseのJSONサービスを設定しなければなりません。

1. Firebase を開き、自分のプロジェクトを選択する
2. 設定アイコンをクリックし、［ユーザーと権限］を選択する
3. サイドバーから［サービスアカウント］を選択する
4. ［サービスアカウントを作成］をクリックする
5. ［サービスアカウント名］に「auth0」と入力する
6. ［役割］ドロップダウンリストから［Project］→［閲覧者］を選択する
7. ［新しい秘密鍵の提供］をクリックする
8. キータイプとしてJSONが選択されていることを確認する
9. ［作成］を選択し、得られたファイルを「auth0-key.json」という名前でローカルマシンに保存する

お気づきのように、9.2.3項「動画トランスコードLambdaの修正」でも同じようなことをしているので、作業は比較的簡単でしょう。さて、大きな［Firebase］ボタンをクリックしたときに表示されたAuth0ポップアップのことを思い出してください。このポップアップに戻り、次のようにします。

1. ［Settings］タブを選択する
2. ［Use SDK v3+ tokens］を有効にする
3. ポップアップのテキストボックスにauth0-key.jsonの`private_key`、`private_key_id`、`client_email`をコピーする（図9.15）
4. ［Save］ボタンをクリックし、ポップアップを閉じ、メインのAddonsページでFirebaseを有効にする（まだしていない場合。図9.16）

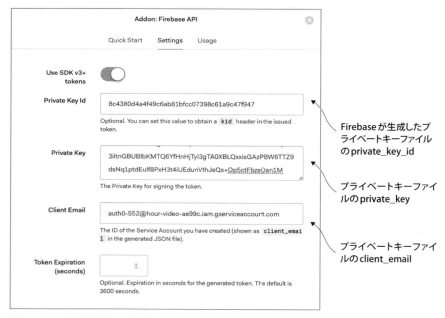

図9.15 Auth0設定画面（各値は、先ほど生成したauth0-key.jsonファイルからコピーする）

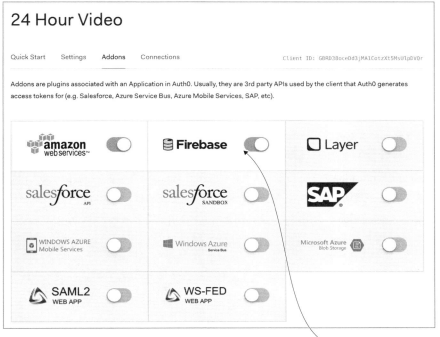

Firebaseは、ファミリーに直近で追加されたサービス

図9.16 メインのアドオン設定ページでは、忘れずにFirebaseを有効にする

委任トークン

Auth0は委任トークンエンドポイントを提供します。それを使うと、Firebaseのための委任トークンが得られます。ユーザーに、まずログインしたうえでFirebaseトークンを要求してもらいます。このFirebaseトークンを使えば、Firebaseで認証を受け、必要なデータを取得できます。JavaScriptは非同期なので、Promiseを使うか、有限状態マシンライブラリを使って、正しい順序で処理が行われるようにする必要があります。次のように処理を進めていきます。

1. Auth0でユーザー認証を行う
2. Auth0からFirebase委任トークンを入手する
3. 委任トークンを使ってFirebaseの認証を受ける
4. Firebaseからデータを読み出し、ユーザーに対して表示する

完全な実装と、24-Hour Videoウェブサイトに加えなければならない変更は大きすぎるので、ここにはとても掲載できません。一番重要な部分だけを示すことにします。この部分を見れば、何をしなければならないかはわかっていただけるでしょう。完全な実装を見たい場合には、提

供しているソースコードを参照してください。

ウェブサイトへの変更

　Firebaseの委任トークンを入手するためには、ログイン後にAuth0にリクエストを送らなければなりません。**リスト9.17**は、ユーザーがAuth0へのログインに成功したあとに、Firebase委任トークンを入手して保存する関数のソースコードです。この関数は、user-controller.jsの一部になります。皆さんのシステムで有効なパラメータ、値を知るためのヒントが欲しい場合は、Auth0にログインして `URL` https://auth0.com/docs/api/authentication に行ってください。Delegated Authenticationのところまでスクロールダウンし、セクションを展開すると、委任トークンの入手方法が説明されています。このセクションを読めば、正しいパラメータを見つけるだけでなく、/delegationエンドポイントにリクエストを送ってテストをする方法までわかるはずです。

リスト9.17 Firebaseトークンの入手

```
getFirebaseToken: function(token){
    var that = this;
    var config = this.data.config.auth0;

    var url = 'https://' + config.domain + '/delegation';

    var data = {
        id_token: token,
        scope: config.scope,
        api_type: config.api_type,
        grant_type: config.grant_type,
        target: config.target,
        client_id: config.clientId
    }

    $.post(url, data, function(data, status) {
        if (status === 'success') {
            localStorage.setItem('firebaseToken', data.id_token);
            that.authentication.resolve();
        } else {
```

注釈:
- client_idは、リクエストを送ったアプリケーションを識別するIDで、「r8PQy2Qdr91xU3KTGQ01e598bwee8MQr」のような値になる。Auth0.comへのログイン後、クライアントページから入手できる
- targetは、Auth0内のAPIエンドポイントを指定する。通常はclinet_idと同じになる
- ユーザーを識別するJWTトークン。このトークンは、ユーザーがAuth0にログインしたときに手に入る
- scopeは、発行されるトークンにどの属性を含めるかを指定する。openidにしてかまわない
- api_typeは、firebaseにしなければならない
- grant_typeは、urn:ietf:params:oauth:grant-type:jwt-bearerにしなければならない
- あとで使うため、ローカルストレージにfirebaseTokenを保存する
- 以降のステージでPromiseを返し、解決できるようにするために、遅延オブジェクトを使っている

```
            console.log('Could not get retrieve firebase ➥
            delegation token', data, status);
            that.authentication.fail();
        }
    }, 'json');
}
```

リスト9.17を動作させるためには、user-controller.js、video-controller.js、config.jsに変更を加える必要があります。リスト9.17では、遅延オブジェクトの使い方も学べます(たとえば、**that.authentication.resolve()**という行が含まれていることに注意してください)。遅延オブジェクトを使っているのは、他のコードだけが解決できるコードを実行するためです。リスト9.18は、main.jsの新しい実装です。このコードは、**userController.init**の解決が成功するのを待って、**videoController**と**uploadController**の**init**関数を実行します。

リスト9.18 main.jsファイル

```
(function(){
    $(document).ready(function(){
        userController.init(configConstants)
            .then(function() {  ◀── userControllerのinit関数が遅延オブジェクトを解決する。この解決が成功してからでなければ、他のinit関数を実行できない
                videoController.init(configConstants);
                uploadController.init(configConstants);
            }
        );
    });
}());
```

user-controller.jsファイルにも、ローカルストレージに正しいユーザートークンが格納されているかどうかをチェックし、その結果に合わせて動作する(つまり、解決するか、Auth0とFirebaseから正しいトークンを入手しようとする)**deferredAuthentication**関数が追加されています。**init**関数は、自分の実行を終えると、**deferredAuthentication**関数を呼び出します(**リスト9.19**)。

リスト9.19 deferredAuthentication関数

```
deferredAuthentication: function() {
    var that = this;
    this.authentication = $.Deferred();

    var idToken = localStorage.getItem('userToken');  ◀── Auth0とFirebaseのJWTトークンがローカルストレージにあるかどうかをチェックし、ロードしようと試みる

    if (idToken) {
        this.configureAuthenticatedRequests();
        this.data.auth0Lock.getProfile(idToken, function(err, profile) {
```

```
            if (err) {
                return alert('There was an error getting the profile: ' +
                err.message);
            }
            that.showUserAuthenticationDetails(profile);
        });

        var firebaseToken = localStorage.getItem('firebaseToken');

        if (firebaseToken) {
            this.authentication.resolve();
        } else {
            this.getFirebaseToken(idToken);
        }
    }
    return this.authentication;
}
```

※ Auth0とFirebaseのJWTトークンがローカルストレージにあるかどうかをチェックし、ロードしようと試みる

※ Firebaseトークンが見つからないのにAuth0認証トークンがある場合は、**リスト9.17**のgetFirebaseToken関数を呼び出す

※ この関数は遅延オブジェクトを返す。遅延オブジェクトは、さらにinit関数からmain.jsで実行されているコードに返される

　システムを動作させるために加えなければならないその他のコード変更については、本書の付属コード（または、URL https://github.com/sbarski/serverless-architectures-aws）をご覧ください。これを演習問題と考え、他に必要な変更を自分で考えるとなおよいでしょう。これで、ログインしなければ動画がロード、表示されないウェブサイトが得られました。ログアウトすると、すべての動画がインターフェイスから消えるはずです。

9.4 演習問題

　Firebaseとサーバーレスアーキテクチャの知識をさらに確かなものにするために、次の演習問題に挑戦してみてください。

1. ビデオコントローラーの`connectToFirebase`関数は、`child_added`、`child_changed`イベントを処理します。さらに、`child_removed`イベント処理コードを追加して、Firebaseからレコードが削除されたときにユーザーインターフェイスから自動的に動画が消えるようにしてください。
2. 現時点でも、クライアントがFirebaseに接続したときは検出でき、ビデオコントローラーにはそのためのコードが含まれています。クライアントがオフラインになったり、接続が切れたりしたときに、UIにオフラインになったというメッセージが表示されるようにビデオコントローラーを書き換えてください。
3. 9.3.4「パフォーマンスの向上」で始めた実装を完成させ、Firebaseで署名済みURLが動作するようにしてください。
4. Firebaseプラットフォームが提供している製品を調べてみましょう。AWSの類似サービス

とはどのような違いがあるでしょうか。

5. セキュリティルールとインデックスについてもっと詳しく調べてください。どのようなときにインデックスを利用できるでしょうか。また、どのセキュリティルールを導入すれば、24-Hour Video データベースをさらにセキュアにすることができるでしょうか。

9.5 まとめ

　この章では、Firebase について学びました。24-Hour Video に Firebase を導入し、ウェブサイトや Lambda 関数から Firebase を読み書きする方法を学びました。Firebase は、ユーザーインターフェイスを動かすためのデータベースとして非常に優れており、情報のストレージ、報告のニーズが複雑でなければ非常によく機能します。Firebase は高速であり、リアルタイムストリーミングとオフライン機能は非常に役に立ちます。また、委任トークンをサポートしているため、サーバーレスアーキテクチャで使いやすいデータベースでもあります。次章では、本書の締めくくりとして、今までに達成してきたことを振り返り、アーキテクチャをどのように発展させていくことができるかを考えます。

第10章 仕上げの学習

この章の内容
- デプロイとフレームワーク
- Lambdaによるマイクロサービス
- ステートマシンとAWS Step Functions
- AWS MarketplaceでのAPIの販売

　サーバーレスは、コンピュートサービスを使ってコードを実行し、サードパーティサービスを利用し、特定のパターンとプラクティスを適用することを開発者に奨励するソフトウェア開発アプローチです。ソフトウェア設計に対するサーバーレスアプローチのもとでは、開発者はインフラストラクチャを管理したりAuto Scaling Groupの問題に頭を悩ませたりすることではなく、開発スピードを早めて本来解決すべき問題に集中することができます。本書では全体を通じてずっとサーバーレスのことを話してきましたが、まだ触れていない点がいくつか残っています。この最後の章では、マイクロサービス、ステートマシンの構築、AWSでのサーバーレスAPI販売といったテーマを取り上げたいと思います。

10.1 デプロイとフレームワーク

　デプロイとフレームワークは、本書でまだ取り上げていない重要なテーマの一部です。たしかに、第6章ではnpmを使ってLambda関数をデプロイする方法を説明し、第7章ではSwaggerを使ってAPIを定義することにも触れました。しかし、もっとよい方法があることはわかっていますし、あらゆるものを構造化、接続して整然とデプロイするには、フレームワークが必要です。この方向に進んでいけば、サーバーレスアプリケーションをスクリプトで操作し、継続的インテグレーション（CI）サーバーでデプロイできるようになります。開発者のマシンでボタンを1つ押すだけでデプロイできるようにすることさえできるでしょう。そうすることができず、マニュアルでデプロイしているようであれば、サーバーレスアプリケーション構築の面白さを味わえないことになります。できるときには必ず自動化の方向に進むべきであり、そうすれば未来の自分に感謝されるでしょう。

付録Gでは、Serverless FrameworkとAWS Serverless Application Model（SAM）を紹介しています。Serverless FrameworkはNode.jsで書かれたCLIツールで、サーバーレスアプリケーション操作のスクリプトの開発やサーバーレスアプリケーションのAWSへのデプロイを支援します。開発したのは、Serverless, Inc.という独立のスタートアップで、拡大し続けているオープンソースコントリビューターのコミュニティによってサポートされています。誰でも新しい機能を追加できるプラグインシステムは、Serverless Frameworkの最良の機能の1つでしょう。

AWS SAMは、AWS CloudFormationを拡張（変形）したもので、Lambda関数、API Gateway API、DynamoDBテーブルを簡単に定義し、AWS CloudFormationを使って簡単にデプロイできるようにします。サーバーレスアプリケーションの構造化、デプロイを楽にするための手段としてAWSが作ったものです。

ここで付け加えるべきことは1つだけです。サーバーレスアプリケーションがAWSの枠内に収まっていれば、Serverless FrameworkやAWS SAMを使ってほぼすべてのことを自動化できますが、FirebaseやAuth0などの外部サービスを使うと、それらまではサポートされません。AWS以外のサービスも使うことになった場合には、システムの自動化、スクリプティングのために、追加の方法を考えなければならないでしょう。

10.2 よりよいマイクロサービスのために

皆さんは、AWS Lambdaに組み込まれているさまざまなサービスを駆使して24-Hour Videoというプログラムを作ってきました。AWS Lambda、Firebase、Auth0、その他のサービスのおかげで、このアプリケーションにはスケーラビリティがあります。しかし、ここで作ったものは、マイクロサービスアーキテクチャだとは言えません。それは、すべてのサービスが同じデータベースを共有しているからです。純粋なマイクロサービスアーキテクチャでは、各サービスが専用のデータストレージメカニズムを持ち、他のマイクロサービスとは完全に切り離され、独立しています。

ソフトウェア工学の問題は、往々にしてトレードオフのゲームになりがちです。皆さんが本書で作ったアプリケーションにも長所と短所があります。この規模のアプリケーションでは、管理しなければならないアプリケーションが1つだけということは長所になります。同期や結果整合性のことを考えなくて済むからです。

先ほども触れたように、純粋なマイクロサービスアーキテクチャでは、各サービスが専用データストアを持ちます。こうすることにメリットはあります。あるマイクロサービスのデータベーススキーマが変わっても、他のサービスには影響が及びませんし、開発チームは独立したマイクロサービスを自分のものとして実装、デプロイすることができ、開発スピードを早くすることができます。それぞれの要件に基づいて、個々のマイクロサービスに適したデータベース、スト

レージメカニズムを選ぶことができるのもメリットの1つです。仕事に合ったツール、データモデルに合ったデータベースを選べるのは、とても大きなメリットです。

　言うまでもなく、本物のマイクロサービスアーキテクチャに移行しようとすると、それ相応の難題を抱えることになります。データの同期の方法やエラーからのロールバックの方法が必要になります。結果整合性を処理し、並行して行われた更新を調停しなければなりません。イベントソーシング（ URL https://martinfowler.com/eaaDev/EventSourcing.html）の実装も検討すべきでしょう。しかし、マイクロサービスの利点を手にしたいなら、これらの問題はどうしても解決しなければなりません。私たちは、マイクロサービスアプローチが本当に適しているかどうかは、じっくりと考える必要があると思っています。大規模な分散アプリケーションを構築するつもりなら、マイクロサービスを導入する価値もたぶんあるでしょう。しかし、小規模で制約のあるアプリケーションを作るときには、面倒な思いまでしてマイクロサービスにする意味はないかもしれません。

結果整合性とは何か

　皆さんは、DNS（Domain Name System）のことをよくご存じでしょう。DNSは、人間が読んで理解できる「www.google.com」のようなホスト名を解決してIPアドレスを返します。権威のあるネームサーバーを更新し、キャッシングDNSサーバーをリフレッシュしなければならないので、変更の伝播には時間がかかります。クライアントの中には、他のクライアントよりも早く最新データを手にするものが出てきます。しかし、最終的にはすべてのクライアントが同じ結果を得るようになります（収束します）。DNSは、結果整合性を持つシステムの例です。最終的にすべてのリクエストが同じデータを返すようになります。

　Amazon DynamoDBも結果整合性を保証するシステムの1つです。AWSは、「結果整合性しか保証しない読み込みでは、最近の書き込みオペレーションの結果が反映されていないことがある」と言っています。しかし、DynamoDBでは、アプリケーションのニーズに合わせて、強力な整合性のある読み込みをオンにすることができます。DNSとAmazon DynamoDBの間には、キャッシングシステムのDNSでは単調な読み出しを保証されないのに対し、Amazon DynamoDBでは保証されるという違いがあります（単調な読み出しの保証とは、新しい値が返されたら古い値が再び読み出されることはないという意味です）。

　結果整合性を理解することは、マイクロサービスアーキテクチャの構築方法や分散システムを理解するためのポイントとなります。複数のマイクロサービスとデータストアで分散アプリケーションを構築する場合、どうしてもサービスによって手持ちのデータに新旧の違いが出てしまう問題に対処しなければなりません。しかし、システムのアーキテクチャが正しければ、一定時間経過後にはすべてが最終的に収束し、すべてのサービスが同じ整合性の取れたデータを扱うようになるはずです。

図10.1と図10.2は、どちらもそれぞれのサービスが独自データストアを持つマイクロサービスアーキテクチャの例ですが、少し異なるところがあります。

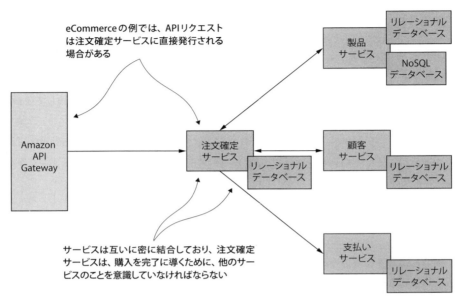

図10.1　それぞれ専用のデータベースを持ったマイクロサービスの例。この例では、サービスは同期API呼び出しを介して密結合を維持している

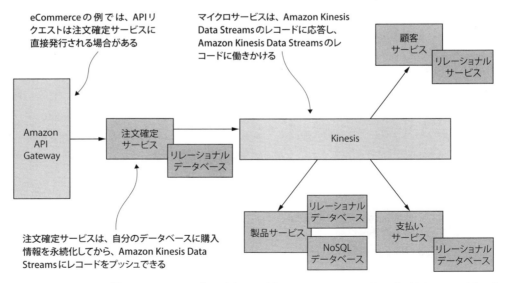

図10.2　図10.1と同様なマイクロサービスの例。この例では3つのマイクロサービスはAmazon Kinesis Data Streamsにサブスクライブし、Amazon Kinesis Data Streamsのメッセージを消費する

図10.1では、サービスが互いに結合していることに注意してください。注文確定サービスは、他のサービスを呼び出すことを覚えていなければなりませんし、応答が返るのを待たずに終了するわけにはいきません。しかし、マイクロサービスを構築していて、個々のサービスの間に密結合を作るようなら（つまり、サービスが同期API呼び出しをして、レスポンスを待たなければならないようなら）、アプローチを考え直すべきです。マイクロサービス間に密結合があると、開発、デプロイのスピードに制限を加えることになりかねません。

図10.2は、メッセージデリバリーメカニズムとしてAmazon Kinesis Data Streamsを使っており、**図10.1**よりも疎結合なアプローチになっています。この例では、サービスは互いに相手のことを知る必要がありませんが、Amazon Kinesis Data Streamsのようなメッセージングシステムにサブスクライブして、イベントやメッセージを受け取ります。この方法なら、各チームは独立にマイクロサービスを開発、リリースできるので、サービス自体の開発は楽になります。しかし、この方法だと、エラーの処理と修復は難しくなります。あるメッセージがあるサービスのデータベースの更新に成功したのに、他のサービスのデータベースの更新には失敗した場合、どのようにロールバックしたらよいでしょうか。サービス間でデータが同期しなくなったら、どのようにすればよいのでしょうか。

◆ 10.2.1　エラー処理

顧客が製品を買ったときのことをイメージしながら、もう一度**図10.1**と**図10.2**を見てみましょう。トランザクションが実行されたものの、顧客マイクロサービスが致命的なエラーを起こして「落ちた」とします。その場合、トランザクションを異常終了して、他のサービスとデータベースに対する変更をロールバックしなければなりません。他のサービスがトランザクション全体の成功を見込んで自分のデータを更新してしまっている場合でも、システムは自動的に状態を修復できなければなりません。**図10.1**では、全体を統括している注文確定サービスがこの問題を処理できるかもしれません。直接やり取りしているサービスを呼び出し、ロールバックをさせるのです。**図10.2**はどうでしょうか。トランザクションを統括しているサービスはありません。すべてが分散しています。

この問題の1つの解決方法は、エラー処理マイクロサービスを作るというものです。エラーが起きたときには、このサービスが他のサービスに通知して、ロールバックさせます。アーキテクチャの中のすべてのサービスは、エラー処理サービスに通知を送るための手段と正しいコンテキスト情報（何が起きたか）を渡すための手段を持たなければなりません。**図10.3**は、エラー処理マイクロサービスを組み込んだアーキテクチャの例を示しています。

図10.3に示すように、エラー処理サービスはSNSトピックのメッセージを読むことができ、他のサービスにロールバックその他の打ち消し処理を強制的に実行させることができます。

デッドレターキュー（DLQ）

Lambdaは、エラーからの修復で役に立つデッドレターキュー（DLQ）の概念をサポートしています。SNSトピックかSQSキューをDLQとして扱うことができます。AWS Lambdaは、デフォルトの再試行回数を経過してもイベントの処理に成功しない場合、自動的にDLQにメッセージをプッシュすることができます。そこで、DLQからメッセージを読み出す別のLambda関数を書けば、エラーを補う処理を実行したり、アラートを送ったりすることができます。**図10.3**のSNSエラートピックは、AWSが管理するDLQに置き換えることができます。その場合、DLQのメッセージを処理するエラー処理サービスを書くだけでよいということになります。

AWS LambdaとDLQの組み合わせは、堅牢なエラー処理を実現します。DLQが効果的なのは、関数のエラーの発生方法がさまざまだからです。プログラミングバグでクラッシュしたり、タイムアウトになったり、エラーによってコールバック関数が呼び出されたためにクラッシュしたりします。しかし、エラーの原因が何であっても、DLQにはメッセージがプッシュされ、そのためにプログラマーがしなければならないことはありません。DLQは、Lambdaコンソールの［デバッグとエラー処理］（**図10.4**）で有効にすることができます。Lambda関数作成時に有効にすることもできます。

私たちとしては、できる限りDLQを利用することをおすすめします。DLQはAWS Lambdaがネイティブでサポートしており、余分なプログラミングの手間が省けます。AWS LambdaがDLQをサポートする前は、開発者がそれぞれ独自実装を書いていましたが、特に関数がクラッシュしたときには、AWSのDLQと比べるとはるかに脆弱で信頼性の低いものでした。DLQを使うときには、DLQからのメッセージを処理し、少なくとも問題が起きたことを管理者に通知するなどの処理を行う関数を書くことを忘れないようにしてください。

デッドレターキューの実際

サーバーレスアーキテクチャを構築するときには、システムがアクションを実行するためにかかるステップ数を減らすように心がけましょう。フロントエンドがサービスと直接やり取りすることがセキュアで適切なら、そうすべきです。それにより、レイテンシーが減り、システムは管理しやすくなります。

また、独自の認証、認可方法を作り出すようなことはすべきではありません。一般的に使われているプロトコルと仕様を使うようにしましょう。同じものを実装する複数のサードパーティ製のサービスやAPIとうまく統合できるはずです。セキュリティは難しいテーマですが、十分にテストを重ねた認証、認可モデルに従えば、成功しやすくなります。

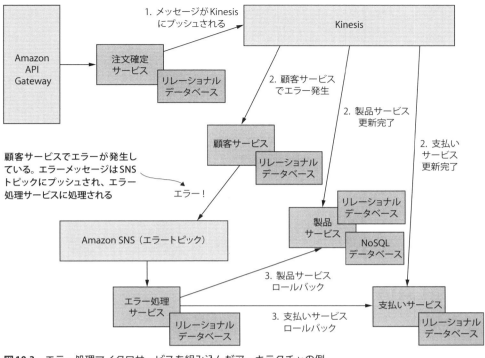

図10.3 エラー処理マイクロサービスを組み込んだアーキテクチャの例

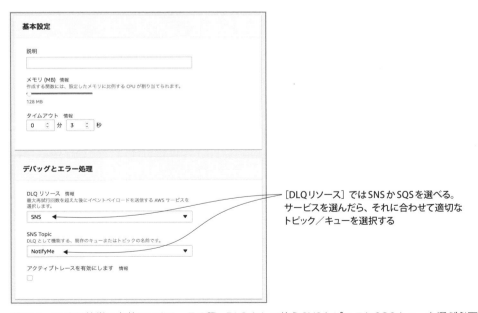

図10.4 DLQは簡単に有効にできる。その際、DLQとして使うSNSトピックかSQSキューを選ぶ必要がある

> **アクティブモニター**

アクティブモニター、watchdogサービスは、システムの監督官のようなもので、問題を見つけ、先取り的に処理します。マイクロサービスは、自分の状態についての情報をアクティブモニターに定期的に送ることができます（watchdogはpingを送り、自分でサービスを監視します）。

watchdogは、何か問題があると判断したときには、対処のための処理を実行できます。たとえば、データの同期のチェックではこの方法が使えます。異なるサービスの間でデータに整合性があるかどうかは、絶えずチェックすべきことです。マイクロサービスアーキテクチャで、大量のデータベースを扱わなければならないときには、これをおすすめします。watchdogは、データベースの中に1つ同期が取れていないものが含まれていることを検出すると、データベースの同期を取ったり、管理者にアラートを送ったりといった処理を行います。もちろん、このような状況が起きることは避けたいところですが、大規模な分散システムではこの種の問題が起きたときのための準備を検討する必要があります。

10.3 AWS Step Functions

AWS Step Functionsは、ワークフローを作成、コーディネートするAWSサービスです。AWS Step Functionsは、一連の状態と遷移から構成されるステートマシンだと考えることができます。各ステップ（状態）は、Lambda関数、EC2で実行されるコード、オンプレミスインフラストラクチャで実行されるコードのどれでもかまいません。AWS Step Functionsは、各ステップをトリガリングし、エラーが起きたときには再試行します。AWS Step Functionsは、逐次的（直列）に、または並列にステップを実行し、状態を選択し、エラーをキャッチし、ステップの実行の間に一時停止をはさむことができます。AWS Step Functionsは、ワークフローを定義し、状態やエラー処理などのワークフロー管理を行うシステムとして非常に優れています。Lambda関数を使った複雑なワークフローを自分で定義しなければならない場合と比べ、はるかに使いやすく、デバッグしやすくなります。AWS Step Functionsの料金は、状態遷移の数によって決まります。毎月、最初の4,000回の状態遷移は無料で、以下1,000回ごとに0.025ドルかかります。言うまでもありませんが、AWS Step Functionsのもとでサービス（たとえばAWS Lambda）を使う場合には、それらのサービスの料金が別にかかります。

◆ 10.3.1 プログラム例

基本的な例としてイメージ処理システムについて考えてみましょう。イメージを受け取り、そのイメージのコピーをたくさん作った上で、それらのコピーにさまざまな操作を加えるものとします。操作としては次のものを実装することとします（それぞれ、別のコピーを使います）。

- 境界線の追加
- モノクロ化
- サムネイルの作成

すべての処理が成功したら、メールなどで通知をしてもらうこととします。AWS Lambdaだけでこれをするにはどうしたらよいでしょうか。最初にイメージ処理を行い、最後にメールを送る1個の大きな関数を書くことは不可能ではありません。しかし、第1章で触れた単一責任原則に反することになります。しかも、結合する処理が多くなれば、関数はもっと長くなります。さらに、あとで機能を追加しなければならなくなれば、関数はより一層管理しにくくなります。別の方法を考えてみましょう。個々の変換のために独立した関数を書き、最後に通知を送るというものです。この場合、どの変形が完了したかを管理するために、データベース、またはその他のなんらかのデータストレージメカニズムが必要になります。こういったものがなければ、すべての関数が終了したのがいつかを知ることができず、メールを送れません。要するに、AWS Lambda（あるいは他のサービス）で問題を解決できないわけではありませんが、この種のタスクはAWS Step Functionsを使えばもっと簡単に実装、メンテナンスできるということです。

必要な Lambda 関数

では、この例の要件を満足させられる基本的なStep Functionsシステムの設計方法を見ていきましょう。

1. まず、Step Functionsステートマシンを実行するLambda関数を作る必要がある。そして、この関数をトリガリングして、ステートマシンを動かすS3イベントを設定することも必要となる
2. 次に、イメージ変換を行う3個のLambda関数を作らなければならない。個々の関数は、Amazon S3から自分の一時ストレージにファイルをダウンロードし、必要な変更を加えてから、新しいバージョンをAmazon S3に送り返す。個々のイメージ変換関数は、新しいファイルの名前を第2引数としてコールバック関数も実行する
3. 終了状態（通知送信）関数も作らなければならない。この関数は、他の3個の関数がそれぞれの処理を正常終了させたときに呼び出される。メールはAmazon SES（Simple Email Service）を使って送信する

図10.5は、これらの関数の関係を示しています。開始、終了のラベルは、Step Functionsステートマシンがどこで開始、終了するかを示します。面白いのは、最後のLambda関数（通知送信関数）です。この関数は、他の3個の関数が処理を完了し、正常終了したときに限り実行されます。他の3個の関数が正常終了したときに限って通知送信関数が実行されるというのは、状態

の管理が不要だということであり、重要なことです。データベースは不要であり、実行の成功、失敗をマニュアルで管理する必要もありません。

次のステップに進む前に、AWSコンソールで今説明した関数を作っておきましょう。すぐに実装する必要はありませんが、関数を作成しておいて、ステートマシンでそのARNを参照できるようにしておく必要があります。

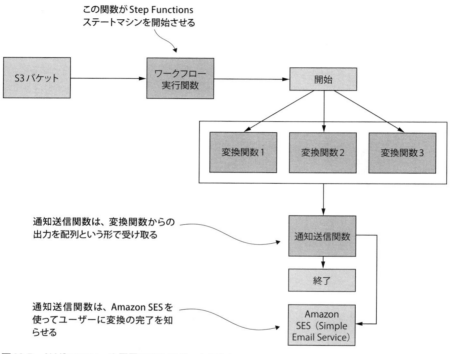

図10.5 AWSコンソール図示されたステートマシン

Step Functions ステートマシンの作成

Step Functionsステートマシンを作るには、AWSコンソールの［Step Functions］を選択します。画面中央の青い［今すぐ始める］ボタンをクリックすれば、ステートマシンを作っていけます。［ステートマシンの作成］画面では、ステートマシンに名前を付けます。また、スムースに作業を始めるために作られた設計図が表示されます。設計図を選び、それをコードウィンドウで書き換えていきます。

リスト10.1は、皆さんの要件に合致するステートマシンの例です。コンソールのコードウィンドウにこのリストをコピーし、プレビューウィンドウのリフレッシュボタンをクリックすると、更新されたグラフが表示されます。このグラフが皆さんのステートマシンを示しています。

コード（Amazon States Languageと呼ばれるもので書かれています）に誤りがあると、グラフは壊れた形になります。ステートマシンに満足したら、［ステートマシンの作成］をクリックします。IAMロールを選択、または作成するためのポップアップが表示されるので、ドロップダウンリストをクリックし、自動的に用意されたロールを選択し、［OK］をクリックします。

リスト10.1 Amazon States Languageによるステートマシンの記述

```
{
    "Comment": "Using Amazon States Language using a ➡
    parallel state to execute three branches at the same time",
    "StartAt": "Parallel",
    "States": {
        "Parallel": {
            "Type": "Parallel",
            "Next": "Final State",
            "Branches": [
                {
                    "StartAt": "Transform 1",
                    "States": {
                        "Transform 1": {
                            "Type": "Task",
                            "Resource": "<TRANSFORM FUNCTION 1 ARN>",
                            "End": true
                        }
                    }
                },
                {
                    "StartAt": "Transform 2",
                    "States": {
                        "Transform 2": {
                            "Type": "Task",
                            "Resource": "<TRANSFORM FUNCTION 2 ARN>",
                            "End": true
                        }
                    }
                },
                {
                    "StartAt": "Transform 3",
                    "States": {
                        "Transform 3": {
                            "Type": "Task",
                            "Resource": "<TRANSFORM FUNCTION 3 ARN>",
                            "End": true
                        }
                    }
                }
            ]
        },
```

3個のイメージ変換関数のARNは、先ほど作成した関数のものに置き換える

```
      "Final State": {
        "Type": "Task",
        "Resource": "<SEND NOTIFICATION FUNCTION ARN>",
        "End": true
      }
    }
}
```

通知送信関数のARNは、先ほど作成した関数のものに置き換える

Step Functions ステートマシンの実行

これまでに説明してきた作業が終わると、画面からステートマシンを実行できるようになります。[新しい実行] ボタンをクリックすると、すぐに実行できます。実行できると、**図10.6**のような画面になります。

グラフは、システムのビジュアライゼーションとして重宝する（特にシステムが複雑になったとき）

タブを使って、ステートマシンの入力と出力をチェックすることができる

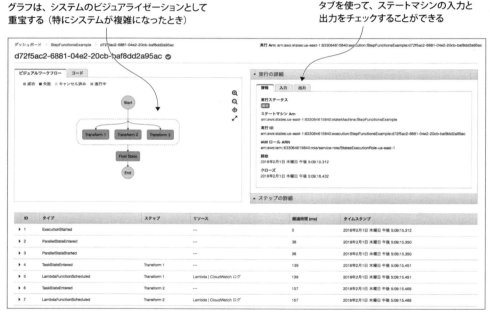

図10.6 Step Functionsステートマシンの実行が成功したときの画面。成功した場合も失敗した場合もチェックすべき細部がいくつかある

その他のものの結合

Step Functionsのステートマシンは完成しましたが、まだしなければならないことが残っています。S3バケットを作り、Amazon SESを設定し、実際のLambda関数を書かなければなりません。これらは、皆さんの演習問題として残しておきますが、ワークフロー実行関数について

は、少し説明を加えておいたほうがよいでしょう。これは、S3イベントがトリガリングされたときに、ステートマシンを起動する関数です（皆さんのシステムの中で、ステートマシンの外にある唯一の関数でもあります）。**リスト10.2**は、必要な作業の大半をこなしてくれます。リストの`params`オブジェクトに注目してください。このオブジェクトは、作成したステートマシンのARNと入力パラメータを定義しています。入力パラメータは、バケット名とオブジェクトのキーでなければなりません。

リスト10.2 Step Functionsステートマシンの実行のためのコード

```
var AWS = require('aws-sdk');
var stepFunctions = new AWS.StepFunctions();

var params = {
    stateMachineArn: '<ステートマシンのARN>',
    input: "{'bucket':'serverless-image-transform', 'key':'image.png'}",
    name: 'MyTest'
};
stepFunctions.startExecution(params, function(err, data) {
    if (err) {
        callback(err);
    }
    else {
        callback(null, 'Step Functions executionARN: ' + data.executionArn);
    }
});
```

- 前のステップで作ったステートマシンのARNに置き換える
- ステートマシンへの入力で、バケットとオブジェクトのキー
- 実行に対するラベル（名前）
- executionArnパラメータを使えば、実行中、実行後のステートマシンをチェックできる

リスト10.2の`startExecution`関数は、非同期に実行されます。ステートマシンの実行には長い時間がかかる場合があるので、Lambda関数は結果が出るのを待っていられないのです。しかし、`startExecution`が返す`executionArn`を使えば、ステートマシンの実行状況を定期的にチェックできます。**リスト10.3**は、そのためのコードを示しています。

リスト10.3 Step Functionsステートマシンの実行状況の確認

```
var AWS = require('aws-sdk');
var stepFunctions = new AWS.StepFunctions();

var params = {
    executionArn: '<STATE MACHINE EXECUTION ARN>'
};

stepFunctions.describeExecution(params, function(err, data) {
    if (err) console.log(err, err.stack);
    else console.log(data);
}
```

- リスト10.2のstartExecution関数が返すexecutionArnに置き換える
- 終了したかどうか、最終的な出力はどうなっているかを含め、実行状況を示す

すでに触れたように、通知送信関数は、3個のイメージ変換関数が正常終了してからでなければ実行されません。通知送信関数に与えられるイベントオブジェクトには、値の配列が含まれています。これらの値は、3個のイメージ変換関数がそれぞれのコールバックに渡した値です。コールバックには、たとえば`callback(null, {'bucket': 'my-bucket', 'key': 'thumbnail.png'})`のように、変換後のファイルのキーとバケットを渡せばよいでしょう。そうすれば、通知送信関数では、配列からバケット名とキーを抽出し、Amazon SESを介してユーザーに送ることができます。

AWS Step Functionsで次に学習すべきこと

ここで取り上げたのは、最小限のことだけです。並列実行を含む単純なステートマシンの作り方を説明しましたが、Retry Failure、Catch Failure、Choice States、Wait Statesといったブループリントを使えば、他にもたくさんのことができます。Activityや、ローカルマシンで実行されているコードとAWS Step Functionsとの接続方法にも触れていません。もっと多くのことを学びたい方は、AWS Step FunctionsについてのAWSのドキュメント（ URL https://aws.amazon.com/documentation/step-functions/）を読み、ステートマシンを理解し、すばらしいステートマシンを短時間で作るのに役立つAmazon States Languageの仕様書（ URL https://states-language.net/spec.html）をチェックしてください。

10.4 AWS Marketplaceが開くビジネスチャンス

AWSが2016年末に行ったさまざまな発表の中でも特に目を引いたのは、AWS Marketplace（ URL https://aws.amazon.com/marketplace）にAmazon API Gatewayを統合するというものでした。つまり、AWSは、自らのオンラインマーケットで、他の人々が自分のAPIを販売して利益を上げることを認めたのです。コンセプトは単純で、Amazon API Gatewayを使ってAPIを構築し、AWS Marketplaceに提出して承認が得られると、そのAPIを販売して利益を得ることができるということです。AWSが料金の計算、徴収を処理し、販売者に支払ってくれます。Amazon API Gatewayを使って作るAPIはどのようなものでもかまいませんが、AWSの承認を受けなければAWS Marketplaceで販売することはできません。Amazon API GatewayとAWS Lambda（または他のAWSサービス）を結び付ければ完全にサーバーレスにすることができます。APIとオンプレミスインフラストラクチャ、またはAmazon EC2上で実行されるコードを結び付けることもできます。設計、実装は、完全に自由に決められます。

AWS MarketplaceでAPIを販売するために必要な手順を大ざっぱにまとめると、次のようになります。

1. Amazon API Gateway と他の製品、サービスを使って API を作る。AWS だけを使わなければならないわけではなく、Google の Vision API や IBM の Document Conversion Service を使ってもかまわない
2. API をデプロイして利用プランを作る。利用プランでは、さまざまな制限、クォータを設定できる。それを使ってユーザーのためにさまざまなサブスクリプションプランを作る
3. ユーザーのためにデベロッパーポータルを作成、整備する。このポータルは、利用プランを示し、ユーザーがサービスにサインアップできるようにする。ユーザーがサインアップしたら、プラットフォームはユーザーのために API キーを作成し、提供しなければならない
4. AWS Marketplace で SaaS 製品を作り、承認を得る
5. AWS Marketplace の製品とデベロッパーポータルを統合する。方法の詳細は、「AWS SaaS Seller Integration Guide（ URL https://s3.amazonaws.com/awsmp-loadforms/SaaS+Seller+Integration+Guide.pdf）」を参照
6. API をローンチさせ、営業を開始する

AWS はサンプルのデベロッパーポータルを GitHub で公開し（ URL https://github.com/awslabs/aws-api-gateway-developer-portal）、参考例として使えるようにしています。このリポジトリをクローンすれば、必要な Lambda 関数、Amazon API Gateway、Cognito ユーザープール、S3 バケット、ウェブサイトを作るために利用できます。すべてが自動化され、リポジトリに指示が書かれているので、作業は簡単です。AWS Marketplace とデベロッパーポータルの連携の方法も説明されています。**図10.7** は、ユーザーが登録してログインしたあとのサンプルのデベロッパーポータルを示しています。もちろん、デベロッパーポータルはこれをカスタマイズしても、まったく新しいものを用意してもかまいません。

AWS の公式ドキュメントには、AWS Marketplace で API を販売するための便利で詳細なガイドがもう1つ含まれています（ URL https://docs.aws.amazon.com/apigateway/latest/developerguide/sell-api-as-saas-on-aws-marketplace.html）。誰でもすばらしいサーバーレス SaaS 製品を作って世界中に販売する平等なチャンスが得られるというのですから、AWS Marketplace はとても魅力的だと思います。皆さんが製品を作って AWS Marketplace で販売することになったら、ぜひ私たちにも教えてください。

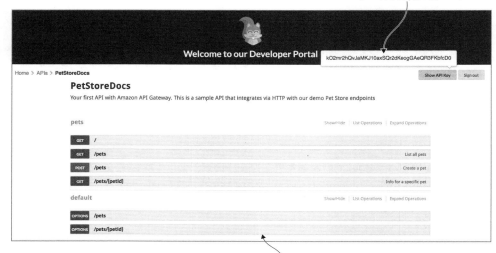

図10.7 AWSが提供しているサンプルのデベロッパーポータル。API販売という目標へのすばらしい近道となる

10.5 これからの展開のために

　ここでうれしいお知らせです。本書もいよいよ終わりが見えてきました。皆さんはきっと今までの道のりを誇りに思っていただけることでしょう。サーバーレスアーキテクチャとパターンについて学び、AWS Lambda、Amazon API Gateway、Auth0、Firebaseなどのサービスについて多くのことを知り、セキュリティとトランスコードパイプラインを備えた完全に動作する動画シェアサイトを作り上げました。さまざまなテクノロジー、プラクティス、パターンについて詳しく調べなければなりませんでした。本書には、消化して身につけなければならないことがたくさん含まれています。特に、はじめてサーバーレステクノロジーとアーキテクチャに触れた方にとっては多く感じられたことでしょう。学習のための最良の方法は実践です。そういうわけで、今まで作ってきた24-Hour Videoシステムに新機能を追加してみてください。皆さんが何かを作り上げたときには、ぜひ私たちにもそれを教えてください。

24-Hour Videoのための高度な演習問題

本書で説明してきた動画シェアサイト、24-Hour Videoを完成させたら、さらに次のような課題を試してみてください。

- ユーザーから見て魅力的なようにウェブサイトを整備してください。メッセージや警告は理解できるような文章にして、何をすべきかをユーザーに明確に伝えられるようにしてください。
- ユーザーが自分の公開情報を編集、保存するためのフォームを追加してください。プロフィールには、ニックネームや画像を加えてもかまいません。ユーザーがアップロードした動画の横に、ユーザーの公開プロフィールへのリンクを追加してください。
- ユーザーがアップロードした動画を公開したり、非公開にしたりすることができるようにしてください。また、自分の動画にタイトルや簡単な説明を付けられるようにしてください。
- 動画のアップロード終了、公開/非公開がいつ行われたかをユーザーに知らせるメール通知システムを追加してください(前問を実装した場合)。
- 個々の動画が何回視聴されたかを記録するビュートラッカーを実装してください。
- ユーザーが動画を非公開にするか公開にするかを指定できるようにしてください。公開動画は誰でも視聴でき、非公開動画はログインしたユーザーだけが視聴できるものとします。
- 個々の動画のサムネイルを作成するようにAmazon Elastic Transcoderを変更してください。また、ユーザーがそれらのサムネイルの中のどれかを選んで動画を表すために使えるようにしてください。
- システム内メッセージングシステムを追加して、ユーザー同士で話をすることができるようにしてください。他のユーザーからメッセージが届いたときには、システムからユーザーに通知を送るようにしてください。また、ユーザーは、ウェブサイトにログインすると、メッセージを表示することができるようにします。
- タギングシステムを追加し、ユーザーが動画に関連キーワード(たとえば、冒険、アクション、コメディ、ドラマなど)のタグを付けられるようにしてください。
- ユーザーがすべての動画を削除できるようにしてください。
- サーチシステムを追加して、ユーザーが動画を検索できるようにしてください。タイトル、説明、タグ(実装されている場合)を全部使って検索してください。
- 本書で開発した関数のためにSAMテンプレートを作ってください。

テクノロジーの変化は速いので、最新のニュース、情報が得られるサイトをいくつか押さえておくと便利です。Serverless Zone（ URL https://serverless.zone）は、サーバーレスアーキテクチャに関するブログエントリのすばらしく興味深いコレクションです。同じようなものとして、A Cloud Guru（ URL https://read.acloud.guru/serverless/）と Serverless Framework（ URL https://serverless.com/blog）のブログ紹介ページもあります。また、サーバーレステクノロジー／アーキテクチャを専門とする唯一のカンファレンスであるServerlessconf（ URL https://serverlessconf.io）にも注目したほうがよいでしょう。Serverlessconfは世界中で開催されており、サーバーレスアーキテクチャを発展させたいと思っている企業、組織、個人と出会えるすばらしい場です。

　皆さんは本書を読んで楽しんでいただけたでしょうか。何か学ぶことがあったでしょうか。サーバーレスアーキテクチャとテクノロジーはまだ新しい存在ですが、認知度は急速に上がっています。今後数年のうちに、大小の多くの企業がサーバーレステクノロジーを支持して急成長を遂げ、コスト削減に成功していくでしょう。そして、サーバーレステクノロジーとアーキテクチャだけを対象とするスタートアップが無数に作られるはずです。この世界はまだ新しいので、今こそ参入して差を生み出すチャンスです。皆さんも、次のソートリーダー、次の偉大なサーバーレスイノベーターになれます。私たちは、サーバーレスが開くチャンスと可能性にワクワクしており、今後サーバーレステクノロジーがどのように成熟し、発展していくかを見守っていくつもりです。本書はこれで終わりですが、私たちすべてにとってのサーバーレスのすばらしい旅はこれから始まるところです。本書を読んでいただき、どうもありがとうございました。

付録A サーバーレスアーキテクチャのためのサービス

この付録の内容
- サーバーレスアーキテクチャで使えるサービス

AWSは、サーバーレスアーキテクチャを構築するときに使えるさまざまなサービスを用意しています。必要不可欠なのはAWS Lambdaですが、他のサービスも、必須というわけではなくても、特定の問題の解決では役に立ちます。AWS以外にもすばらしいサービスはたくさんあり、自分のアーキテクチャを組み立てるときにはそれらも検討すべきです。次に示すのは、筆者が役に立つと感じているサービスの一部です。決して網羅的なものではありません。本書では、堅牢なサーバーレスアーキテクチャを構築するために、これらのサービス（およびその他多くのサービス）をどのように使えばよいかを説明しています。この付録は、本書のどこかで何かのサービスに言及したときに、それがどのようなものかを思い出すためのクイックリファレンスとして使うことができます。

A.1 Amazon API Gateway

Amazon API Gatewayは、フロントエンドとバックエンドサービスの間にAPIのレイヤーを設けることができるサービスです。ライフサイクル管理をサポートするため、複数のバージョンのAPIを同時に実行することができます。また、開発、ステージング、本番といった形で複数のリリースステージを設定できます。Amazon API Gatewayは、リクエストのキャッシングやスロットリングなどの便利な機能も備えています。

APIは、リソースとメソッドを中心として定義されます。リソースは、ユーザーや製品などの論理エンティティです。メソッドは、GET、POST、PUT、DELETEなどのHTTP動詞（verb）とリソースパスの組み合わせです。Amazon API GatewayはAWS Lambdaと統合されているため、第7章（208ページ）で示すように、AWS Lambdaとのデータのやり取りは簡単です。Amazon

API Gatewayは、AWSサービスプロキシを介して普通のHTTPエンドポイントに対するリクエストを転送して、AWSのさまざまなサービスと接続できます。

A.2 Amazon SNS（Simple Notification Service）

　Amazon SNSは、メッセージを届けられるように設計されたスケーラブルなPub/Subサービスです。プロデューサー／パブリッシャーがメッセージを作って、トピックに送ります。コンシューマー／サブスクライバーは、トピックの購読を申し込み、サポートプロトコルのどれかを介してメッセージを受信します。Amazon SNSは、冗長性を確保し、At least onceデリバリーを保証するために、複数のサーバーにメッセージを格納します。At least onceデリバリーとは、サブスクライバーに「少なくとも一度は」メッセージが届けられるようにすることです。しかし、Amazon SNSの分散システムとしての性質により、メッセージはまれに複数回届けられることがあります。

　Amazon SNSからHTTPエンドポイントにメッセージを届けられない状態になった場合、あとでデリバリーを再試行するように設定することができます。Amazon SNSは、スロットリングが行われていてAWS Lambdaに届けられなかったメッセージの再試行もできます。Amazon SNSは、256KBまでのメッセージペイロードをサポートします。

A.3 Amazon S3（Simple Storage Service）

　Amazon S3は、Amazonのスケーラブルなストレージソリューションです。Amazon S3のデータは、複数の場所にある複数のサーバーに冗長性を持たせて格納されます。イベント通知システムにより、オブジェクトが作成、削除されたときにAmazon SNS、Amazon SQS、AWS Lambdaにイベントを送信できます。Amazon S3はデフォルトでセキュアになっており、作成したリソースにアクセスできるのはオーナーだけですが、ACL（Access Control List）とバケットポリシーを使って、きめ細かく柔軟にアクセス権限を設定することができます。

　Amazon S3は、バケットとオブジェクトの概念を使っています。バケットとは、オブジェクトの高水準のディレクトリ、またはコンテナです。オブジェクトは、データ、メタデータ、キーの組み合わせです。キーとは、バケット内のオブジェクトの一意な識別子です。Amazon S3は、S3コンソール内でオブジェクトのグループを作るためのフォルダーの概念もサポートしています。フォルダーは、キー名のプレフィックスの部分で、キー名の中のスラッシュ（/）でフォルダーを区切ります。たとえば、S3コンソールでdocuments/personal/myfile.txtというキー名を持つオブジェクトは、documentsという名前のフォルダーに含まれるpersonalというフォルダーの中のmyfile.txtというファイルを表します。

A.4 Amazon SQS (Simple Queue Service)

Amazon SQSはAmazonの分散フォールトトレラントキューシステムです。Amazon SNSと同様に、メッセージのAt least onceデリバリーを保証し、256KBまでのメッセージペイロードをサポートします。Amazon SQSは、複数のパブリッシャーと複数のサブスクライバーが同じキューを操作することを認める他、メッセージのライフサイクル管理が組み込まれており、あらかじめ設定された有効期限をすぎたメッセージは自動的に削除されます。ほとんどのAWS製品と同じように、キューへのアクセスを制御することができます。Amazon SQSはAmazon SNSと統合されており、自動的にメッセージを受信してキューイングします。

A.5 Amazon SES（Simple Email Service）

Amazon SESは、メールを送受信するためのサービスです。Amazon SESは、スパムやウイルスのスキャン、信頼していないソースから届くメールの受信拒否など、基本的なメール受信処理をサポートしています。受信したメールはS3バケットに送ることができ、他にも、Lambda通知を発生させたり、SNS通知を作ったりすることもできます。これらの動作は、届いたメールをどのように処理すべきかをAmazon SESに指示する受信ルールの一部で設定できます。

Amazon SESへのメールの送信は簡単ですが、送信できるメッセージの数や送信ペースには、制限が設けられています。Amazon SESは、スパムではない高品質のメールが送られてきているときには、自動的にクォータを引き上げます。

A.6 Amazon RDS（Relational Database Service）とAmazon DynamoDB

Amazon RDSは、AWSインフラストラクチャ内のリレーショナルデータベースのセットアップと運用をサポートするウェブサービスです。Amazon RDSは、Amazon Aurora、MySQL、MariaDB、Oracle、MS-SQL、PostgreSQLをサポートします。Amazon RDSは、プロビジョニング、バックアップ、パッチ、復旧、修理、エラー検出などの日常的なタスクをサポートします。モニタリング、測定、データベースのスナップショット作成、マルチAZ（アベイラビリティゾーン）サポートは、デフォルトで提供されています。Amazon RDSは、イベントが発生するとAmazon SNSを使って通知を送ります。そのため、作成、削除、フェイルオーバー、復旧、復元などのデータベースイベントが発生したときに簡単に反応できます。

Amazon DynamoDBは、AmazonのNoSQLソリューションです。主要な概念として、テーブル、アイテム、属性があります。テーブルはアイテムのコレクションを格納します。アイテムは、

属性のコレクションから構成されます。属性は、人の名前、電話番号などの個々のデータです。すべてのアイテムは、一意に識別可能になっています。AWS Lambdaは、Amazon DynamoDBのテーブルと統合されており、テーブルの更新時に起動できるようになっています。

A.7 Amazon CloudSearch

　Amazon CloudSearchは、構造化データとプレーンテキストをサポートするAWSの検索ソリューションです。Amazon CloudSearchは、JSONまたはXML形式の小さなデータを受け付け、クエリに使えるインデックスを生成します。Boolean、プレフィックス、範囲、フルテキスト検索をサポートし、ファセット、ハイライト、自動補完もサポートします。Amazon CloudSearchに与えられるドキュメントにはユーザーが生成したIDが与えられるため、ドキュメントは一意に識別できます。検索はGETリクエストを使って行います。結果はJSONまたはXMLの形式で返すことができ、ソート、ページ分割できる他、重要度スコアなどの役に立つメタデータを組み込むことができます。

A.8 Amazon Elastic Transcoder

　Amazon Elastic Transcoderは、メディアを他の形式、解像度、ビットレートにトランスコードするためのサービスです。メディアをさまざまなデバイスで再生できるようにしなければならないときに役に立ちます。Amazon Elastic Transcoderには、動画のトランスコードの方法を定義する、さまざまな「プリセット」というテンプレートが用意されています。必要なら、独自のプリセットを作ることもできます。

　Amazon Elastic TranscoderはAmazon S3、Amazon SNSと統合されているため、ジョブが完了したときやエラーが発生したときに、それらを使って通知を行います。Amazon Elastic Transcoderには、ウォーターマーク、キャプション（字幕）のトランスコード、デジタル著作権管理などの追加機能もあります。

A.9 Amazon Kinesis Data Streams

　Amazon Kinesis Data Streamsは、ストリーミングされているビッグデータのリアルタイム処理サービスです。一般に、ログ、データ取り込み、測定、アナリティクス、レポート作成のために使われています。Amazonがストリーミングビッグデータの処理では主としてAmazon Kinesis Data Streamsを使うことを推奨しているという点で、Amazon SQSとは異なります。それに対し、

Amazon SQSは、特に有効期限や遅延などのメッセージに対する細かい管理が必要なときに、信頼性の高いホステッドキューとして使われます。

Amazon Kinesis Data Streamsでは、ストリームのスループット容量はシャードによって規定されます。ストリームを作成するときにはシャード数を指定しなければなりませんが、スループットを加減しなければならなくなったときには、シャード数を設定し直すことができます。それに対し、Amazon SQSのスケーリングはずっと透過的です。AWS LambdaはAmazon Kinesis Data Streamsと統合でき、ストリームにレコードが現れると同時にレコードのバッチを読み出すことができます。

A.10 Amazon Cognito

Amazon CognitoはID管理サービスです。Google、Facebook、Twitter、Amazonなどの公開されたアイデンティティプロバイダーや、ユーザー自身のシステムに統合できます。Amazon Cognitoはユーザープールをサポートするため、独自のユーザーディレクトリを作ることができます。別個のデータベースや認証サービスを実行しなくても、ユーザーを登録、認証できるわけです。Amazon Cognitoは、異なるデバイス間でのユーザー申し込みデータの同期をサポートするとともに、オフラインサポートによりインターネットアクセスがないときでもモバイルデバイスを使えるようにします。

A.11 Auth0

Auth0はID管理サービスで、Amazon Cognitoにない機能もいくつかサポートしています。Auth0は、Google、Facebook、Twitter、Amazon、LinkedIn、Windows Liveをはじめとする30種以上のIDプロバイダーと統合されています。IDプロバイダーを利用しなくても、Auth0が持つユーザーデータベースを利用して新しいユーザーを登録することができます。また、他のデータベースからユーザーをインポートする機能も持っています。

当然ながら、Auth0は、SAML、OpenID Connect、OAuth 2.0、OAuth 1.0、JSON Web Tokenなどの標準プロトコルをサポートしており、AWS IAMやAmazon Cognitoとの統合もとても簡単です。

A.12 Firebase

FirebaseはGoogleの子会社であり、面白い製品スイート名でもあります。私が特に気に入って

いるのはNoSQLリアルタイムデータベースです。FirebaseのデータはJSON形式で格納されています。Firebaseで特に優れているのはリアルタイム同期です。接続しているすべてのユーザーは、データ更新が発生したときにその内容を受信することができます。Firebaseには、REST APIかクライアントライブラリ（さまざまな言語、プラットフォームを対象としたものが作られています）を使ってアクセスします。Firebaseには、ファイルの静的ホスティングやユーザー認証のサービスも含まれています。

A.13 その他のサービス

ここで紹介したサービスは、アプリケーションの構築に利用可能な、さまざまな製品のうち、ほんの一部だけです。その他にも、GoogleやMicrosoftといったクラウドに重点を置いている大企業やAuth0のような、それらよりも小規模な独立の企業が提供するさまざまなサービスがあります。

また、ここで取り上げた以外のサービスタイプで注意したほうがよいものもあります。それらは、作業の効率化やソフトウェア開発のスピードアップ、パフォーマンス向上などの目標の達成に役立ちます。ソフトウェアを構築するときには、次のタイプの製品、サービスについても検討するようにしましょう。

- Amazon CloudFrontなどのCDN（コンテンツデリバリーネットワーク）
- DNS管理（Amazon Route 53）
- キャッシング（Amazon ElastiCache）
- ソースコード管理システム（GitHub）
- 継続的インテグレーション、継続的デプロイ（Travis CI）

ここで紹介したどのサービスについても、状況によって同等またはそれ以上の結果が得られる競合製品があります。調査の手を広げて、現在出回っているさまざまなサービスを試してみることをおすすめします。

付録B インストールとセットアップ

この付録の内容

- □ AWSのIDとアクセス管理のセットアップ
- □ AWSにおけるS3バケット、Lambda関数、Elastic Transcoderの作成
- □ ローカルシステムのセットアップとNodeパッケージマネージャのインストール
- □ Lambda関数のためのpackage.jsonの作成

　この付録の目的は、第3章から始まる24-Hour Videoシステムの開発のために必要なマシン、環境、そしてAWSのセットアップをお手伝いすることです。24-Hour Videoは、本書全体を通じて参照し、改良していくことになるので、サーバーレスアーキテクチャの理解を深めるためには、ぜひ一緒に実装することをおすすめします。

　作業を始める前に必要なものが2つあります。macOS、Linux、Windowsのいずれかを実行するコンピューターと、使えるインターネット接続です。

B.1 システムの準備

　この付録では、AWSのサービスをセットアップし、ローカルコンピューターにソフトウェアをインストールします。皆さんのマシンにインストールするのは次のものです。

- Node.jsとそのパッケージマネージャであるnpm。npmは、Lambda関数と依存ファイルの管理を支援する
- デプロイで役に立つAWS CLI（コマンドラインインターフェイス）
- Windowsユーザーは、デプロイのためにLambda関数からzipファイルを作るためのユーティリティ（GnuWin32など）が必要な場合もある

AWSの中では、次のものを作ります。

- IAMユーザー、ロール

- 動画ファイルを格納するためのS3バケット
- 最初のLambda関数
- 動画をトランスコードするためのElastic Transcoder パイプライン

第3章以降では、新たなLambda関数やAWSサービスを追加し、テストと開発のために役立つその他のnpmモジュールをインストールします。この付録は長く感じるかもしれませんが、本書全体で役に立つことを説明しています。すでにAWSを使っている皆さんは、斜め読みでかまいません。

B.2 IAMユーザーとCLIのセットアップ

まずAWSアカウントが必要ですが、これはAWSのサイト（ URL https://aws.amazon.com）で作成できます。アカウントを作成したら、 URL http://docs.aws.amazon.com/cli/latest/userguide/installing.htmlから、手持ちのシステムに合ったAWS CLIをダウンロード、インストールしてください。インストール方法はさまざまで、まずpip（Pythonベースのツール）を使う方法があります。そして、WindowsならMSIインストーラ、macOSやLinuxならBundled Installerを使う方法があります。次に、Node.jsもインストールしなければなりませんが、これは URL https://nodejs.org/ja/からダウンロードできます。npm（Node Package Manager）は、Node.jsにバンドルされています。

AWSでは、最初にIAM（Identity and Access Manager）ユーザーを作らなければなりません。皆さんのコンピューターからAWSに直接Lambda関数をデプロイするときには、このユーザーのセキュリティポリシーと証明書が使われます。次の手順に従ってユーザーを作り、正しいアクセス権限を設定してください。

1. AWSコンソールで［IAM］（Identity and Access Management）を選択し、［ユーザー］→［ユーザーを追加］を順にクリックする
2. 新しいIAMユーザーに「lambda-upload」などのユーザー名を与えて、［プログラムによるアクセス］チェックボックスを選択する（**図B.1**）。このチェックボックスを選択すると、アクセスキーIDとシークレットアクセスキーを生成できる（これらのキーは、aws configureで何度か必要になる）
3. ［次のステップ：アクセス権限］をクリックする
4. ［lambda-uploadのアクセス権限を設定］画面では何も選択せず、［次のステップ：確認］をクリックして先に進む

> **AWSコンソールで機能（IAM、API Gatewayなど）を探す方法**
>
> 「AWSコンソールで［IAM］を選択する」にはどうしたらよいのでしょうか？
>
> AWSコンソールに入ると、「サービスを名前、あるいは機能で検索（例: EC2、S3、VM、ストレージ）」と薄く書かれたテキストボックスがあるので、そこに「IAM」と入力してください。実際には、1字入力するたびに候補が下に表示されるので、その中からIAMを選べば、IAMのコンソールに移ります。IAMと最後まで入力した場合は、最後にEnterキーを押せば、IAMのコンソールに移動できます。
>
> 利用したことのあるサービスは、2回目から「最近アクセスしたサービス」として「すべてのサービス」の上に表示されるので、そこからも選べます。
>
> 他のサービスの操作をするときも同様です。本書では、たとえば「API Gatewayコンソールで●●をしてください」という説明があったら、AWSコンソールからこのような方法でAPI Gatewayのコンソールに移ったところから話が始まっているのだと考えてください。

図B.1 IAMコンソールを使えば、新しいIAMユーザーを簡単に作成できる

5. 最後の画面で、「このユーザーにはアクセス権限がありません」というメッセージが表示される。これにはあとで対処するため、［ユーザーの作成］をクリックして、ひとまずセットアップを完了する
6. ユーザー名、アクセスキーID、シークレットアクセスキーをまとめた表が表示されていることを確認する。これらのキーを書き込んだCSVファイルをダウンロードすることも可能。ローカルマシンにキーのコピーを残すためにCSVファイルをダウンロードし、［閉じる］をクリックして終了する（**図B.2**）

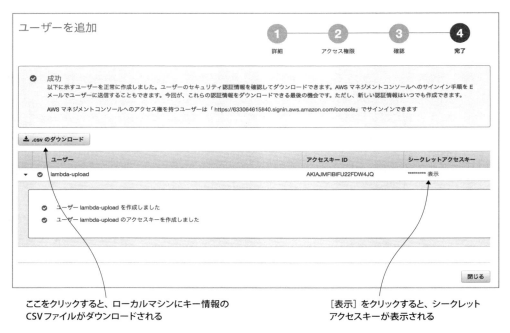

ここをクリックすると、ローカルマシンにキー情報の
CSVファイルがダウンロードされる

［表示］をクリックすると、シークレット
アクセスキーが表示される

図B.2 アクセスキー ID とシークレットアクセスキーを保存するのを忘れないようにする。このウィンドウを閉じると、シークレットアクセスキーは入手できなくなる

7. ローカルシステムのターミナルで `aws configure` を実行する。AWS CLI は、ユーザー認証情報の入力を求めてくるので、前の手順で生成した、`lambda-upload` のためのアクセスキー ID とシークレットアクセスキーを入力する

8. リージョンの入力も求められる。AWS Lambda はすべてのリージョンでは利用できないので、us-east-1 などの AWS Lambda をサポートしているリージョンを選択する。システムのすべてのサービスで同じリージョンを使うとよい（そのほうが料金が安くなる）。本書はバージニア北部（us-east-1）リージョンをおすすめする。この付録では、このリージョンを使っているという前提で説明を進める

9. あと 1 つ、デフォルト出力形式の選択を求めるプロンプトが表示されるので、`json` に設定して、`aws configure` を終了する

B.3 ユーザーアクセス権限の設定

`lambda-upload`ユーザーにLambda関数をデプロイするアクセス権限を与える必要があります。新しいインラインポリシーを作り、関数のデプロイを認めるためのアクセス権限を指定し、このポリシーをIAMユーザーにアタッチします。

1. IAMコンソールで［ユーザー］をクリックし、［`lambda-upload`］をクリックする。［アクセス権限］タブを選択する
2. ［インラインポリシーの追加］をクリックして、ユーザーのための最初のポリシーを作る（**図B.3**）

図B.3 まず新しいインラインポリシーを追加する

3. ［ビジュアルエディタ］タブを選択し、［サービスの選択］→［Lambda］を選択する
4. ［アクションの選択］から以下の3つのアクションを選択する
    - 読み込みのアクセスロググループから［GetFunction］
    - 書き込みのアクセスロググループから［UpdateFunctionCode］
    - 書き込みのアクセスロググループから［UpdateFunctionConfiguration］
5. ［リソース］→［指定］チェックボックスを選択し、［function］の右にある［すべて］にチェックを入れて［Review policy］をクリックする
6. ［名前］に「Lambda-Upload-Policy」と入力して［Create policy］をクリックして保存、［概要］画面に戻る

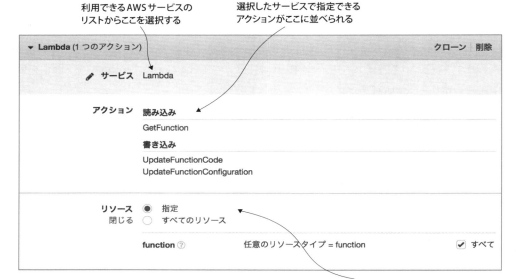

図B.4 ［アクセス許可の編集］画面では、ユーザー、ロールに与えなければならないアクセス権限を探して選択できる

B.4 新しいS3バケットの作成

次に、Amazon S3に2つのバケットを作る必要があります。1つは、新しい動画のアップロード先となるバケット、もう1つは、Amazon Elastic Transcoderがトランスコードした動画を格納するバケットです。Amazon S3のすべてのユーザーが同じバケットの名前空間を共有するため、まだ使われていないバケット名を用意しなければなりません。この例では、前者のバケットは`serverless-video-upload`、後者のバケットは`serverless-video-transcoded`という名前を使っているものとして話を進めていきます。

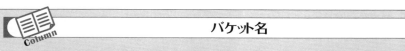

バケット名はAmazon S3のグローバルなリソース空間全体で一意でなければなりません。本書ではすでにserverless-video-uploadとserverless-video-transcodedを使っているので、皆さんは別の名前を用意する必要があります。本書のバケット名にイニシャル、または適当な文字列を追加すれば、本書全体でバケット名の意味がわかりやすくなるでしょう（たとえば、serverless-video-upload-psとserverless-video-transcoded-ps）。

バケットを作るには、AWSコンソールで［S3］→［バケットを作成］を順にクリックします。そして、バケット名を入力し、リージョンとして［米国東部（バージニア北部）］を選択します（**図B.5**）。さらに、ウィザードの最後の画面に達するまでクリックを続けます（オプションを指定する必要はありません）。バケットはすぐにコンソールに表示されるはずです。

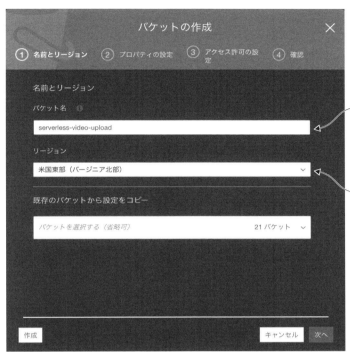

図B.5 S3コンソールで2つのバケットを作る。1つはアップロード用、もう1つはトランスコードした動画の格納用となる

> ### 新しいコンソールと古いコンソール
>
> ［S3］をクリックしたときに、**図B.5**よりもさえない、古いコンソールが表示されることがあります。右側の［Opt In］リンクをクリックすれば、新コンソールに切り替えられます。本書は、明示的に言及したり、古いコンソールへの切り替えをお願いしたりするときを除き、新コンソールを使っていることを前提として話を進めていきます。

B.5 IAMロールの作成

次に、将来のLambda関数のためにIAMロールを作る必要があります。このロールは、Lambda関数にAmazon S3、Amazon Elastic Transcoderとのやり取りを認めるためのものです。このロールには、`AWSLambdaExecute`と`AmazonElasticTranscoderJobsSubmitter`の2つのポリシーを追加します。`AWSLambdaExecute`は、Lambda関数にAmazon S3、AWS CloudWatchとのやり取りを認めます。AWS CloudWatchはログファイルを作り、メトリクスを計測し、アラームを設定するために使われるAWSサービスです。`AmazonElasticTranscoderJobsSubmitter`ポリシーは、Lambda関数がAmazon Elastic Transcoderに新しいトランスコードジョブを実行できるようにします。

1. AWSコンソールで［IAM］→［ロール］を順にクリックする
2. ［ロールの作成］をクリックする
3. ［信頼されたエンティティの種類を選択］画面で［AWSサービス］を選択して［Lambda］をクリックし、［次のステップ：アクセス権限］をクリックする
4. ［アクセス権限ポリシーをアタッチする］画面で、次の2つのポリシーを選択し、［次のステップ：確認］をクリックする
    - AWSLambdaExecute
    - AmazonElasticTranscoderJobsSubmitter
5. ［ロール名］に「`lambda-s3-execution-role`」と入力し、［ロールの作成］をクリックする
6. ロールの概要ページに戻ってくるので、もう一度［`lambda-s3-execution-role`］をクリックし、アタッチされた2つのポリシーを確認する（**図B.6**）

図B.6 Amazon S3にアクセスし、Elastic Transcoderジョブを作るために、lambda-s3-execution-role は2つのAWS管理ポリシーを必要とする

B.6 Lambda関数のための準備

ついに、最初のLambda関数を作るところまできました。もっとも、まだ関数に実装を与えるわけではありません。実装は第3章で行います。しかし、この関数は、アップロード (`serverless-video-upload`) バケットに新しいファイルが追加されたときにElastic Transcoderジョブをスタートさせる予定になっています。

1. AWSコンソールで ［Lambda］ をクリックし ［Create function］ をクリックする
2. ［一から作成］ をクリックする
3. 関数に `transcode-video` という名前を付ける。［ロール］ を ［既存のロールを選択］ にして (デフォルト値)、［既存のロール］ で ［`lambda-s3-execution-role`］ を選択する
4. ［関数の作成］ をクリックする
5. transcode-video の設定画面に入る。3.でロールを設定し忘れたときには、ここで設定できる (**図B.7**)

335

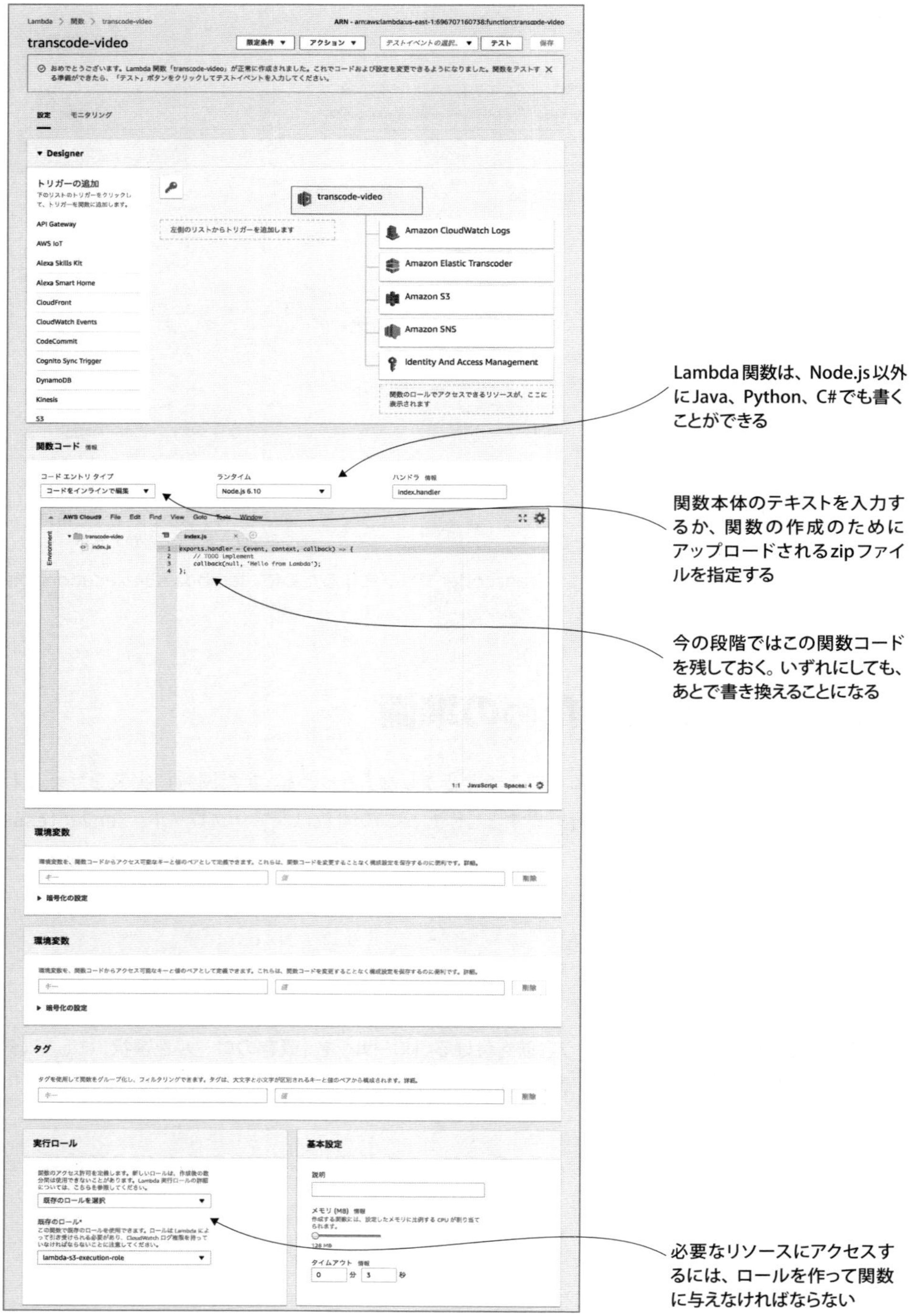

図B.7 Lambda関数は、実装を指定しなくても作成できる。完成した関数は、あとでデプロイ可能

B.7 Amazon Elastic Transcoderの設定

最後に、動画を他の形式、ビットレートにトランスコードするためのElastic Transcoderパイプラインをセットアップする必要があります。

1. AWSコンソールで[Elastic Transcoder] → [Create a new Pipeline]を順にクリックする
2. パイプラインに「24 Hour Video」のような名前を付け、入力バケットを指定する。本書の場合は、アップロード（`serverless-video-upload`）バケットを指定
3. IAMロールはそのままにしておく。Elastic Transcoderが自動的にデフォルトIAMロールを作成する
4. [Configuration for Amazon S3 Bucket for Transcoded Files and Playlists]で、トランスコード後の動画を格納するバケットを指定する。本書の場合は、「`serverless-video-transcoded`」とした。[Storage Class]は「Standard」に設定する
5. サムネイルは生成していないが、バケットとストレージクラスは選択しておく必要がある。ここでも、トランスコード済み動画用バケットを指定する（**図B.8**）
6. [Create Pipeline]をクリックして保存する

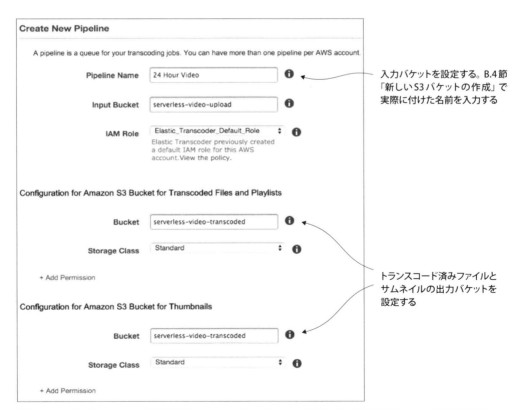

図B.8 Elastic Transcoderを使うには、入力、出力、サムネイル出力のためのS3バケット名を指定する

B.8 npmのセットアップ

　Lambda関数は、書いてから手作業でAWSにコピーすることもできますが、それでは開発管理とデプロイの持続可能な方法とは言えません。npmを使えば、関数のテスト、パッケージングが楽になり、AWSに関数を自動デプロイできるようになります。npmを直接扱うのではなく、GruntやGulpなどのタスクランナーを使いたい場合には、もちろん環境にこういったツールを追加してかまいません。しかし、npmを使えば、必要なことをすべてすることができ、他のユーティリティのことを考えなくて済みます。

　最初のLambda関数のために、transcode-videoのようなディレクトリを作りましょう。ターミナルウィンドウでそのディレクトリに行き、`npm init transcode-video`を実行してください。`npm init`で指定するオプションはすべてデフォルトのままでかまいません。いずれにしても、ここで作られるpackage.jsonファイルは、あとで**リストB.1**のように書き換えます。好みのテキストエディタでpackage.jsonを開き、特にdependenciesセクションに注意して入力してください。Windowsを使っている場合には、コラム「zipとWindows」を読んでください。

　package.jsonを**リストB.1**のように書き換え、ターミナルで`npm install`を実行すると、必要な依存ファイル（この場合はAWS SDK）がダウンロード、インストールされます。AWS SDK（そしてImageMagickも）はLambda実行環境に含まれているので、デプロイ時に関数にこれを含める必要はありません。しかし、第3章では、ローカルで関数を実行、テストし、そのときにSDKが必要なので、package.jsonにSDKの記述が含まれています。

リストB.1 動画トランスコード用のpackage.json

```
{
    "name": "transcode-video",
    "version": "1.0.0",
    "description": "Transcode Video Function",
    "main": "index.js",
    "scripts": {
        "test": "echo \"Error: no test specified\" && exit 1"
    },
    "dependencies": {
        "aws-sdk": "latest"      ◀── メインの依存ファイルとして、
    },                              AWS SDKが指定されている
    "author": "Peter Sbarski",
    "license": "BSD-2-Clause"
}
```

　付録Bとしてインストール、セットアップしなければならないものは以上です。第3章に戻って、24-Hour Videoの開発を始めましょう。

zipとWindows

　注意すべき重要なポイントですが、第3章（およびそれ以降）では、zipファイルを作る話は出てきません。しかし、AWSにLambda関数をデプロイするためには、Lambda関数（およびその依存ファイル）をzipにまとめる必要があります。package.jsonに、zipコマンドを使うpredeployスクリプトを追加して、この作業を行います。

　LinuxやMacを使っている場合には、zipがプレインストールされているので、何もする必要はありません。しかし、Windowsユーザーは、zipか類似ツールを自分でインストールしなければなりません。

　1つの方法は、URL http://gnuwin32.sourceforge.net/packages/zip.htm からGnuWin32 zipをダウンロード、インストールするというものです。環境変数Pathにzip.exeのパスを追加する必要があります。Windowsのパスと環境変数の設定方法については、さまざまなウェブサイトで詳しく説明されています。

　7-zipなどの他のファイルアーカイバを持っている場合には、それが使えるかどうかを試してみてもかまいません。package.jsonで指定したコマンドラインから実行でき、zipのパラメータ値を変更できることを確認してください。パラメータは、使っているツールによって異なる場合があります。

　npmレジストリでzipアーカイバパッケージを見つけて、それをdevDependenciesとしてインストールして使うという方法もあります。いずれにしても、Windowsを使っている場合は、この問題を解決する必要があります。

付録 C 認証と認可について

この付録の内容
- 認証と認可の基本
- OAuth 2.0のフロー
- JWT

　この付録では、認証と認可についての知識を手短に説明します。また、OAuth 2.0のフロー、OpenID Connectプロトコル、JWT（JSON Web Token）の仕組みも説明します。

C.1 認証と認可の基本

　単純なウェブ／モバイルアプリケーションでは、バックエンドサーバーがユーザーの認証や認可を処理するのが普通です。パスワード認証は次のような仕組みで動作します（**図C.1**）。

1. ユーザーがモバイルアプリケーションやウェブサイトにユーザー名とパスワードを入力する
2. ユーザー認証情報がサーバーに送られる。アプリケーションは、データベースでユーザーを照合し、送られてきたパスワードが正しかどうかをチェックする
3. パスワードが正しければ、サーバーはクッキーやトークンを返し、オプションでユーザーについての組み込みクレームも付ける。クレームとは、ユーザーの正当性を示す情報のことで、ユーザーの一意なID、ロール、メールアドレス、その他の役に立つ情報や関連情報などが含まれる。パスワードチェックが失敗したら、ユーザーには通知が送られ、認証情報の再入力が求められる
4. サーバーに対するその後のリクエストは、サーバーが先ほど提供したクッキーやトークンとともに送られる。システムは、クッキーやトークンに含まれているクレームを取り出す。組み込みクレームには、ユーザーのロール、その他ユーザーがそのアクションを実行してよいかどうかを判断するために必要な情報が含まれている。システムは、データベースにユーザーのロールを問い合わせてアクションの実行を認めるどうかを決めることができる

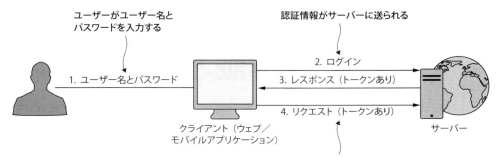

図C.1 単純なクッキー／トークン形式の認証フロー

　他のシステムやステップが関与するような、もっと複雑な認証プロセスもあります。たとえば、OpenID Connectは、カスタムサインインシステムを開発しなくても、サードパーティサービス（OpenIDプロバイダー）を利用してユーザーを認証できるようにする、認証プロトコルのオープンスタンダードです。OpenID Connectは、OAuth 2.0の上に認証レイヤーを追加しています。セキュリティを確実なものにして、認証と認可の間のすき間を埋めるためには、OpenID Connectのようなプロトコルが必要です。認可だけでなく認証でもOAuth 2.0が使えるように思うかもしれませんが、それは間違いです。認証コンポーネントのない認可システムでは、攻撃者がリソースに対して不適切なアクセス権限を獲得する危険があります。**図C.2**は、OpenID Connectのフローを示しています。

認証と認可の違い

　認証と認可はどこが違うのでしょうか。認証は、ユーザーが誰かを確認するプロセスです。たとえば、Bobというユーザーが、自分はこの人だと主張している人に間違いないかをチェックします。それに対し、認可は、ユーザーがしてよいアクションを確認することです。Bobはこのページを見ることを認められているか、Bobはデータベースレコードの削除を認められているかといったことです。認証と認可は独立した概念です（認証を受けたユーザーと認証を受けていないユーザーに別々のアクションを認可することができます）が、セキュリティの議論では結び付けられて説明されることがよくあります。

　OpenIDは主として認証にかかわっています。OAuthは主として認可のためのシステムです。OpenID Connectは、認証と認可の両方を提供できるようにOAuth 2.0を拡張したものです。詳しい説明は、URL https://oauth.net/articles/authentication/ を参照してください。

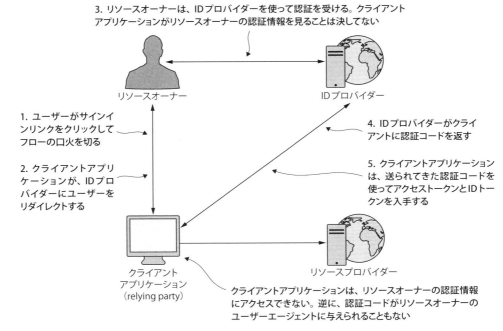

図C.2 OpenID Connect。OAuth 2.0を基礎とする認証プロトコルで、コンピューター業界で広くサポートされており、Auth0などのサービスが使っている

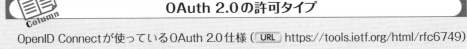

OpenID Connectが使っているOAuth 2.0仕様（ URL https://tools.ietf.org/html/rfc6749）は、異なる認可シナリオのために4種類の許可タイプを定義しています。

- ウェブサーバー上で実行されるアプリケーション（サーバー側でレンダリングされるウェブアプリケーションを含む）の「認可コード」（authorization code）による許可
—— これは、3本足のOAuthを実装する一般的な許可タイプです。GitHub、Google、FacebookなどのIDプロバイダーを使ってウェブサイトやアプリケーションにサインインしたことがあるなら、これを経験したことがあるはずです。認可コードによる許可では、認可サーバー（またはIdP）がクライアント（つまり、ユーザーがログインしたいウェブサイトやアプリケーション）とリソースオーナー（つまり、ユーザー）の間を仲介します。ユーザーが認可サーバーにサインインすると、認可コードを持った状態でクライアントにリダイレクトされ、クライアントはその認可コードを使って認可サーバーとの間でアクセストークンを交換します。それから、クライアントはそのアクセストークンを使ってリソースサーバーにアクセスし、保護されたリソースを取り出します。

- モバイル、またはブラウザベースのJavaScriptのみによるアプリケーション（この種のアプリケーションは秘密情報を維持できません）に対する「暗黙」（implicit）の許可 —— 暗黙許可タイプは、単純化された認可コードフローです。先ほどと同じように、ユーザーは認可サーバーにリダイレクトされてサインインしますが、認可サーバーは認可コードを返すのではなく、クライアントにすぐにアクセストークンを送ります。暗黙許可タイプは、クライアントが秘密情報を維持できないようなアプリケーションで必要とされます。しかし、暗黙許可タイプを使っているということは、セキュリティ面で甘いという暗黙の意味が含まれています。認可コードによる許可が使えないときの次善策として使うようにすべきです。
- ユーザー名とパスワードでクライアントに直接ログインするための「リソースオーナー認証情報」による許可 —— 図C.1に示す認証とよく似ています。リソースオーナーはクライアントに直接認証情報を提供し、クライアントは認証情報をアクセストークンと交換します。
- ユーザーとのやり取り以外の範囲でリソースにアクセスするための「クライアント認証情報」による許可 —— クライアントが自らの認証情報を認可のために使うもので、マシンがマシンを認可するときに役に立ちます。

C.2 JWT

JWT（JSON Web Token、URL https://tools.ietf.org/html/rfc7519）は、関係者／サービス間でクレームをやり取りするためのオープンスタンダードです。

- JWTは、URLセーフになるように設計されている。つまり、トークンは、リクエスト本体やURLクエリの一部として渡すことができる
- JWTはコンパクトで自己完結的
- JWTは、完全性を保証するために電子署名し、機密性を保証するために暗号化することができる
- JWTはオープンスタンダードであり、トークンは簡単に作成、パースできる。JavaScriptをはじめ、さまざまな言語のためのライブラリが作られている

JWTでは、クレームはJSONオブジェクトにエンコードされ、JWS（JSON Web Signature）またはJWE（JSON Web Encryption）構造体として送信されます。JWSのペイロードは、改ざんを防ぐために、トークンを作成した主体によって電子署名されます。JWT仕様は、対称鍵のアルゴリズムと非対称鍵のアルゴリズムをサポートしています。非対称鍵アルゴリズムで作られたトークンは、クライアントの公開鍵で正当なものかどうかを確認できます。当然ながら、対称鍵

アルゴリズムで署名されたJWTは、署名の正当性を確認するために秘密鍵を必要とします。これらはクライアントに明かすことはできませんが、Lambda関数の中でトークンの正当性を確認するために使うことはできます。

JWSの場合、クレーム（ペイロード）部は、いかなる形でも暗号化されていないことに注意することが大切です。Base64エンコードされただけなので、簡単に中身を解析して読み取ることができます。機密情報をここに入れて送ってはなりません。それに対し、JWEは、メッセージに電子署名を与えるのではなく、メッセージの内容を暗号化します。同時に機密性と完全性を保証したい場合には、JWTクレームを暗号化してから、それをJWSに組み込むことができます。JWTは、ヘッダー、ペイロード、署名の3つのセグメントから構成されます。図C.3は、JWTトークンの構造と個々のセグメントの見分け方を示しています。

図C.3 JWT構造体は、ピリオドで区切られた3個のセグメントから構成されている

JWTのヘッダーは型宣言（JWT）とハッシュアルゴリズムから構成されます。ペイロードはJWTクレームから構成されます。必須ではないものの、あれば便利な予約済みクレームセットが作られています。たとえば、Auth0のトークンには、次の最小サブセットのクレームが含まれています。

- iss ── トークンの発行者
- sub ── トークンのタイトル
- aud ── トークンを消費することが予定されているオーディエンス
- exp ── 有効期限
- iat ── 発行時のタイムスタンプ（issued-at timestamp）

署名は、トークンの完全性を確認するために使われます。一般的なJWTの実装は、HMAC-SHA256（HS256）かRSA-SHA256（RS256）を使った署名をサポートします。

URL https://jwt.io には、対称的JWT、非対称的JWTを正しく生成しているかどうかをテス

トするための対話的なデバッガーがあります（**図C.4**）。このサイトには、多様な言語、プラットフォームのためのトークン署名／正当性チェックのためのライブラリのリストも含まれています。

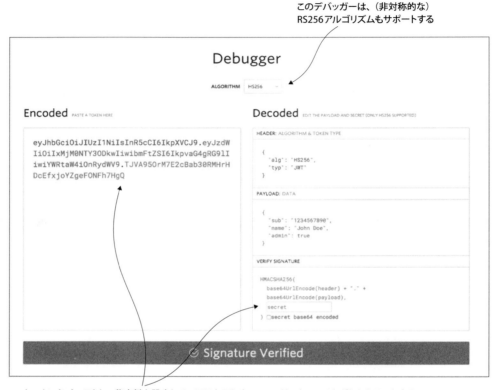

図C.4 jwt.ioデバッガーを使うとJWTをテストできる。ペイロードとヘッダーを書き換えることでトークンがどのように変わるかを確かめられる

付録 D AWS Lambdaの内部

この付録の内容
- 実行環境
- AWS Lambdaの制限
- 古いランタイム

AWS Lambdaの詳細は第6章で扱っていますが、これは大きなテーマであり、一部を省略しなければなりませんでした。この付録では、AWS Lambdaの実行環境、制限、古いランタイムについて簡単に説明します。

D.1 実行環境

この付録の執筆時点では、AWS Lambdaは、カーネルバージョン4.1.17-22.30.amzn1.x86-24のAmazon Linuxで実行されていました。皆さんが筆者のようなタイプの人々なら、水面下をのぞき込み、Lambdaが提供する環境がどのようなものかを探ってみたいと思うでしょう。幸い、シェルコマンドを実行すると、水面下で行われていることを少し知ることができます。ご自分で試してみたい場合は、次の手順に従ってください。

1. Lambdaコンソールを開き、Create a Lambda Functionをクリックする
2. [Blueprint Selection] 画面で「node-exec」と入力する。こうすると、選択できる設計図関数が node-exec だけに絞られる
3. node-exec 関数をクリックする
4. [Configure Triggers] 画面で「Next」をクリックする
5. 新しい関数に名前を付ける（たとえば「run-command」）
6. [Role] セクションで既存のロールを選択するか、新しいロールを作る。この関数は他のAWSリソースとやり取りしないため、基本的なロールを使用できる
7. [Next] ボタン→ [Create Function] を順にクリックする

347

これで実行させたいコマンドを渡して関数を実行することができます。

1. コンソールで run-command を見ていることを確認してから、[アクション] → [Configure Test Event] を順にクリックする
2. イベントオブジェクトは、cmd というキーに実行するコマンドを値として与えたものでなければならない。**リスト D.1** は、ls -al を実行するイベントオブジェクトの例となっている

リスト D.1 ls コマンドを実行するイベントオブジェクト

```
{
    "cmd" : "ls -al"
}
```

表 D.1 は、よくあるコマンドを実行したときの出力を示しています。

表 D.1 コンテナのシステムと環境についての情報

コマンド	目的	出力（一部）
uname -a	システム情報の表示	Linux ip-10-0-95-167 4.1.17-22.30.amzn1.x86_64 #1 SMP Fri Feb 5 23:44:22 UTC 2016 x86_64 x86_64 x86_64 GNU/Linux¦
pwd	現在の作業ディレクトリの表示	/var/task
ls -al	カレントディレクトリの内容の表示	drwxr-xr-x 2 slicer 497 4096 Apr 4 10:10 . drwxr-xr-x 20 root root 4096 Apr 4 09:04 .. -rw-rw-r-- 1 slicer 497 478 Apr 4 10:09 index.js
env	シェル、環境変数の表示	AWS_SESSION_TOKEN=FQoDYXd... AWS_LAMBDA_LOG_GROUP_NAME=/aws/lambda/run2 LAMBDA_TASK_ROOT=/var/task LD_LIBRARY_PATH=/usr/local/lib64/nodev4.3.x/lib:/lib64:/usr/lib64:/var/runtime:/var/runtime/lib:/var/task:/var/task/lib AWS_LAMBDA_LOG_STREAM_NAME=2017/01/23/[$LATEST]a65f9e2f349d4e9a8c9e193b0e175e78 AWS_LAMBDA_FUNCTION_NAME=run_command PATH=/usr/local/lib64/nodev4.3.x/bin:/usr/local/bin:/usr/bin/:/bin AWS_DEFAULT_REGION=us-east-1 PWD=/var/task AWS_SECRET_ACCESS_KEY=G9zLllGtxmL4... LAMBDA_RUNTIME_DIR=/var/runtime LANG=en_US.UTF-8 NODE_PATH=/var/runtime:/var/task:/var/runtime/node_modules AWS_REGION=us-east-1 AWS_ACCESS_KEY_ID=ASIAIKGQE5YIXTNE54JQ SHLVL=1 AWS_LAMBDA_FUNCTION_MEMORY_SIZE=128 _=/usr/bin/env

D.1 実行環境

コマンド	目的	出力（一部）	
cat /proc/cpuinfo	システムが使っているプロセッサのタイプの表示	processor	: 0
		vendor_id	: GenuineIntel
		cpu family	: 6
		model	: 63
		model name	: Intel(R) Xeon(R) CPU E5-2666 v3 @ 2.90GHz
		stepping	: 2
		microcode	: 0x36
		cpu MHz	: 2900.074
		cache size	: 25600 KB
		physical id	: 0
		siblings	: 2
		core id	: 0
		cpu cores	: 1
		apicid	: 0
		initial apicid	: 0
		fpu	: yes
		fpu_exception	: yes
		cpuid level	: 13
		wp	: yes
		flags	: fpu vme de pse tsc msr pae mce cx8 apic sep mtrr pge mca cmov pat pse36 clflush mmx fxsr sse sse2 ht syscall nx pdpe1gb rdtscp lm constant_tsc rep_good nopl xtopology eagerfpu pni pclmulqdq ssse3 fma cx16 pcid sse4_1 sse4_2 x2apic movbe popcnt tsc_deadline_timer aes xsave avx f16c rdrand hypervisor lahf_lm abm fsgsbase bmi1 avx2 smep bmi2 erms invpcid xsaveopt
		bogomips	: 5800.14
		clflush size	: 64
		cache_alignment	: 64
		address sizes	: 46 bits physical, 48 bits virtual
		processor	: 1
		vendor_id	: GenuineIntel
		cpu family	: 6
		model	: 63
		model name	: Intel(R) Xeon(R) CPU E5-2666 v3 @ 2.90GHz
		stepping	: 2
		microcode	: 0x36
		cpu MHz	: 2900.074
		cache size	: 25600 KB
		physical id	: 0
		siblings	: 2
		core id	: 0
		cpu cores	: 1
		apicid	: 1
		initial apicid	: 1
		fpu	: yes
		fpu_exception	: yes
		cpuid level	: 13
		wp	: yes
		flags	: fpu vme de pse tsc msr pae mce cx8 apic sep mtrr pge mca cmov pat pse36 clflush mmx fxsr sse sse2 ht syscall nx pdpe1gb rdtscp lm constant_tsc rep_good nopl xtopology eagerfpu pni pclmulqdq ssse3 fma cx16 pcid sse4_1 sse4_2 x2apic movbe popcnt tsc_deadline_timer aes xsave avx f16c rdrand hypervisor lahf_lm abm fsgsbase bmi1 avx2 smep bmi2 erms invpcid xsaveopt

コマンド	目的	出力（一部）
		bogomips : 5800.14 clflush size : 64 cache_alignment : 64 address sizes : 46 bits physical, 48 bits virtual
ls /var/runtime/ node_modules	インクルードされているNode.jsモジュールの表示。これらのモジュールを関数に与える必要はない	awslambda aws-sdk dynamodb-doc imagemagick

D.2 制限

　Lambdaは、自動的にコードを実行し、スケーリングします。1秒に数千ものリクエストを処理できます。しかし、システムの常として、考慮しなければならない制限を抱えています。**表D.2**はそれをまとめたものです。

表D.2　Lambdaの制限

内容	デフォルトの制限	説明
一時ディスク容量（/tmpのサイズ）	512MB	一時ファイルのために使えるディスク容量の合計
ファイルディスクリプタの数	1024	関数が開けるファイルの数
プロセスとスレッドの数（両者の合計）	1024	関数が spawn できるスレッドとプロセスの数
リクエストあたりの処理時間	300秒	関数が呼び出されてからランタイムに強制終了されるまでの時間
呼び出し時のリクエスト本体のペイロードのサイズ（要求／応答型）	6MB	AWS SDK、API Gateway、コンソールを使って関数を呼び出すときのリクエストのサイズ
呼び出し時のリクエスト本体のペイロードのサイズ（イベント駆動型）	128kB	関数がAWS内のイベントによって呼び出されるときのリクエストのサイズ
呼び出し時のレスポンス本体のペイロードのサイズ（要求／応答型）	6MB	AWS SDK、API Gateway、コンソールを使って関数を呼び出すときのレスポンスのサイズ

D.3 古いランタイムの扱い方

　AWSが最初にリリースしたAWS Lambdaは、Node.js 0.10.42を使っていました。そのバージョンのAWS Lambdaはコールバック関数をサポートしていませんでした。代わりに、コンテキストオブジェクトのメソッド（`succeed`、`fail`、`done`）を使えば、関数をクリーンに終了し、呼び出し元にデータを返せるようになっていました。古いNode.js 0.10.42ランタイムを使うLambda関数を相手にしなければならなくなったときに、それを正しく使うために必要なことをまとめておきます。

　Lambda関数を適切に終了させるためには、次の3つのメソッドの中のどれかを呼び出す必要があります（`callback`を使えるNode.js 4.3、6.10バージョンのAWS Lambdaとの違いです）。

- `context.succeed(Object result)`
- `context.fail(Error error)`
- `context.done(Error error, Object result)`

関数はいつも`succeed`、`fail`、`done`のどれかの関数を使って終了させなければなりません。そうしなければ、関数は終了したように見えても実行され続けます。

◆ D.3.1　succeed

`context.succeed(Object result)`メソッドは、関数が実行を成功させて終了したことを知らせるために呼び出します。`result`引数はオプションです（`context.succeed()`や`context.succeed(null)`を使うことができます）が、使うときには`JSON.stringify`互換でなければなりません。

要求／応答型のLambda関数呼び出しの中でこのメソッドを呼び出すと、HTTPステータス200（OK）が返されます。レスポンス本体には、文字列化された`result`が組み込まれます。

◆ D.3.2　fail

`context.fail(Error error)`メソッドは、関数が失敗したことを示すために呼び出されます。この関数を呼び出すと、例外が生成され、Lambdaランタイムによって処理されます。`error`引数はオプションです（省略したり、`null`を使ったりすることができます）。要求／応答型のLambda関数呼び出しの中でこのメソッドを呼び出すときに`error`引数を指定すると、AWS Lambdaはそれを文字列化してレスポンス本体に組み込もうとします。また、HTTPステータスコードとして400（Bad Request）を設定し、`error`オブジェクトの先頭256kBをAmazon CloudWatchのログに出力します。

◆ D.3.3　done

最後に、`context.done(Error error, Object result)`メソッドがあります。このメソッドは、`succeed`、`fail`メソッドの代わりに使うことができます。`error`、`result`引数はオプションです。`error`として`null`以外の値が渡されているときには、`context.fail(error)`と同じように扱われます。`error`引数が`null`なら、`context.succeed(result)`と同じように扱われます。

付録 E　モデルとマッピング

この付録の内容
- API Gatewayのモデルとマッピング

　第7章では、Amazon API Gatewayについて詳しく説明しました。具体的には、リソースとGETメソッドを作成し、それらをLambda関数と結び付け、Lambdaプロキシ統合を使って細かい処理をAmazon API Gatewayに委ねる方法を説明しました。Lambdaプロキシ統合を使えば、Amazon API Gateway経由でLambda関数にリクエストを送り、Lambda関数からのレスポンスを受け取るのがとても簡単になります。ロジックとして書くべきことの大半は関数の内容に絞られ、リクエストを関数に転送し、レスポンスをクライアントに転送するために必要なことはAmazon API Gatewayが処理してくれます。

　しかし、Amazon API Gatewayを使うからLambdaプロキシ統合を使わなければならない、というわけではありません。Amazon API Gateway内でリクエスト、レスポンスをどのように変換するかを決めて、Amazon API Gatewayから外に出ていく情報を細かく管理することもできます。この付録では、モデルとマッピングの実装方法を説明し、第7章では説明しなかったヒント、トリックなどをお教えします。

E.1　動画リストの取得

　第7章では`get-video-list`関数の実装を示しましたが、これから説明するのは、Lambdaプロキシ統合を使わずに同じことをするための方法です。第7章に従って、/videosリソースとGETメソッドを作っていることを前提として話を進めます。7.2.3「メソッド実行の設定」の代わりに、この付録の指示に従えば同じ機能を持つものが作れるということです。GETメソッドを作るときにLambdaプロキシ統合を有効にしたなら、今回は無効にしなければなりません。/videosリソースの下の［GET］メソッドをクリックし、［統合リクエスト］をクリックしてください。［Use

HTTP Proxy Integration］が選択されているなら、それもオフにする必要があります。

E.1.1　GET メソッド

プロキシ統合を使うときよりも、Amazon API Gatewayの設定項目はずっと多いので、ステップバイステップで作業を進めていきます。まず、/videosの下の［GET］メソッドをクリックして、［メソッドの実行］画面を表示したところから始めます。

メソッドリクエスト

最初に、メソッドリクエストの設定を変更します。［メソッドの実行］画面で［メソッドリクエスト］を選択して設定画面に移りましょう。ここでは次のようなものを設定できます。

- 第5章と第7章で行ったカスタムオーソライザーを含む認可の設定
- URLクエリ文字列パラメータのサポートの追加
- カスタムHTTPリクエストヘッダーのサポートの追加
- リクエストモデルのサポートの追加（これはGET以外のメソッドタイプで使われるものなので、さしあたっては無視できます）

現時点では、`get-video-list`関数は引数を取りませんが、オプションで`encoding`という引数を取れるようにします。引数`encoding`が指定されているときには、指定に一致する動画のリストだけを返さなければなりません（たとえば、`encoding`が720pに設定されている場合は720pの動画だけ）。指定されていなければ、今と同じようにすべての動画のリストを返します。また、`encoding`はURLで指定されるものとします。そのための設定は次のようになります。

1. ［URL クエリ文字列パラメータ］を展開する
2. ［クエリ文字列の追加］を選択する
3. 「encoding」と入力し、丸いチェックマークアイコンをクリックして保存する
4. キャッシングを無効にしたほうがよい場合について考える必要があるので、第7章でキャッシングを取り上げるときに説明する。この［キャッシュ］チェックボックスを有効にすると、このステージでキャッシングが有効にされたときに、専用のキャッシュキーが作られる（**図E.1**）

統合リクエスト

次に設定しなければならないページは［統合リクエスト］です。すでに呼び出すLambda関数は設定してあります。それ以外で設定が必要なのは、リクエスト本体のマッピングテンプレートだけです。マッピングテンプレートは、ヘッダーやクエリ文字列などを含め、リクエストを送り

先のサービスが理解できる形式に変換する方法をAmazon API Gatewayに指示します。変換が必要なのはencodingという名前のURLクエリ文字列です。

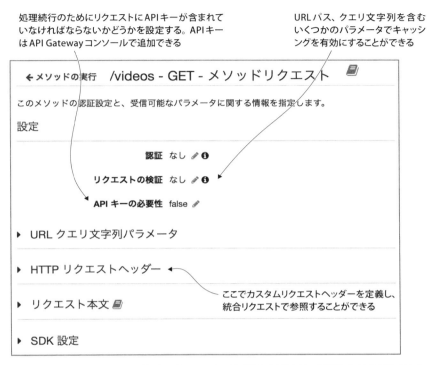

図E.1 ［メソッドリクエスト］ページは、APIの呼び出し元が守り、提供しなければならないインターフェイスと設定を定義する

　このクエリ文字列を、Lambda関数がアクセスできるイベントオブジェクトの encoding というプロパティにマッピングします。そのための手順は次のとおりです。

1. メソッドの実行画面で［統合リクエスト］にアクセスする
2. ［本文マッピングテンプレート］を展開する
3. ［マッピングテンプレートの追加］を選択する
4. ［Content-Type］テキストボックスに「application/json」と入力し、丸いチェックマークアイコンをクリックして保存する
5. ダイアログがパススルーの振る舞いを変更するかどうかを尋ねてきたら、［はい、この統合を保護します］をクリックする
6. 下側にマッピングを指定するためのテキストボックスが表示されるので、イベントオブジェクトから encoding にアクセスできるようにするために、**リストE.1**の内容をテキストボックス

にコピーして［保存］をクリックし、保存する。マッピングの詳細については、コラム「ペイロードのマッピング」とAWSのドキュメント（ URL https://docs.aws.amazon.com/apigateway/latest/developerguide/api-gateway-mapping-template-reference.html）を参照

リストE.1　URLクエリ文字列からイベントオブジェクトのプロパティへのマッピング

```
{
    "encoding" :
    "$input.params('encoding')"
}
```

> $input.params('encoding')はパス、クエリ文字列、ヘッダーを参照してencodingという名前のプロパティを探す

ペイロードのマッピング

API Gatewayの「API Gateway Mapping Template Built-in Functions and Variables（ URL https://docs.aws.amazon.com/apigateway/latest/developerguide/api-gateway-mapping-template-reference.html）」には面白い情報が満載されています。リクエスト（パス、クエリ文字列、ヘッダー）から値を抽出できるだけでなく、それ以上のことを行うことができます。

- `$input.body` —— 未加工のペイロードを文字列形式で返す
- `$input.json(value)` —— JSONPath式を評価し、JSON文字列形式で結果を返す
- `$input.params()` —— すべてのリクエストパラメータのマップを返す

API呼び出しについての役に立つ情報を大量に抱えている`$context`変数にもアクセスできます。呼び出し元のID（含まれている場合）、HTTPメソッド、API呼び出しを発行したデプロイステージなどについての情報が得られます。

そして、役に立つユーティリティ関数が含まれている`$util`変数にアクセスできます。

- `$util.escapeJavaScript()` —— 文字列内の文字をエスケープする（JavaScriptの文字列の規則に従う）
- `$util.parseJson()` —— JSONの文字列からJSONオブジェクトを作る
- `$util.urlEncode()`と`$util.urlDecode()` —— 文字列とapplication/x-www-form-urlencoded形式との間でエンコード、デコードを行う
- `$util.base64Encode()`と`$util.base64Decode()` —— データとbase64形式との間にエンコード、デコードを行う

Amazon API Gatewayが用意してくれているショートカットを使えば、値を個別に指定する必要はありません。パラメータがたくさんあり、複雑なマッピングを管理したくないときには、これが便利になるでしょう。

［テンプレートの生成］ドロップダウンリストで［メソッドリクエストのパススルー］を選択します。Amazon API Gatewayは、「パス、クエリ文字列、ヘッダー、ステージ変数、コンテキストなどのあらゆるパラメータ（ URL https://docs.aws.amazon.com/apigateway/latest/developerguide/api-gateway-mapping-template-reference.html）」をマッピングするテンプレートを設定してくれます（図E.2）。

　しかし、ほとんどの場合はエンドポイントにすべてのものを渡すようなことは避け、独自のマッピングを作るようにすべきです。このサンプルでこれを使ったのは、使える構文、メソッド、パラメータを示すためです。

このテンプレートはすべてのパラメータを
マッピングするが、あまり効率がよくない

図E.2　すべてをマッピングする簡単な方法。イベントオブジェクトとして必ずしも必要ではない余分なパラメータも加えてしまう

　メソッドリクエストのパススルーを使って統合ポイントにすべてのパラメータを渡した場合、CloudWatchでイベントオブジェクトをロギングすれば、どのようなものが渡されるのかがわかります。**リストE.2**は、アクセスできるプロパティの一部を示したものです。

リストE.2 メソッドリクエストのパススルー

```
{
    'body-json': '{}',
    params: {
        path: {},
        querystring: {
            encoding: 'some-encoding'
        },
        header: {}
    },
    'stage-variables': {},
    context: {
        'account-id': '038221756127',
        'api-id': 'tlzyo7a7o9',
        'api-key': 'test-invoke-api-key',
        'authorizer-principal-id': '',
        caller: '038221756127',
        'cognito-authentication-provider': '',
        'cognito-authentication-type': '',
        'cognito-identity-id': '',
        'cognito-identity-pool-id': '',
        'http-method': 'GET',
        stage: 'test-invoke-stage',
        'source-ip': 'test-invoke-source-ip',
        user: '038221756127',
        'user-agent': 'Apache-HttpClient/4.3.4 (java 1.5)',
        'user-arn': 'arn:aws:iam::038221756127:root',
        'request-id': 'test-invoke-request',
        'resource-id': 'e3r6ou',
        'resource-path': '/videos'
    }
}
```

← header、path、body-jsonなどのパラメータは、存在し、メソッドリクエストで指定されていれば、内容が書き込まれる

← contextには、resource-path、http-methodなど、役に立つ可能性のある情報がたくさん含まれている

ちょっとひと息 ── テストしてみましょう

今までに、メソッドリクエストと統合リクエストを設定してきました。テストに値するだけのことは十分しています。そこで、ひと息ついて、やってきたことが間違っていないかどうかをチェックしましょう。

メソッドの実行画面に戻り、左側の［テスト］を選択すると、GETメソッドに対してテストを実行するためのページに移動します。encodingクエリ文字列を定義した場合、テストのために値を入力するためのテキストボックスが表示されます。今のところ、テストは何もしないので、そこはそのままにしておきます。代わりに、ページ下部の［テスト］ボタンをクリックすると、右側にレスポンス本体が表示されます（図E.3）。

```
Status: 200
Latency: 282 ms
Response Body

{
  "baseUrl": "https://s3.amazonaws.com",
  "bucket": "serverless-video-transcoded",
  "urls": [
    {
      "Key": "3c1ca92d80155aba1b491422a8323b1da73ba84e/disney-1080p.mp4",
      "LastModified": "2017-01-03T11:16:10.000Z",
      "ETag": "\"66cfbeb5fcf1357117b663c1780ec52c\"",
      "Size": 4095570,
      "StorageClass": "STANDARD"
    },
    {
      "Key": "3c1ca92d80155aba1b491422a8323b1da73ba84e/disney-720p.mp4",
      "LastModified": "2017-01-03T11:16:10.000Z",
      "ETag": "\"f1fbd75f4595b610f422c0e514d34016\"",
      "Size": 1874203,
      "StorageClass": "STANDARD"
    },
    {
      "Key": "3c1ca92d80155aba1b491422a8323b1da73ba84e/disney-web-720p.mp4",
      "LastModified": "2017-01-03T11:16:07.000Z",
      "ETag": "\"ab997865386fed24065e4d3dbccd71d0\"",
      "Size": 1861741,
      "StorageClass": "STANDARD"
    }
  ]
}
```

※ Lambda関数からのレスポンスがすぐに表示される

図E.3 テストページの画面。APIが正しく設定されているかどうかをテストできる

統合レスポンス

　では次に、クライアントに送り返されるレスポンスを見てみましょう。Amazon API Gatewayを使い込んでいくうちに、クライアントが望んでいるデータは、Amazon API Gatewayが統合ポイントから渡されたのとは異なる形式のものだというシナリオにぶつかることがあるはずです。クライアントを自由に書き換えられるなら、そのような場合でも何の問題もありません。クライアントを書き換えて、与えられたレスポンスを処理できるようにするだけです。しかし、クライアントを書き換えられない場合にはどうすればよいでしょうか。幸い、Amazon API Gatewayは、スキーマを変換することができます。その一端は、統合リクエストを設定したときにすでに見ていますが、実際にしたことは一時しのぎといわれてもしかたのないものでした。もっとしっかりとしたシステムを作るために、モデル（またはスキーマ）を定義して、2つの形式の間でデータをきっちりと変換する堅牢なマッピングテンプレートを構築することもできます。

　図E.3で見たように、Amazon API Gatewayからの現在のレスポンスは、baseUrlとbucketの2つのプロパティとURL配列を格納するオブジェクトになっています。個々のURLは、Key、

`LastModified`、`Etag`、`Size`、`StorageClass`の5つのプロパティを持ちます。クライアントに送り返すデータの量を減らせる別のスキーマを考えて、処理内容をわかりやすくしましょう。具体的には、次のような変更を加えます。

- `baseUrl` を `domain` に変える
- `urls` を `files` に変える
- `Key` を `filename` に変える
- `LastModified`（すでに `ETag` があります）と `StorageClass` を削除する

まず、API Gatewayの中でモデルを作る必要があります。

1. ［24-hour-video］の右側にある［モデル］を選択する
2. ［作成］ボタンをクリックする
3. 「`GetVideoList`」のようなモデル名を入力する
4. ［コンテンツタイプ］を「application/json」とし、必要なら説明を入力する（**図E.4**）

API全体で使いたい分、いくつでもモデルを作ることができる

図E.4 JSON Schemaを使ったモデルで、データの出力形式を定義する

API Gatewayは、JSON Schema（ URL http://json-schema.org/ ）を使って目的の形式を定義します。定義の内容がJSON Schema v4（ URL http://json-schema.org/latest/json-schema-core.html）に適合していれば、正しく変換が行われるはずです。スキーマが正しいかどうかは、オン

ラインの JSON Schema Validator（ URL http://www.jsonschemavalidator.net/）を使えばチェックできます。今は Model Schema エディタに**リストE.3**をコピーし、［モデルの作成］をクリックしてください。

リストE.3 GetVideoList JSON Schema

```
{
    "$schema": "http://json-schema.org/draft-04/schema#",
    "title": "GetVideoList",
    "description": "A schema for consuming information on available videos",
    "type": "object",
    "properties": {
        "domain": {
            "description": "The unique identifier for a product",
            "type": "string"
        },
        "bucket": {
            "description": "Name of the product",
            "type": "string"
        },
        "files": {
            "type": "array",
            "items": {
                "type": "object",
                "properties": {
                    "filename": {
                        "type": "string"
                    },
                    "eTag": {
                        "type": "string"
                    },
                    "size": {
                        "type": "integer",
                        "minimum": 0
                    }
                }
            }
        }
    },
    "required": ["domain", "bucket"]
}
```

> ほとんどのプロパティはオプションだが、一般的な慣習としてスキーマに含めることになっている

> 一部のものは必須となっており、スキーマが正しく作られていなければ、Amazon API Gateway はスキーマの保存を認めない。たとえば、type を array として定義したら、items も定義しなければならない

スキーマを作ったら、以下の手順に従って統合レスポンスを書き換えます。

1. ［24-hour-video］の右側にある［リソース］を選択する
2. /videos の下の［GET］を選択する

3. ［統合レスポンス］を選択する
4. レスポンスタイプ（メソッドレスポンスステータスが200のものになっているはず）、［本文マッピングテンプレート］を展開する
5. ［application/json］を選択し、［テンプレートの生成］ドロップダウンリストから［GetVideoList］を選択する。ドロップダウンリストの下のテキストボックスに自動的にコードが書き込まれるので、モデルに適合するように（**リストE.4**のように）書き換える（**図E.5**）
6. コードが完成したら［保存］ボタンをクリックする

気をつけたいことが1つあります。Amazon API GatewayはJSONPathの記法とVTL（Velocity Template Language）をサポートするので、マッピングテンプレートにはループやロジックを入れることができます。VTLとVTLで何ができるかの詳細については URL https://velocity.apache.org/engine/devel/vtl-reference.htmlを、JSONPathの詳細については URL http://goessner.net/articles/JsonPath/を参照してください。

リストE.4 本文マッピングテンプレート

```
#set($inputRoot = $input.path('$'))
{
    "domain" : "$inputRoot.baseUrl",
    "bucket" : "$inputRoot.bucket",
    "files" : [
        #foreach($elem in $inputRoot.urls)
        {
            "filename" : "$elem.Key",
            "eTag" : $elem.ETag,
            "size" : "$elem.Size"
        }
        #if($foreach.hasNext),#end
        #end
    ]
}
```

$inputRootは、元のデータ（JSONオブジェクト）のルートオブジェクト

API Gatewayは、VTLをサポートしているので、foreachやifといったプログラミング言語の構文要素を使える

マッピングテンプレートを作ったので、再びGETメソッドをテストして、前とは異なるレスポンスが得られていることを確認します。メソッドの実行画面に戻って［テスト］をクリックしましょう。［テスト］ボタンをクリックすると、レスポンス本体を見ることができます。その内容は、**図E.6**のようになっているはずです。

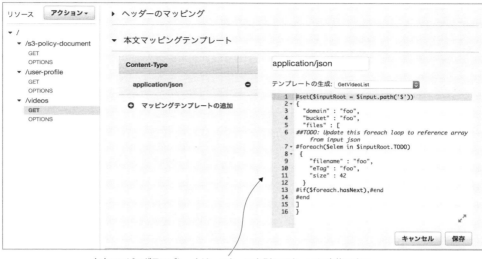

リソース
アクション
/
/s3-policy-document
GET
OPTIONS
/user-profile
GET
OPTIONS
/videos
GET
OPTIONS
ヘッダーのマッピング
本文マッピングテンプレート
Content-Type
application/json
application/json
テンプレートの生成: GetVideoList
マッピングテンプレートの追加
#set($inputRoot = $input.path('$'))
{
"domain" : "foo",
"bucket" : "foo",
"files" : [
##TODO: Update this foreach loop to reference array from input json
#foreach($elem in $inputRoot.TODO)
{
"filename" : "foo",
"eTag" : "foo",
"size" : 42
}
#if($foreach.hasNext),#end
#end
]
}
キャンセル
保存
本文マッピングテンプレートは、スキーマを別のスキーマに変換できる。
クライアントを自由に書き換えられない場合などは特にこれが役立つ

図E.5 統合レスポンスと統合リクエストには、テンプレートを適用できる

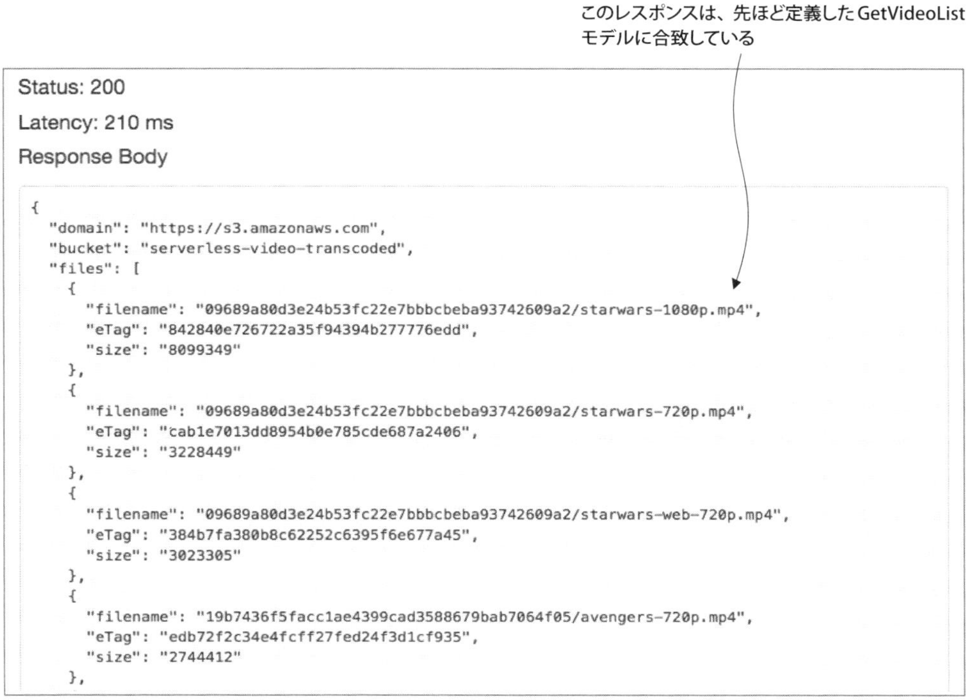

このレスポンスは、先ほど定義したGetVideoList
モデルに合致している
Status: 200
Latency: 210 ms
Response Body
{
"domain": "https://s3.amazonaws.com",
"bucket": "serverless-video-transcoded",
"files": [
{
"filename": "09689a80d3e24b53fc22e7bbbcbeba93742609a2/starwars-1080p.mp4",
"eTag": "842840e726722a35f94394b277776edd",
"size": "8099349"
},
{
"filename": "09689a80d3e24b53fc22e7bbbcbeba93742609a2/starwars-720p.mp4",
"eTag": "cab1e7013dd8954b0e785cde687a2406",
"size": "3228449"
},
{
"filename": "09689a80d3e24b53fc22e7bbbcbeba93742609a2/starwars-web-720p.mp4",
"eTag": "384b7fa380b8c62252c6395f6e677a45",
"size": "3023305"
},
{
"filename": "19b7436f5facc1ae4399cad3588679bab7064f05/avengers-720p.mp4",
"eTag": "edb72f2c34e4fcff27fed24f3d1cf935",
"size": "2744412"
},

図E.6 新しいモデルの実装

◆ E.1.2　エラー処理

今まではGETメソッドの処理がうまく進んだ場合のことだけを考えてきました。GETメソッドがいつも成功し、HTTPステータスコード200のレスポンスが返り、レスポンス本体には動画リストが含まれていることが前提条件になっていました。しかし、いつもそうなるとは限りません。では、どうすればよいでしょうか。異なるHTTPステータスと異なるレスポンス本体を返して、クライアントがレスポンスを適切に処理できるようにすればいい感じになるはずです。

`get-video-list` Lambda関数を拡張して、うまくいった場合とそうではない場合の処理のしかたを学びましょう。E.1.1「GETメソッド」で導入した encoding パラメータを使い、次のような要件を満たすようにLambda関数を書き換えます。

- `encoding` が有効でも、そのエンコーディングの動画がない場合には、GETメソッドには、HTTPステータスコード404（Not Found）を返す
- `encoding` が指定されていなければ、今までの方法を踏襲し、HTTPステータスコード200（OK）ですべての動画のリストを返す
- その他の種類のエラーが起きたときには、HTTPステータスコード500（Internal Server Error）とエラーメッセージを返す

また、Lambda関数がコールバックを介して返してきた情報に基づいて、適切なHTTPステータスコードとレスポンス本体を返すようにAmazon API Gatewayを設定します。それには、Method ResponseとIntegration Responseの両方の設定が必要です。それら2つは、次のように仕事を分担します。

- Amazon API Gateway の Method Response は、200、404、500 などの新しいHTTPステータスコードを処理できるように設定する
- Integration Response は、Lambda関数からのレスポンスを抽出し、どのHTTPステータスコードを設定するかを決定する

Lambda関数の書き換え

処理に失敗したときに適切なレスポンスを返すように、Lambda関数を書き換えます。処理が成功したときには、従来と同じくcallbackを使ってファイルリストを返します。この場合、HTTPステータスコードは200になります。しかし、処理が失敗したときには、ステータスコード、メッセージ、encodingの3つのプロパティを持つオブジェクトを作って返します。そしてAmazon API Gatewayで正規表現を使って、Lambda関数から返されたステータスコードから適切なHTTPステータスコードを生成します。また、メッセージとencodingパラメータも抽出して、レスポンスに追加します。そのために、新しいマッピングテンプレートを作ります。成功したとき

だけを対象としていた従来のマッピングテンプレートの代わりに、この新しいマッピングテンプレートを使います。

正規表現

API Gatewayの正規表現は、callbackからエラーを返したときに限り使われます。エラー条件を処理したいときには、`callback(result)`を使わなければなりません。`callback(null, result)`を使った場合、Amazon API Gatewayは正規表現を無視し、デフォルトのレスポンス（変更しない限り200）とテンプレートを使います。

好みのテキストエディタで get-video-list 関数の index.js を開き、実装を**リストE.5**の内容に変更しましょう。

リストE.5 get-video-list関数

```
'use strict';

var AWS = require('aws-sdk');
var async = require('async');

var s3 = new AWS.S3();

function createErrorResponse(code, message, encoding) {
    var result = {
        code: code,
        message: message,
        encoding: encoding
    };

    return JSON.stringify(result);
}

function createBucketParams(next) {
    var params = {
        Bucket: process.env.BUCKET
    };

    next(null, params);
}

function getVideosFromBucket(params, next) {
    s3.listObjects(params, function(err, data){
        if (err) {
            next(err);
```

> この簡単な関数は、エラーレスポンスオブジェクトを文字列化したものを返す。レスポンスオブジェクトはAmazon API Gatewayで使われる

```javascript
        } else {
            next(null, data);
        }
    });
}

function createList(encoding, data, next) {
    var files = [];
    for (var i = 0; i < data.Contents.length; i++) {
        var file = data.Contents[i];

        if (encoding) {
            var type = file.Key.substr(file.Key.lastIndexOf('-') + 1);
            if (type !== encoding + '.mp4') {
                continue;
            }
        } else {
            if (file.Key.slice(-4) !== '.mp4') {
                continue;
            }
        }

        files.push(file);
    }
    var result = {
        baseUrl: process.env.BASE_URL,
        bucket: process.env.BUCKET,
        urls: files
    }

    next(null, result)
}

exports.handler = function(event, context, callback){
    var encoding = null;

    if (event.encoding) {
        encoding = decodeURIComponent(event.encoding);
    }

    async.waterfall([createBucketParams, getVideosFromBucket, ➡
        async.apply(createList, encoding)],
        function (err, result) {
            if (err) {
                callback(createErrorResponse(500, err, event.encoding));
            } else {
                if (result.urls.length > 0) {
                    callback(null, result);
                } else {
                    callback(createErrorResponse(404, 'no files for the given ➡
```

第3章で、ファイル名の末尾にエンコーディングタイプを追加した（たとえば、myfile-720p.mp4）。そこで、要求されたエンコーディングがファイル名の末尾と同じかどうかをテストすれば、ファイルのエンコーディングをチェックできる

要求されたエンコーディングとファイル名のエンコーディングが一致しなければ、そのファイルを読み飛ばして次のファイルの処理に移る

クエリ文字列としてencodingが指定されていなければ、拡張子が.mp4であるすべてのファイルのリストを作る

E-1 動画リストの取得

```
                encoding were found', event.encoding));
            }
        }
    });
};
```

関数を実装したら、コマンドラインで`npm run deploy`を実行してAWSにデプロイしましょう。

メソッドのレスポンスの設定

先にメソッドのレスポンスを設定しましょう。メソッドの実行画面で［メソッドレスポンス］をクリックし、次の2つのレスポンスを追加します。

- 404
- 500

画面は**図E.7**のようになるはずです。

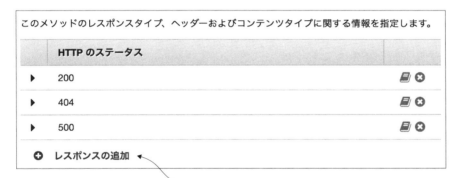

図E.7 1つのHTTPステータスコード（200）だけで済ませてしまうのではなく、システムで必要なすべてのステータスコードを追加する

統合レスポンスの設定

次に、統合レスポンスを設定します。メソッドの実行画面で［統合レスポンス］を選択します。ここに3つのレスポンスを追加しなければなりません。Lambda関数の出力を調べる単純な正規表現を書き、その結果に基づいて正しいHTTPステータスコードを設定することになります。次の手順で以上のことを実現します。

1. ［統合レスポンスの追加］を選択する
2. ［Lambda エラーの正規表現］列に「.*"code":404.*」と入力する
3. ［メソッドレスポンスのステータス］ドロップダウンリストから［404］を選んで［保存］をクリックする
4. ［統合レスポンスの追加］を再び選択する
5. ［Lambda エラーの正規表現］列に「.*"code":500.*」と入力する
6. 今回は［メソッドレスポンスのステータス］ドロップダウンリストから［500］を選んで［保存］をクリックする

すると、図E.8のような画面になります。

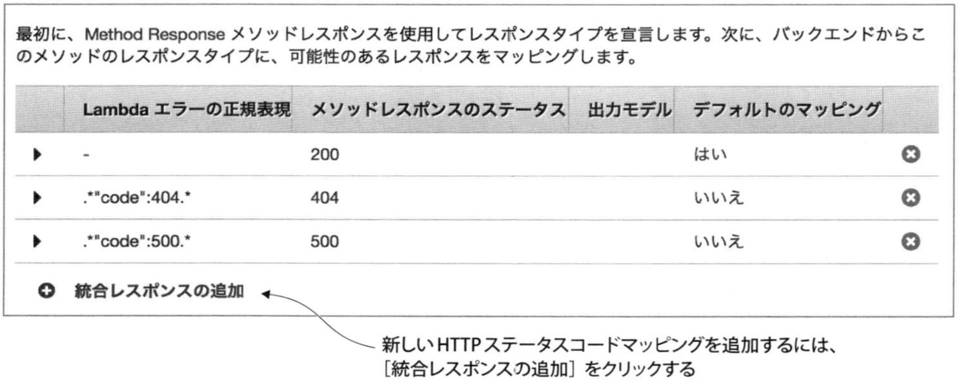

Lambda エラーの正規表現	メソッドレスポンスのステータス	出力モデル	デフォルトのマッピング	
-	200		はい	✕
.*"code":404.*	404		いいえ	✕
.*"code":500.*	500		いいえ	✕

⊕ 統合レスポンスの追加 ← 新しいHTTPステータスコードマッピングを追加するには、［統合レスポンスの追加］をクリックする

図E.8 正規表現とメソッドレスポンスのステータスを追加するだけで、新しい統合レスポンスを設定できる。個々のレスポンスについて、ヘッダーのマッピングと本体のマッピングテンプレートをカスタマイズできる

今指定したのが、Lambda関数の出力からステータスコードを判断する正規表現です。たとえば、.*"code":404.*について考えてみましょう。"code":404の部分は、Lambda関数の出力からこの特定のテキストを探します。.*は、"code":404の前後にはどのようなテキストが含まれていてもよいという意味です。正規表現に.*が含まれていなければ、他に何も含まれていない"code":404というレスポンス以外にはマッチしなくなります。

新しく作成した個々のレスポンスタイプを展開し、次の作業を繰り返してください。

1. ［本文マッピングテンプレート］を展開する
2. ［マッピングテンプレートの追加］を追加する
3. 「application/json」と入力し、丸いチェックマークアイコンをクリックして保存する
4. **リストE.6**のマッピングテンプレートをテキストボックスにコピーする

5. [保存] をクリックする

リストE.6 エラー条件のためのマッピングテンプレート

```
#set ($message = $util.parseJson($input.path('$.errorMessage')))
{
    "code" : "$message.code",
    "message" : $message.message,
    "encoding" : "$message.encoding"
}
```

エラーレスポンスオブジェクトに含まれていたプロパティがアクセスして使えるものになっている

errorMessage プロパティからJSONオブジェクトを作る。このプロパティは、AWS Lambdaが必ず追加する。**リストE.5**のcreateErrorResponse関数が生成したエラーオブジェクトを文字列化したものを含んでいる

　これで、エラーが起きたときにAmazon API Gatewayから返すべきものを正確に管理できます。レスポンスコードごとにレスポンスヘッダーのマッピングを変えられることに注意してください。レスポンスヘッダーマッピングには、本文マッピングテンプレートの上の部分でアクセスできます。

ステータスコードのテスト

　Amazon API Gatewayから新しいステータスコードが返されているかどうかをテストしましょう。メソッドの実行画面に戻って[テスト]をクリックします。[クエリ文字列]→[Encoding]テキストボックスに「2160p」と入力して[テスト]をクリックします。テスト実行後、ページの右側を見てください。ステータスが404で、**リストE.6**のマッピングテンプレートに基づいて作られたレスポンス本体が表示されているはずです。

◆ E.1.3　Amazon API Gateway のデプロイ

　GETメソッドの設定が終わったら、設定をデプロイする必要があります。

1. API Gateway で、[24-hour-video] → [リソース] を選択する
2. [アクション] を選択する
3. [APIのデプロイ] を選択する
4. [デプロイされるステージ] というラベルのドロップダウンリストを含むダイアログが表示される
5. ドロップダウンリストから [dev] を選択する。[dev] が含まれていないなら、第5章でステージを作っていないことを表している。これは簡単に修正でき、[新しいステージ] を選択し、ステージ名として「dev」を入力するだけで済む（**図E.9**）

6. ［デプロイ］をクリックする

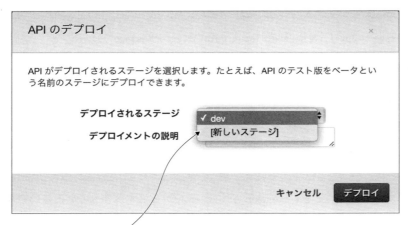

リストに［dev］というデプロイステージが含まれて
いない場合は、［新しいステージ］を選択する

図E.9　コンソールを使うとAPIを簡単にデプロイできる

　モデルとマッピングテンプレートを使ってAmazon API Gatewayの動作を細かく制御する方法は以上です。第7章の7.2.5「ウェブサイトの修正」に戻ってください。

付録 F Amazon S3の イベントメッセージ構造

この付録の内容
□ S3イベントメッセージの構造

AWS LambdaとAmazon S3を併用するときには、メッセージから必要な情報を抽出するために、S3イベントメッセージの構造を理解しておく必要があります。この付録では、イベントメッセージの構造を示します。利用できるプロパティと予想される値を頭に入れておきましょう。

F.1 S3イベントメッセージの構造

次のリストは、オブジェクトがバケットに追加されたあとのS3イベントメッセージの例を示しています。この例は、 URL https://docs.aws.amazon.com/AmazonS3/latest/dev/notification-content-structure.html に掲載されているものに若干変更を加えたものです。

リストF.1 S3イベントメッセージの構造

```
{
    "Records":[                    ← トップレベルはオブジェクト配列
    {
        "eventVersion":"2.0",
        "eventSource":"aws:s3",
        "awsRegion":"us-east-1",
        "eventTime":"1970-01-01T00:00:00.000Z",    ← ISO-8601形式で指定された時刻
        "eventName":"ObjectCreated:Put",
        "userIdentity":{

            "principalId":"AIDAJDPLRKLG7UEXAMPLE"    ← イベントを生成させたユーザー
        },
        "requestParameters":{
            "sourceIPAddress":"127.0.0.1"    ← リクエストの送信元のIPアドレス
        },
```

```
        "responseElements":{
            "x-amz-request-id":"C3D13FE58DE4C810"
        },
        "s3":{
            "s3SchemaVersion":"1.0",
            "configurationID":"configRule",          ← バケット通知設定のID
            "bucket":{
                "name":"MY_BUCKET",
                "ownerIdentity":{
                    "principalId":"A3NL1KOZZKExample"  ← バケットのオーナー
                },
                "arn":"arn:aws:s3:::MY_BUCKET_ARN"     ← バケットのARN
            },
            "object":{
                "key":"HappyFace.jpg",                 ← オブジェクトのキー
                "size":1024,
                "eTag":"d41d8cd98f00b204e9800998ecf8427e",
                "versionId":"096fKKXTRTtl3on89fV0.nfljtsv6qko",   ← オブジェクトのバージョン（バージョニングが有効にされている場合）
                "sequencer":"0055AED6DCD90281E5"       ← イベントの順序の判定に使われたシーケンサー
            }
        }
    }]
}
```

F.2 覚えておくべきこと

- オブジェクトのキーはエンコードされている。たとえば、hello world.jpg は、エンコードされて hello+world.jpg になっている
- イベント通知は順番に届くことが保証されていないが、シーケンサーを使えば、どのイベントがあとかを判定できる（16進数で表示される数値が大きいほど、イベントはあとから発生したものだということができる）

付録 G Serverless Framework と AWS SAM

この付録の内容
- Serverless Framework 1.xの概要
- AWS SAM（Serverless Application Model）の概要

　AWSなどのクラウドプラットフォームで、何であれシステムを構築するつもりなら、オートメーションと継続的デリバリーは重要です。サーバーレスアプローチを取るなら、構成、設定しなければならないサービス、関数なども増えるので、これらはなおさら重要になってきます。アプリケーション全体をスクリプトで自動的に構築、テスト、デプロイできるようにする必要があります。マニュアルでLambda関数をデプロイしたり、Amazon API Gatewayを自分で設定したりしてもよいのは、これらを学ぶときだけです。現実のサーバーレスアプリケーションの仕事に携わるようになったら、すべてをスクリプト化し、反復可能で自動化された堅牢なシステムのプロビジョニングの方法を用意しなければなりません。

　Serverless Frameworkは、サーバーレスアプリケーションを定義、テストし、AWSにデプロイする作業全体を包括的に支援するツールです。Serverless, Inc.のフルタイムのチームと、世界中のオープンソースコントリビューターたちがサポートしています。世界中の多くの企業がサーバーレスアプリケーションの管理のために使って大きな成功を収めているツールです。

　AWS SAMは、AWSが開発したCloudFormationの拡張版です。単純な構文でAWS Lambda、Amazon API Gateway、DynamoDBテーブルの構築、テストをスクリプト化し、CloudFormationコマンドと自分がすでに持っているノウハウを駆使してこれらをデプロイすることができます。

G.1 Serverless Framework

　Serverless Framework（URL https://serverless.com）は、フルタイムのチームが活発に開発、メンテナンスしているMITライセンスのオープンソースフレームワークです。ひと言で言えば、ユーザーは、CLI（Command Line Interface）でLambda関数やAmazon API Gateway APIを含むサーバーレスアプリケーションを定義し、デプロイできます。サーバーレスアプリケーション

の組織、構造化を支援してくれるので、大規模なシステムを構築するようになると非常に大きなメリットが得られます。そして、プラグインシステムによる拡張性があります。

◆ G.1.1　インストール

　Serverless FrameworkはNode.jsのCLIツールなので、作業用のマシンにNode.jsをインストールする必要があります。Node.jsのインストール方法については、付録Bを参照してください。

> **注意！**
> Serverless Frameworkは、Node.js v4以降を必要とするため、新しいバージョンのNode.jsをインストールするようにしてください。

　Node.jsのインストールに成功したかどうかは、ターミナルウィンドウで`node --version`を実行すれば確かめられます。成功していれば、インストールしたNode.jsのバージョン番号が表示されるはずです。次に、ターミナルを開いて`npm install -g serverless`を実行すると、Serverless Frameworkがインストールされます。インストールプロセスが終了したら、ターミナルで`serverless`コマンドを実行すると、Serverless Frameworkのインストールに成功したことが確かめられます。

> **認証情報**

　Serverless Frameworkは、利用者の代理でリソースを作成、管理するためにAWSアカウントへのアクセスを必要とします。Serverless FrameworkにAWSアカウントへのアクセスを認めるために、AWSアカウントのサービスを構成、設定できる管理者権限を持ったIAMユーザーを作ります。このIAMユーザーは、独自のAWSアクセスキーセットを持ちます。

> **どのAWSアカウントを使うべきか**
>
> 　通常、本番環境では、Frameworkが使うIAMユーザーのアクセス権限を絞り込むことをおすすめしたいところですが、Frameworkの機能は急激に拡大しており、どうしても必要なアクセス権限のリストを示すことができません。所属企業のメインのAWSアカウントに対するアクセス権限が得られない場合は、過渡期的な対応として別個のAWSアカウントを使うことを検討してください。

　以下の手順でServerless Framework用のIAMユーザーをセットアップしてください。

1. AWSアカウントを作るか、ログインして、Identity & Access Management (IAM) ページ

に移動する

2. [Users]をクリックし、[Create New Users]の最初のフィールドに「serverless-admin」のような名前を入力して、それが Framework だということを忘れないようにする
3. [Programmatic Access]を選択し、[Next: Permissions]をクリックする
4. [Attach Existing Policies Directly]を選択して、「AdministratorAccess」を検索する。その管理者のアクセスポリシーを選択したら、[Next: Review]をクリックする
5. [Create User]をクリックする
6. 次のページには、アクセスキー ID とシークレットアクセスキーが表示されるので、それらを一時ファイルに保存する（2つの鍵が格納された CSV ファイルをダウンロードすることも可能）。終わったら [Close] をクリックする

ターミナルで次のコマンドを実行すれば、今入手した AWS アクセスキー ID とシークレットアクセスキーを使うように Serverless Framework を設定できます。

```
serverless config credentials --provider aws --key [ACCESS_KEY] --secret [SECRET_KEY]
```

AWSの認証情報

`serverless config credentials --provider`を実行すると、ローカルコンピューターの~/.aws/credentialsにあるデフォルトAWSプロフィールに認証情報が格納されます。今までの章の指示に従っていれば、credentialsファイルにはすでに**lambda-upload**ユーザーの鍵が格納されているはずです。上記のコマンドを実行すると、既存の鍵は上書きされます。

この問題の対処方法は2つあります。**lambda-upload**キーを上書きせずに**lambda-upload**ユーザーに AdministratorAccess アクセス権限を追加するか、次のように ~/.aws/credentials に複数の認証情報を追加するかです。

```
[default]
aws_access_key_id=[ACCESS_KEY]
aws_secret_access_key=[SECRET_KEY]

[serverless]
aws_access_key_id=[ACCESS_KEY]
aws_secret_access_key=[SECRET_KEY]
```

この場合、さらに serverless.yml の provider の設定に profile の設定を追加します。

```
service: new-service
provider:
    name: aws
    runtime: nodejs4.3
    profile: serverless
```

サービス

サービスはFrameworkの組織の単位で、プロジェクトだと考えることができます（1つのプロジェクト、アプリケーションのために複数のサービスを作ることができますが）。サービスは、Lambda関数、関数をトリガリングするイベント、関数が使うリソースを定義します。**リストG.1**に示すように、serverless.ymlという1つのファイルでこれらすべてを定義します。

リストG.1 service —— serverless.yml

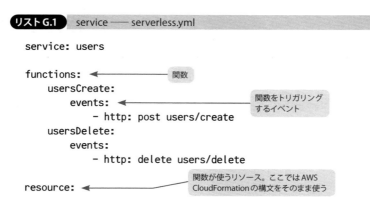

このサービスの要点は、関数と関数が依存するすべてのものを1つのユニットとして管理するということです。Frameworkのもとで`serverless deploy`を実行すると、serverless.ymlに含まれているすべてのものが即座にデプロイされます。

プラグイン

プラグインを使えば、Frameworkの既存の機能を拡張したり置き換えたりすることができます。すべてのserverless.ymlは、**リストG.2**に示すようにサービスが使うプラグインを定義する`plugins:`プロパティを持つことができます。

リストG.2 プラグイン —— serverless.yml

◆ G.1.2 Serverless Frameworkの初歩

すでに説明したように、Serverless Frameworkのサービスはプロジェクトのようなものです。Lambda関数、Lambda関数をトリガリングするイベント、Lambda関数が必要とするAWSインフラストラクチャのリソースは、すべてサービスで定義します。

構造

初期段階のアプリケーションにおいて、多くの人々は**リストG.3**に示すようにプロジェクトを構成するすべての関数、イベント、リソースを1つのサービスで定義します。

リストG.3 アプリケーション

```
myApp/
    serverless.yml
```

しかし、アプリケーションが大規模になってきたら、複数のサービスに分割することができます。分割方法としては、たとえば**リストG.4**に示すように、ワークフローやデータモデルでサービスを分割し、そのワークフロー、データモデルに関連する関数を1つのサービスにまとめるものが考えられます。

リストG.4 アプリケーションの構造

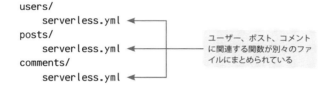

```
users/
    serverless.yml
posts/
    serverless.yml
comments/
    serverless.yml
```

関連する関数は同じインフラストラクチャリソースを使うのが普通であり、問題を適切に分割して構造化するためには、それらの関数、リソースを1つの単位としてデプロイできるようにまとめておきたいところなので、これは合理的な方法です。

作成

サービスは、`create`コマンドを使って作成します。このとき、サービスの記述言語のランタイム（たとえば、node.jsやPython）も指定しなければなりません。さらに、オプションでサービスのためのディレクトリを作り、サービスに自動的に名前を付けるパスを指定することもできます。

```
serverless create --template aws-nodejs --path myService
```

AWS Lambda用のServerless Frameworkで使えるランタイムは、次のとおりです。

- aws-nodejs
- aws-python

- aws-java-gradle
- aws-java-maven
- aws-scala-sbt

ヘルプ情報

`serverless`コマンドを実行すると、利用できるコマンドのリストが表示されます。さらに、`serverless <コマンド名> --help`コマンドを実行すれば、個々のコマンドの詳しい情報が得られます。また、URL https://serverless.com/framework/docs/ にもFrameworkについての詳しい情報がまとめられています。

基本ファイル

作業ディレクトリには、次のファイルが含まれているはずです。

- serverless.yml
- handler.js

個々のサービスの構成、設定は、serverless.ymlで管理されています。このファイルの主要な役割は、次のとおりです。

- サーバーレスサービスの宣言
- サービス内の1つ以上の関数の定義
- サービスがデプロイされるプロバイダーの定義（提供されている場合はランタイムの情報も）
- 使われるカスタムプラグインの定義
- 関数をトリガリングするイベント（たとえばHTTPリクエスト）の定義
- サービスに含まれる関数が必要とするリソース（AWS CloudFormationスタック）の集合の定義
- `events`セクションにリストアップされているイベントが必要とするリソースのデプロイ時自動作成の実現
- Serverless変数を使った柔軟な設定の実現

リストG.5に示すように、serverless.ymlには、サービスの名前、プロバイダーの設定、関数定義に含まれる最初の関数（handler.jsファイルを指しています）などが含まれています。そして、serverless.ymlには、サービスのその他の設定もすべて含まれています。

リスト G.5 より完全な serverless.yml の例

```yaml
service: users

provider:
    name: aws
    runtime: nodejs4.3
    memorySize: 512

functions:
    usersCreate:          ← 関数
        handler: index.create
        events:           ← この関数をトリガリングするイベント
            - http:
                path: users/create
                method: post
    usersDelete:          ← 関数
        handler: index.delete
        events:           ← この関数をトリガリングするイベント
            - http:
                path: users/delete
                method: delete
resource:                 ← 関数が使うリソース。ここでは AWS
    Resource:                CloudFormation の構文をそのまま使う
        usersTable:
            Type: AWS::DynamoDB::Table
            Properties:
                TableName: usersTable
                AttributeDefinitions:
                    - AttributeName: email
                      AttributeType: S
                KeySchema:
                    - AttributeName: email
                      KeyType: HASH
                ProvisionedThroughput:
                ReadCapacityUnits: 1
                WriteCapacityUnits: 1
```

すべての serverless.yml は、1つの AWS CloudFormation テンプレートに変換され、この CloudFormation テンプレートからは CloudFormation スタックが作られます。hander.js ファイルには関数のコードが含まれます。serverless.yml の関数定義はこの handler.js を指しており、関数はここからエクスポートされます。

ローカル開発とリモート開発

Serverless Framework には、アップロードされたあとの Lambda 関数を AWS Lambda 上で実行するためのコマンドがあります。また、強力なエミュレーターを使って Lambda 関数をローカル

に実行することもできるので、コードを実行したくなったときにいちいち関数をアップロードし直す必要はありません。これらのための具体的なコマンドラインをご紹介しましょう。

次のコマンドは、関数をローカルに実行します。

```
serverless invoke local --function myFunction
```

次のコマンドは、関数をリモートで実行します。

```
serverless invoke --function myFunction
```

どちらのコマンドでも、次のオプションを使ってデータを渡すことができます。

```
--path lib/data.json
--data "hello world"
--data '{"a":"bar"}'
```

データは、標準入力から渡すこともできます。

```
node dataGenerator.js | serverless invoke local --function functionName
```

◆ G.1.3　Serverless Framework の使い方

Serverless Frameworkは、Lambda関数、イベント、インフラストラクチャリソースを素早く安全にプロビジョニングすることを目標として設計されています。そのために、デプロイタイプごとに別々のメソッドを用意しています。

すべてのデプロイ

Serverless Frameworkによるデプロイのメインの方法は、次のコマンドです。

```
serverless deploy
```

serverless.ymlで関数、イベント、リソースの設定を変更したときや、AWSにその変更をデプロイしたい場合（または同時にAWSに複数の変更を加えたい場合）には、このコマンドを使います。Serverless Frameworkは、serverless.ymlに含まれているすべての文を1つのCloudFormationテンプレートに変換します。デプロイでCloudFormationを使っているため、Serverless FrameworkユーザーはCloudFormationの安全性、信頼性を享受することができます。`serverless deploy`コマンドを実行すると、おおよそ次のことが行われます。

1. serverless.yml から AWS CloudFormation テンプレートが作成される
2. まだスタックが作られていなければ、S3バケット以外にリソースのない状態でスタックが作

られる。S3バケットは関数コードのzipファイルを格納するために作られる
3. すべての関数のコードがzipファイルにパッケージングされる
4. 関数コードのzipファイルがコード用のS3バケットにアップロードされる
5. CloudFormationテンプレートにIAMロール、関数、イベント、リソースが追加される
6. 新しいCloudFormationテンプレートでCloudFormationスタックが更新される

CI/CDシステムでは、デプロイのもっとも安全な方法として`serverless deploy`を使うようにしましょう。次のように饒舌（verbose）モードを使えば、デプロイ中の進行状況が表示されます。

```
serverless deploy --verbose
```

このメソッドはデフォルトでdevステージ、us-east-1リージョンを使います。しかし、**リストG.6**の例に示すように、serverless.ymlで`provider`オブジェクトの`stage`、`region`プロパティを設定すれば、デフォルトステージ、リージョンは変更できます。

リストG.6 リージョンとステージの定義

```
service: service-name
provider:
    name: aws
    stage: beta           ← ここで設定されたステージと
    region: us-west-2        リージョンが使われる
```

ステージやリージョンは、次のコマンドラインのようにフラグで指定することもできます。

```
serverless deploy --stage production --region eu-central-1
```

Lambda関数のデプロイ

`serverless deploy function`メソッドは、CloudFormationスタックには触れず、AWS上の現在の関数のzipファイルを上書きします。このメソッドはCloudFormationを使わないので、ただの`serverless deploy`よりもずっと高速に実行されます。

```
serverless deploy function --function myFunction
```

Frameworkは、ターゲットのLambda関数をzipファイルにパッケージングし、CloudFormationスタックが参照している前の関数と同じ名前でS3バケットにアップロードします。このメソッドは全体をデプロイするのと比べてずっと高速なので、開発時にAWSでテストしたいときに使います。開発中は、`serverless deploy`ではなく、このコマンドを何度も実行します。`serverless deploy`は、より大規模なインフラストラクチャのプロビジョニングが必要なときに

だけ実行されます。

G.1.4 パッケージング

Lambda関数から作られるアーティファクトの内容やパッケージングの方法を細かく管理したい場合があります。そのようなときには、serverless.ymlの`package`、`exclude`設定を使います。

exclude/include

`exclude`を使えば、変換後のアーティファクトから除外されるものをglobパターンを使って定義できます。逆に、`!re-include-me/**`のように、`!`を先頭に付けたglobパターンを使えば、アーティファクトにインクルードされるものを指定できます。Serverless Frameworkは、globパターンを順に実行します。たとえば、**リストG.7**は、node_modulesのすべてのファイルを除外した上で、特定のモジュール（この場合は、node-fetch）を改めてインクルードしています。

リストG.7 exclude

```
package:
    exclude:
        - node_modules/**
        - "!node_modules/node-fetch/**"
```

> node_modulesの中で、node-fetchフォルダーはインクルードされるが、その他のフォルダーはすべて除外される

アーティファクト

パッケージングプロセスを完全に管理したい場合には、サービスの独自zipファイルを指定することができます。Serverless Framework自体は、設定されていてもサービスのzipファイルを作らないので、`include`と`exclude`は無視されます（**リストG.8**）。

リストG.8 アーティファクト

```
service: my-service
package:
    include:
        - lib
        - functions
    exclude:
        - tmp
        - .git
    artifact: path/to/my-artifact.zip
```

> 独自システムで作ったzipファイルのパスを指定する。独自アーティファクトを指定した場合は、include、excludeオプションは無視される

関数の独自パッケージング

関数ごとにデプロイの方法を細かく指定するには、個別に関数をパッケージングします（**リス

トG.9）。こうすれば、関数のデプロイ方法を個別に最適化できます。個別パッケージングを指定するには、サービス全体を対象とする`package`設定で`individually`を`true`にします。そして関数ごとに先ほどと同じ`include/exclude/artifact`オプションを使って設定をしていきます。パッケージングを実行するときには、`include/exclude`オプションはサービス全体のオプションと結合されて関数ごとに1つの`include/exclude`設定が作られます。

リストG.9 関数ごとに異なるパッケージング

```
service: my-service
package:
    individually: true
    exclude:
        - excluded-by-default.json
    functions:
        hello:
            handler: handler.hello
            package:
                include:
                    - excluded-by-default.json
        world:
            handler: handler.hello
            package:
                exclude:
                    - event.json
```

ここでこのファイルをインクルードしているので、最終的なパッケージでは、この関数だけがこのファイルをインクルードする

G.1.5 テスト

サーバーレスアーキテクチャのテストは、次のような理由から実施が非常に難しい場合があります。

- アーキテクチャが複数のサードパーティサービスに強く依存しており、それらのサービスごとに独自のテストが必要とされます。
- サードパーティサービスはクラウドベースのサービスなので、ローカル環境でテストするのはそもそも困難です。
- 非同期でイベント駆動のワークフローは、特にエミュレーションやテストが難しくなります。

そのため、本書では次のようなテスト戦略を推奨します。

- ビジネスロジックは、AWS Lambda の API から切り離された形で書く
- ビジネスロジックが正しく動作していることを確かめられるユニットテストを書く
- 他のサービス（たとえば AWS サービス）とうまく統合できていることを確かめられる統合テストを書く

例

簡単なNode.js関数を例として具体的に見ていきましょう。この関数の仕事は、ユーザーをデータベースに保存し、ウェルカムメールを送ることです。実装は、**リストG.10**に示すとおりです。

リストG.10 メーラー関数

```javascript
const db = require('db').connect();
const mailer = require('mailer');

module.exports.saveUser = (event, context, callback) => {
    const user = {
        email: event.email,
        created_at: Date.now()
    }

    db.saveUser(user, function (err) {    // これは、ユーザーを架空のデータベースに
        if (err) {                         // 保存し、ウェルカムメールを送る架空の例
            callback(err);
        } else {
            mailer.sendWelcomeEmail(event.email);
            callback();
        }
    });
};
```

この関数には2つの大きな問題があります。

- ビジネスロジックがサードパーティサービスと切り離されておらず、テストしにくくなっている。たとえば、AWS Lambdaがデータを渡す方法（イベントオブジェクト）に依存している
- この関数をテストするためには、データベースインスタンスとメールサーバーを実行しなければならない

まず、ビジネスロジックをAWS Lambdaから切り離さなければなりません。すると、副作用として、ビジネスロジックがAWS Lambda、Google Cloud Functions、従来のHTTPサーバーのどこで実行されても、その影響をあまり受けなくなります。**リストG.11**のようにすれば、ビジネスロジックをAWS Lambdaから切り離すことができます。

リストG.11 メーラー関数のビジネスロジック

```javascript
class Users {
    constructor(db, mailer) {
```

```
            this.db = db;
            this.mailer = mailer;
        }

        save(email, callback) {
            const user = {
                email: email,
                created_at: Date.now()
            }

            this.db.saveUser(user, function (err) {
                if (err) {
                    callback(err);
                } else {
                    this.mailer.sendWelcomeEmail(email);
                    callback();
                }
            });
        }
    }
```

> コールバック関数がハンドラから渡されることに注意。ハンドラに返すものはないので、情報の流れが単純になっている

Usersクラスは独立していて外部サービスが実行されていなくても呼び出せるため、テストしやすくなっています。実際にデータベースやメーラーがなくても、モックを渡せばsaveUserとsendWelcomeEmailに正しい引数を確実に渡せます。できる限り多くのユニットテストを作り、コードを書き換えるたびに実行するようにすべきです。もちろん、ユニットテストに合格したからといって、関数が正しく動作しているといえるわけではありません。だからこそ、統合テストも必要になるわけです。しかし、ビジネスロジックを別のモジュールに抽出してしまえば、あとは、**リストG.12**に示すような単純なハンドラ関数を作るだけです。

リストG.12 メーラーのハンドラ関数

```
const db = require('db').connect();
const mailer = require('mailer');
const users = require('users')(db, mailer);

module.exports.saveUser = (event, context, callback) => {
    users.save(event.email, callback);
};
```

> ハンドラの仕事はsave関数の呼び出しだけ

リストG.12のコードは、依存システムをセットアップして、それを注入し、ビジネスロジック関数を呼び出しています。このコードはビジネスロジック関数と比べて頻繁に書き換えられることはないでしょう。関数が正しく動作していることを確かめるために、デプロイされた関数との統合テストも実行しなければなりません。統合テストは、固定されたメールアドレスに対して

関数を呼び出し（serverless invoke）、実際にデータベースに保存されたかどうか、メールが届いたかどうかをユーザーがチェックします。

◆ G.1.6　プラグイン

プラグインは、Serverless Frameworkの新しいコマンドを作ったり、既存のコマンドを拡張したりするカスタムJavaScriptコードです。Serverless Frameworkのアーキテクチャは、中核的な意味を持つものとして当初から提供されている、プラグインのグループにすぎません。皆さん（または所属企業）が特定のワークフローを持っているなら、できあいのプラグインや新しく書いたプラグインをインストールすれば、そのニーズに合わせてFrameworkをカスタマイズすることができます。外部プラグインもコアプラグインと同じように書かれます。

プラグインのインストール

外部プラグインはサービス単位で追加され、グローバルに適用されたりはしません。まず、サービスのルートディレクトリに移動してから、次のコマンドを実行してそのサービスで必要なプラグインをインストールします。

```
npm install --save custom-serverless-plugin
```

次に、Serverless Frameworkに対してサービス内でプラグインを使うことを知らせる必要があります。**リストG.13**に示すように、serverless.ymlファイルの**plugins**セクションにプラグインの名前を追加します。プラグインで必要な設定は、serverless.ymlの**custom**セクションに追加します（ここに追加すべきものがある場合には、プラグインの開発者かドキュメントがそのように指示してくれるはずです）。

リストG.13　プラグインの追加

```
plugins:
    - custom-serverless-plugin
custom:
    customkey: customvalue
```

ロード順

プラグインがどの順序でロードされるかには意味があるということを忘れないようにしましょう。Serverless Frameworkは、まずすべてのコアプラグインをロードしてから、**リストG.14**に示すように、定義順にカスタムプラグインをロードします。

リストG.14 ロード順

```
# serverless.yml

plugins:
    - plugin1        プラグイン1はプラグイン2
    - plugin2        よりも先にロードされる
```

プラグインの書き方

プラグインを開発するときに知っていなければならない概念が3つあります。

- `Command` —— CLIの構成、コマンド、サブコマンド、オプション
- `LifecycleEvent` —— コマンド実行中に逐次的に発生するイベント
- `Hook` —— コマンド実行中に`LifecycleEvent`が発生したときに実行されるコード

コマンドはユーザー（たとえば、`serverless deploy`）から呼び出せるようになっていますが、ロジックはなく、CLIの構成（たとえば、コマンド、サブコマンド、パラメータ）とコマンドのライフサイクルイベントを定義するだけです。すべてのコマンドは、**リストG.15**に示すように、独自のライフサイクルイベントを定義します。

リストG.15 Serverless Frameworkプラグインの作り方

```javascript
'use strict';

class MyPlugin {
    constructor() {
        this.commands = {
            deploy: {
                lifecycleEvents: [
                    'resource',
                    'functions'
                ]
            },
        };
    }
}

module.exports = MyPlugin;
```

リストG.15には、2つのイベントが含まれています。しかし、個々のイベントについて、beforeとafterの2つのイベントが追加で作られます。そのため、この例には次の6種類のライフサイクルイベントがあります。

- before:deploy:resource
- deploy:resource
- after:deploy:resource
- before:deploy:functions
- deploy:functions
- after:deploy:functions

ライフサイクルイベントの前にあるコマンドの名前がフックとして使われます。フックは、リストG.16が示すように、ライフサイクルイベントとコマンドを結び付けます。

リスト G.16 Serverless Frameworkプラグインのフック

```javascript
'use strict';

class Deploy {
    constructor() {
        this.commands = {
            deploy: {
                lifecycleEvents: [
                    'resource',
                    'functions'
                ]
            },
        };

        this.hooks = {
            'before:deploy:resource': this.beforeDeployResources,
            'deploy:resource': this.deployResources,
            'after:deploy:functions': this.afterDeployFunctions
        };
    }
    beforeDeployResources() {
        console.log('Before Deploy Resource');
    }

    deployResources() {
        console.log('Deploy Resource');
    }

    afterDeployFunctions() {
        console.log('After Deploy functions');
    }
}

module.exports = Deploy;
```

個々のコマンドは複数のオプションを持つことができます。オプションは、次のようにダブルダッシュ（--）とともにコマンドに渡されます。

```
serverless function deploy --function functionName
```

ショートカットオプションは、次のようにシングルダッシュ（-）とともにコマンドに渡されます。

```
serverless function deploy -f functionName
```

optionsオブジェクトは、プラグインのコンストラクタに第2引数として渡されます。optionsオブジェクトには、**リストG.17**に示すように、必須プロパティの他、オプションの**shortcut**プロパティを追加できます。必須オプションが含まれていなければ、Serverless Frameworkはエラーを返します。

リストG.17 プラグインのoptionsオブジェクト

```
'use strict';

class Deploy {
    constructor(serverless, options) {
        this.serverless = serverless;
        this.options = options;

        this.commands = {
            deploy: {
                lifecycleEvents: [
                    'functions'
                ],
                options: {
                    function: {
                        usage: 'Specify the function you want to deploy ➡
                        (for example, "--function myFunction")',
                        shortcut: 'f',
                        required: true
                    }
                }
            },
        };

        this.hooks = {
            'deploy:functions': this.deployFunction.bind(this)
        }
    }

    deployFunction() {
```

```
            console.log('Deploying function: ', this.options.function);
        }
    }

    module.exports = Deploy;
```

リストG.18に示すように、プラグインコンストラクタの第1引数としては、実行中にグローバルなサービス設定にアクセスするためのserverlessのインスタンスが渡されます。

リストG.18 グローバルなサービス設定へのアクセス

```
'use strict';

class MyPlugin {
    constructor(serverless, options) {
        this.serverless = serverless;
        this.options = options;

        this.commands = {
            log: {
                lifecycleEvents: [
                    'serverless'
                ],
            },
        };

        this.hooks = {
            'log:serverless': this.logServerless.bind(this)
        }
    }

    logServerless() {
        console.log('Serverless instance: ', this.serverless);
    }
}

module.exports = MyPlugin;
```

コマンド名は一意でなければなりません。2つのコマンドをロードし、どちらも同じコマンドを指定している場合（たとえば、組み込みコマンドに deploy があるのに、外部コマンドも deploy という名前を使おうとする場合）、Serverless CLIはエラーを表示して終了します。独自の deploy コマンドを持ちたい場合には、myCompanyDeploy のような別の名前を用意して、既存プラグインと衝突しないようにしなければなりません。

◆ G.1.7 例

次に示すのは、実際に試すことができるServerless Frameworkプラグインの例です。

REST API

この例は、Serverless Frameworkを使って1つのHTTPエンドポイントから単純なREST APIを作ります。次のserverless.yml（**リストG.19**）は、1つのAWS Lambda関数をデプロイし、HTTPエンドポイントからAWS API Gateway REST APIを作り、両者を接続します。**リストG.20**は、Lambda関数の実装です。`serverless deploy`コマンドで簡単にデプロイできます。

リストG.19 単純なREST API —— serverless.yml

```yaml
service: serverless-simple-http-endpoint

provider:
    name: aws
    runtime: nodejs4.3

functions:
    currentTime:
    handler: handler.endpoint
    events:
        - http:
            path: ping
            method: get
```

リストG.20 単純なREST API —— handler.js

```javascript
'use strict';

module.exports.endpoint = (event, context, callback) => {
    const response = {
        statusCode: 200,
        body: JSON.stringify({
            message: 'Hello, ➥
            the current time is ${new Date().toTimeString()}.'
        }),
    };

    callback(null, response);
};
```

IoT イベント

この例は、Lambda関数にイベントを送るためにAWS IoTプラットフォーム上にIoTルール

をセットアップする方法を示します。これを使えば、任意のIoTイベントをAWS Lambda関数で処理できます。**リストG.21**は`serverless.yml`、**リストG.22**はLambda関数の実装を示しています。

リストG.21 IoTイベント —— serverless.yml

```yaml
service: aws-node-iot-event

provider:
    name: aws
    runtime: nodejs4.3

functions:
    log:
        handler: handler.log
        events:
            - iot:
                sql: "SELECT * FROM 'mybutton'"
```

リストG.22 IoTイベント —— handler.js

```javascript
module.exports.log = (event, context, callback) => {
    console.log(event);
    callback(null, {});
};
```

Scheduled

リストG.23は、cronジョブのようにスケジュールに基づいて実行されるLambda関数の例です。`serverless deploy`コマンドで簡単にデプロイできます。**リストG.23**はserverless.ymlファイル、**リストG.24**はLambda関数の実装を示しています。

リストG.23 Scheduled —— serverless.yml

```yaml
service: scheduled-cron-example

provider:
    name: aws
    runtime: nodejs4.3

functions:
    cron:
        handler: handler.run
        events:
            - schedule: rate(1 minute)   ← 1分ごとにLambda関数を呼び出す
    secondCron:
        handler: handler.run
```

```yaml
events:
    - schedule: cron(0/2 * ? * MON-FRI *)
```
← 月曜から金曜まで、2分に1回 Lambda関数を呼び出す

リスト G.24 Scheduled —— handler.js

```js
module.exports.run = (event, context) => {
    const time = new Date();
    console.log(`Your cron function "${context.functionName}" ran at ${time}`);
};
```

Amazon Alexa のスキル

次の例は、AWS Lambdaを使って独自のAlexaスキルを作る方法を示しています。まず、Amazon Alexa Developer Portalにスキルを登録する必要があります（ URL https://developer.amazon.com/edw/home.html）。そのためには、利用可能インテントを定義し、Lambda関数に接続する必要があります（ URL https://developer.amazon.com/public/solutions/alexa/alexa-skills-kit/getting-started-guide）。このLambda関数はServerless Frameworkで定義、更新でき、`serverless deploy`コマンドでデプロイできます。リストG.25はserverless.yml、リストG.26はPythonで書いた関数の実装を示しています。

リスト G.25 Alexa スキル —— serverless.yml

```yaml
service: aws-python-alexa-skill

provider:
    name: aws
    runtime: python2.7

functions:
    luckyNumber:
        handler: handler.lucky_number
        events:
            - alexaSkill
```

リスト G.26 Alexa スキル —— handler.py

```python
import random

def parseInt(value):
    try:
        return int(value)
    except ValueError:
        return 100

def lucky_number(event, context):
    print(event)
```

```
    upperLimitDict = event['request']['intent']['slots']['UpperLimit']
    upperLimit = None
    if 'value' in upperLimitDict:
        upperLimit = parseInt(upperLimitDict['value'])
    else:
        upperLimit = 100

    number = random.randint(0, upperLimit)
    response = {
        'version': '1.0',
        'response': {
            'outputSpeech': {
                'type': 'PlainText',
                'text': 'Your lucky number is ' + str(number),
            }
        }
    }

    return response
```

> この関数は0から100までの乱数を選び、音声出力を使ってそれが何かを知らせてくれる

G.2 AWS SAM

　AWS CloudFormation（ URL https://aws.amazon.com/cloudformation）は、Amazon EC2、Amazon S3、Amazon DynamoDB、AWS LambdaなどのAWSリソース、サービスを作成、プロビジョニングできるAWSサービスです。テンプレートと呼ばれるテキストファイルでリソースを定義すると、AWS CloudFormationはそれらを作成、デプロイしてくれます。AWS CloudFormationは、依存関係やリソースがプロビジョニングされる順序などの処理も助けてくれます。AWS CloudFormationは、AWSにおけるインフラストラクチャのオートメーションの中心的なツールであり、プロのソリューションアーキテクトやインフラストラクチャエンジニアはこれなしでは仕事になりません。率直に言って、スクリプティングやインフラストラクチャオートメーションなしでは、デベロッパーもAWSの能力を最大限まで引き出すことはできません。デベロッパーは、AWS CloudFormationや、サードパーティによる同種のツール、Terraform（ URL https://www.terraform.io）についても知っていなければなりません。

　しかし、AWS Lambda、Amazon API Gateway、Amazon DynamoDBを使って作られるサーバーレスアプリケーションの定義は複雑になることがあり、そのようなものをAWS CloudFormationで直接定義しようとすると、とても時間がかかることがあります。また、AWS CloudFormationはAWS LambdaやAmazon API Gatewayよりも古く、サーバーレスアプリケーションを想定して設計、最適化されたものではないので、直接定義することは望ましくないことでもあります。幸い、AWS Lambda、Amazon API Gatewayを担当するチームはこのことを意識しており、AWS SAM（Serverless Application Model）を作りました。

AWS SAM（ URL https://aws.amazon.com/about-aws/whats-new/2016/11/introducing-the-aws-serverless-application-model/）を使えば、単純な構文でサーバーレスアプリケーションを定義できます。AWS CloudFormationは、SAMテンプレートに対応しており、SAMテンプレートをAWS CloudFormationの標準構文に変換できます（これは、Serverless Frameworkもしていることです）。通常のCloudFormationテンプレートと比べて、SAMテンプレートは驚くほど洗練されており、簡潔です（ URL https://docs.aws.amazon.com/AWSCloudFormation/latest/UserGuide/transform-section-structure.html）。インフラストラクチャを自動化し、AWS CloudFormationを使うつもりなら、SAMを十分に知ることをおすすめします。より単純なモデルを使っていれば、未来の自分に感謝されるでしょう。

◆ G.2.1 始め方

SAMテンプレートを書くためには、まず、AWSTemplateFormatVersionを最上位とするJSON、またはYAMLのCloudFormationテンプレートを作ります。そしてテンプレートのルート（AWS TemplateFormatVersionの下）にTransform文を追加します。このTransformは、どのバージョンのSAMが使われているかとテンプレートをどのように処理すべきかをAWS CloudFormationに指示します。Transformセクションは、JSONテンプレートなら`Transform: AWS::Serverless 2016-10-31`、YAMLテンプレートなら`"Transform" : "AWS::Serverless-2016-10-31"`でなければなりません。

Transformを指定しなければ、CloudFormationはSAMの処理方法がわかりません（ URL https://docs.aws.amazon.com/AWSCloudFormation/latest/UserGuide/transform-section-structure.html）。現在のSAM仕様（ URL https://github.com/awslabs/serverless-application-model）は、SAMテンプレート内で使える包括的なリソースタイプを3つ定義しています。

- AWS::Serverless::Function（Lambda関数）
- AWS::Serverless::Api（API Gateway）
- AWS::Serverless::SimpleTable（DynamoDBテーブル）

SAMの仕様は、Amazon S3、Amazon SNS、Amazon Kinesis Data Streams、Amazon DynamoDB、Amazon API Gateway、CloudWatchイベントなどのLambdaイベントソースタイプも定義しています。また、関数のための環境変数などのプロパティも指定できるようになっています。それでは、ここで簡単な例を使って、AWS SAMとAWS CloudFormationがLambda関数のスクリプティングとデプロイでどのように役立つかを見てみましょう。

◆ G.2.2 AWS SAM を使った例

この課題を実際に行うためには、ローカルコンピューターに AWS CLI をインストールしておかなければなりません。まだなら、インストール方法の詳細は付録Bを見てください。また、CLIコマンドを呼び出そうとしているので、IAMユーザー（本書の指示に従って 24-Hour Video アプリケーションを作ってきた場合は、`lambda-upload`）には、AWS CloudFormation に対応したアクセス権限を与えておかなければなりません。IAMユーザーは、AWS CloudFormation とやり取りするためのアクセス権限、Amazon S3 にアーティファクトをアップロードするアクセス権限、その他 AWS CloudFormation がしようとしていることをするためのアクセス権限を持つ必要があります。アクセス権限のセットアップの方法は、この付録では扱わないので、URL https://aws.amazon.com/cloudformation/aws-cloudformation-articles-and-tutorials/ のチュートリアルとサンプルを参照してください。

CLI がインストールされていて、`lambda-upload` に適切なアクセス権限が与えられていることを前提として、新しいディレクトリを作り、その中に index.js というファイルを作りましょう。これが SAM を使ってデプロイする Lambda 関数になります。ファイルには**リスト G.27** の関数をコピーしてください。Lambda 関数自体はごく簡単なものです。`HELLO_SAM` という環境変数を読み出し、それを callback 関数の引数とします。

リスト G.27 ごく簡単な Lambda 関数

```javascript
exports.handler = function(event, context, callback) {
    var message = process.env.HELLO_SAM;  ← 環境変数HELLO_SAMを読み出す
    callback(null, message);
}
```

次に、index.js と同じフォルダーに sam_template.yaml という新しいファイルを作り、**リスト G.28** をコピーします。

リスト G.28 SAM テンプレート

```yaml
AWSTemplateFormatVersion: '2010-09-09'
Transform: AWS::Serverless-2016-10-31      ← これがSAMテンプレートだということをAWS CloudFormationに知らせるために、Transform文を入れなければならない
Resources:
    SamFunctionTest:                        ← SamFunctionTestが、Lambda関数名になる。名前は好きなものに変更できる
        Type: AWS::Serverless::Function     ← この例では、1つのリソースタイプ（Function）しか作っていない。他はAPIとSimpleTableの2つ
        Properties:
            Handler: index.handler
            Runtime: nodejs4.3
```

```
            CodeUri: function.zip
            Timeout: 25
            Environment:
                Variables:
                    HELLO_SAM: Hello World and Sam!
```

関数を格納するzipアーカイブ。zipファイルはこのテンプレートファイルと同じディレクトリに入っていなければならない

デプロイ中に作成する環境変数。環境変数はカンマをサポートしないので、カンマを入れないようにする

　Lambda関数を格納しているディレクトリを開き、zipでindex.jsをfunction.zipという名前のアーカイブにまとめます。SAMテンプレートが指定しているのはこの名前なので、アーカイブ名はfunction.zipでなければなりません。また、AWS CloudFormationがデプロイするLambda関数などのアーティファクトを格納するS3バケットを作る必要があります。S3コンソールに移り、バージニア北部（us-east-1）に新しいバケットを作りましょう。バケット名は、**serverless-artifacts**というようなものにします（一意な名前を付けなければなりません）。ここでコンソールに戻り、**リストG.29**に示すコマンドを実行します。

リストG.29 cloudformation package

```
aws cloudformation package
--template-file sam_template.yaml
--output-template-file sam_processed.yaml
--s3-bucket serverless-artefacts
```

リストG.28で作ったテンプレートファイル

packageコマンドはsam_processed.yamlという新しいテンプレートを生成し、カレントディレクトリに格納する

作成したS3バケット名を指定する。「serverless-artefacts」は作成中のものに書き換える必要がある

　cloudformation packageコマンドは、2つの重要な処理を行います。Lambda関数のzipファイルをAmazon S3にアップロードして、アップロードされたファイルを参照する新しいテンプレートを作るのです。ここでcloudformation deployコマンドを実行すれば、Lambda関数が作成されます。ターミナルから**リストG.30**のコマンドを実行してください。

リストG.30 cloudformation deploy

```
aws cloudformation deploy
--template-file sam_processed.yaml
--stack-name serverless-upload-stackB
--capabilities CAPABILITY_IAM
```

リストG.29のpackageコマンドで作った新しいテンプレートファイルを指定する

実際に作成中のCloudFormationスタック名に変更する

capabilitiesフラグを指定すると、AWS CloudFormationにロールなどの必須IAMリソースを作らせることができる。このフラグを指定しないと、InsufficientCapabilitiesエラーが返される

　すべてがうまくいけば、ターミナルウィンドウには、スタックの作成／更新の成功を示すメッセージが表示されます。Lambdaコンソールを開くと、新しい関数が表示されます。環境変数が

作られていることも忘れずにチェックしましょう。AWS SAM についてもっと詳しく学びたい方は URL https://aws.amazon.com/blogs/compute/introducing-simplified-serverless-application-deplyoment-and-management/ を、詳しい情報とサンプルを見たい方は URL https://docs.aws.amazon.com/lambda/latest/dg/serverless-deploy-wt.html を参照してください。

G.3 まとめ

　Serverless Framework と AWS SAM は、サーバーレスアプリケーションを構造化し、デプロイするために使えるツールです。現時点では、Serverless Framework のほうが機能が揃っており、役に立つプラグインと強力なコミュニティもあります。これを選べば、間違いはないでしょう。しかし、だからといって AWS SAM を忘れてしまってもよいわけではありません。AWS がサポートしているというだけでも大きな意味があるので、どのように成長し、成熟していくかは注意深く見守る必要があります。

　お気づきのように、私たちは非 AWS サービスには触れてきませんでした。ハイブリッド環境のサポートは難しく、Serverless Framework も AWS SAM も大して役に立ちません（もっとも、Serverless Framework は、Azure Functions、OpenWhisk、Google Cloud Functions などの複数のベンダーの製品をサポートする方向に急速に進んでいます）。しかし、今のところは、AWS の世界にとどまるか、非 AWS サービスをサポートしたい場合はまったく新たな取り組みをする（その中にはさらなるスクリプティングが含まれるかもしれません）ようにすべきでしょう。

索引

数字

401 Unauthorized	151

A

ACL（アクセス権限）	69
A Cloud Guru	20, 24
Amazon API Gateway	22, 195, 321, 353
〜を経由したLambda関数の呼び出し	122, 145, 208
AWSサービスとの統合	197
CORS（Cross-Origin Resource Sharing）	139
エラー処理	364
カスタムオーソライザー	146
最適化	216
ステージ	225
テスト	213
デプロイ	143, 369
統合リクエスト	354
統合レスポンス	359
バージョン	228
パフォーマンスの向上	291
メソッド	140, 201
メソッド実行	206
メソッドリクエスト	207, 354
リソース	139, 201
料金	110
Amazon CloudFront	26
Amazon CloudSearch	26, 324
Amazon CloudWatch	92
Lambdaログ	63
アラーム	98
セットアップ	93
フィルタ	94
料金	93
ログの検索	96
ログの有効期限	94
Amazon Cognito	115, 118, 325
Amazon DynamoDB	26, 323
Amazon EC2（Elastic Compute Cloud）	5
Amazon Elastic Transcoder	324, 337
パイプライン	53
パイプラインID	53
料金表	50
ログ	64
Amazon Elastic Transcoder	51
Amazon Kinesis Data Streams	21, 324
Amazon RDS（Relational Database Service）	323
Amazon Route 53	28
Amazon S3	20, 26, 51, 233, 322
AWS Lambdaとの接続	60
CORS（Cross-Origin Resource Sharing）	254
Transfer Acceleration	243
アップロードポリシー	248
イベント通知	244
イベントメッセージ構造	371
オブジェクトのライフサイクル	241
ストレージクラス	239
静的ウェブサイトのホスティング	236
セキュアなアップロード	246
バージョニング	234
バケット	21, 60, 332
バケット名	332
ファイルへのアクセス制限	259
ログ	96
Amazon SES（Simple Email Service）	323
Amazon SNS（Simple Notification Service）	51, 65, 322
AWS Lambdaへの接続	65
テスト	68
トピック	65
メール送信	68
Amazon SQS（Simple Queue Service）	20, 323
API Gateway	195, 321, 353
〜を経由したLambda関数の呼び出し	122, 145, 208
CORS（Cross-Origin Resource Sharing）	139
エラー処理	364
カスタムオーソライザー	146
最適化	216
ステージ	225
テスト	213
デプロイ	143, 369
統合リクエスト	354
統合レスポンス	359
バージョン	228
パフォーマンスの向上	291
マッピング	142
メソッド	140, 201
メソッド実行	206
メソッドリクエスト	207, 354
リソース	139, 201
料金	110
AppSync	33
ARN（Amazon Resource Name）	82
Lambda関数	165
Auth0	115, 119, 325
〜との接続	128
Lock	128
委任トークン	152
ウィジェット	128
設定	124
ソーシャルIDプロバイダーのリスト	126
統合のテスト	132

399

索引

AWS
- 無料利用枠 49
- AWS AppSync 33
- AWS CLI 172, 328
  - Lambda関数の作成 174
  - Lambda関数のデプロイ 173
- AWS CloudTrail 102
- AWS Gateway
  - AWSサービスとの統合 197
- AWS IAM（Identity and Access Management） 82
  - アクセス権限 89
  - カスタムポリシー 86
  - グループ 85
  - ポリシー 90
  - ユーザー 82, 248, 328
  - ユーザーパスワード 82, 135, 334
  - ロール 70, 88
- AWS Lambda 3, 20, 51
  - 〜とは何か 11
  - Amazon API Gatewayを経由した呼び出し ... 122, 145, 208
  - Amazon S3への接続 60
  - Amazon SNSへの接続 65
  - Blueprint 22
  - parallelパターン 182
  - seriesパターン 182
  - waterfallパターン 176
  - イベント駆動 157
  - イベントモデルとイベントソース 156
  - ウォーム状態とコールド状態 160
  - 関数 ☞ Lambda関数
  - コールド状態とウォーム状態 160
  - 実行環境 347
  - 制限 350
  - 設計図（Blueprint） 22
  - 同時実行 158
  - 内部 155
  - パターン 176
  - ハンドラ 55
  - プッシュモデルとプルモデル 157
  - プログラミングモデル 162
  - 料金 109
  - ロジックの分離 186
- AWS Marketplace 316
- AWS SAM（Serverless Application Model） 304, 373, 394
- AWS SDK 122
- AWS Simple Monthly Calculator 108
- AWS Step Functions 310
  - ステートマシン 312
- AWSサービスプロキシ 197
- AWSでのテスト 190

C
- CLI 172
  - Lambda関数の作成 174
  - Lambda関数のデプロイ 173
- CloudCheckr 107
- CloudFront 26
- CloudSearch 26
- CloudTrail 102
- CloudWatch 92
  - Lambdaログ 63
  - アラーム 98
  - セットアップ 93
  - フィルタ 94
  - 料金 93
  - ログの検索 96
  - ログの有効期限 94
- Commandパターン 37
- Compute-as-back-endアーキテクチャ 23
- Compute-as-glueアーキテクチャ 34
- console.log 165
- CORS（Cross-Origin Resource Sharing） 205
  - Amazon API Gateway 139
  - プロキシリソースと〜 202

D
- DLQ（デッドレターキュー） 308
- DRY（Don't Repeat Yourself）原則 183
- DSL（Domain Specific Language） 6
- DynamoDB 26, 323

E
- EC2（Elastic Compute Cloud） 5
- Elastic Transcoder 324, 337
  - パイプライン 53
  - パイプラインID 53
  - 料金表 50
  - ログ 64

F
- FaaS（Function as a Service） 156
- Fanoutパターン 41
- FFmpeg 72
- ffprobe 72
- Firebase 265, 325
  - Lambda関数との統合 273, 280
  - セキュリティの向上 294
  - セキュリティルール 268
  - セットアップ 271
  - データ構造 266

G
- GitHub
  - リポジトリ 53
- GraphQL 32
  - AWS AppSync 33

H
- HTTPエンドポイント 29
- HTTPプロキシ 197

I
- IAM（Identity and Access Management） 82
  - アクセス権限 89
  - カスタムポリシー 86
  - グループ 85
  - ポリシー 90
  - ユーザー 82, 248, 328
  - ユーザーパスワード 82, 135, 334
  - ロール 70, 88

IoT 20

J

JWT（JSON Web Token）................................. 116, 344
　　Lambda関数での処理 133

L

Lambda 11, 20, 51
　　Blueprint 22
　　S3との接続 60
　　SNSへの接続 65
　　イベント駆動 157
　　イベントモデルとイベントソース 156
　　関数　☞ Lambda関数
　　実行環境 347
　　制限 350
　　設計図（Blueprint）... 22
　　内部 155
　　パターン 176
　　プッシュモデルとプルモデル 157
　　ブラウザ統合 144
　　プロキシ統合 204
　　プログラミングモデル 162
　　料金 109
Lambda関数 11, 21, 335
　　2種類の呼び出し方 157
　　Amazon API Gatewayを経由した呼び出し 122, 145, 208
　　ARN（Amazon Resource Name）............................ 165
　　CLIでの作成 174
　　CLIでのデプロイ 173
　　JWT（JSON Web Token）の処理 133
　　イベント（オブジェクト）....................................... 162
　　ウォーム状態とコールド状態 159, 160
　　エイリアス 167
　　環境変数 138, 170
　　コールド状態とウォーム状態 159, 160
　　コールバック（関数／オブジェクト）................. 164
　　コンテキスト（オブジェクト）............................... 163
　　コンテナの再利用 159
　　テスト 55, 62, 100, 187
　　デプロイ 58
　　同時実行 158
　　バージョニング 165
　　バージョン番号 166
　　ハンドラ 52, 55, 162
　　命名 55
　　ユーザープロフィール〜 135

M

Messagingパターン 39

N

npm 50, 123, 338

O

OAuth 1.0 119
OAuth 2.0 .... 119, 343

P

PaaS 4

parallelパターン
　　AWS Lambda 182
Pipes and filtersパターン 43
Priority queueパターン 40

R

RESTful 22, 122
RESTful API 20
Route 53 28

S

S3 .... 20, 26, 51, 233, 322
　　CORS（Cross-Origin Resource Sharing）.............. 254
　　Lambdaとの接続 60
　　Transfer Acceleration 243
　　アップロードポリシー 248
　　イベント通知 244
　　イベントメッセージ構造 371
　　オブジェクトのライフサイクル 241
　　ストレージクラス 239
　　静的ウェブサイトのホスティング 236
　　セキュアなアップロード 246
　　バージョニング 234
　　バケット 21, 60, 332
　　バケット名 332
　　ファイルへのアクセス制限 259
　　ログ 96
seriesパターン
　　AWS Lambda 182
Serverless Framework 373
Simple Monthly Calculator 108
SLA（Service Level Agreement）................................... 15
SNS（Simple Notification Service）................ 51, 65, 322
　　Lambdaへの接続 65
　　テスト 68
　　トピック 65
　　メール送信 68
SOA（Service-Oriented Architecture）..................... 6, 10
SOAP（Simple Object Access Protocol）..................... 29
SQS（Simple Queue Service）............................... 20, 323
STS（Security Token Service）...................................... 119

W

waterfallパターン
　　AWS Lambda 176

Z

zipファイル 339

ア行

アーキテクチャ
　　Compute-as-back-end 〜 23
　　Compute-as-glue 〜 34
アクセス権限エラー 61
アラート 81
アラーム 98
一般的なWebアプリケーション 4
委任トークン 118, 151
　　プロビジョニング 152
エイリアス

Lambda関数 167
エラー処理 307

カ行

カスタムオーソライザー 146
 さまざまな認可戦略 149
 無効化 218
環境変数 138, 170
 暗号化 171
キャッシング 221
グルー 23, 34
結果整合性 305

サ行

サードパーティ 13
サードパーティ IDプロバイダ (IdP) 115
サーバーレス 156
 〜という名称について 4
 アーキテクチャ 5, 23
 原則 9
 コード量の削減 17
 コスト抑制 16, 17
 サーバーからの乗り換え 13
 採用の判断基準 15
 スケーリング 16, 17
 長所と短所 14
 パターン 23, 37
 モノリシックとのハイブリッドなシステム 14
 ユースケース 19
 用途 16
 レガシーシステムとのハイブリッド 29
サービス指向アーキテクチャ 6
サインイン／サインアウト機能 120
証跡（トレイル） 102
署名済み URL 261, 288
スケーラビリティ 16
スケーリング 15
ステートレス 10
ストレージ
 Amazon S3 233
スロットリング 217
請求アラート 105
セキュリティ 81

タ行

単一責任原則 10
ティア 7
 と階層（レイヤー） 7
デッドレターキュー (DLQ) 308
デプロイ 303
ドメイン 239
ドメイン固有言語 6
トランスコード 49
トレイル（証跡） 102

ナ行

認可 115, 341
 長期的に仕事を楽にする方法 118
 認証との違い 342
 プラン 121

認証 115, 341
 サーバーレスのアプローチ 116
 長期的に仕事を楽にする方法 118
 認可との違い 342
 プラン 121

ハ行

バージョニング
 Lambda関数 165
ハイブリッド 29
パターン
 Command 〜 37
 Fanout 〜 41
 Messaging 〜 39
 Pipes and filters 〜 43
 Priority queue 〜 40
バックエンド 23
非同期ウォーターフォール 176
フェデレーション 88
プッシュベースのイベント駆動システム 11
プッシュモデル 157
プルモデル 157
フレームワーク 303
プロキシリソース
 〜と CORS（Cross-Origin Resource Sharing） 202
ペイロードのマッピング 356
ベンダーロックイン 15

マ行

マイクロサービス 6
マッピング 142
 テンプレート 142
無料利用枠 49
メトリクス
 フィルタ 94
 割り当て 96
モック統合 197

ヤ行

ユーザーエクスペリエンス 12
ユーザープロフィール Lambda関数 135

ラ行

リアルタイム処理 36
リフレッシュトークン 151
料金
 AWS Simple Monthly Calculator 108
 CloudCheckr 107
 サーバーレス計算機 111
 請求アラート 105
 請求ダッシュボード 105
レガシー API プロキシ 22, 28
レガシー API ラッパー 29
ローカルテスト 187
ログ 81, 92, 165
 有効期限 94

■ 訳者プロフィール

長尾 高弘（ながお たかひろ）
1960年千葉県生まれ。東京大学教育学部卒。株式会社ロングテール（http://longtail.co.jp）社長。
訳書に『入門 Python 3』『プロダクションレディマイクロサービス』（オライリー・ジャパン）、『SOFT SKILLS』『仮想通貨の教科書』（日経BP社）、『The Art of Computer Programming 1～3』（共訳、アスキードワンゴ）、『Rによる機械学習』『Effective Ruby』（翔泳社）などがある。

■ 監修者プロフィール

吉田 真吾（よしだ しんご）
株式会社セクションナイン 代表取締役社長。
クラウドネイティブなシステム構築・運用のかたわら、ServerlessConf Tokyo や Serverless Meetup Japan（Tokyo/Osaka/Sapporo/Fukuoka）の運営、また各種記事執筆を通じて、日本におけるサーバーレスの普及を促進している。

装丁・本文デザイン	轟木亜紀子（株式会社トップスタジオ）
DTP	川月現大（有限会社風工舎）

AWSによるサーバーレスアーキテクチャ

2018年 3月14日　初版第1刷発行

著　者	Peter Sbarski（ピーター・スバースキ）
訳　者	長尾 高弘（ながお たかひろ）
監　修	吉田 真吾（よしだ しんご）
発行人	佐々木 幹夫
発行所	株式会社 翔泳社（http://www.shoeisha.co.jp）
印刷・製本	大日本印刷株式会社

● 本書は著作権法上の保護を受けています。本書の一部または全部について（ソフトウェアおよびプログラムを含む）、株式会社翔泳社から文書による許諾を得ずに、いかなる方法においても無断で複写、複製することは禁じられています。

● 本書へのお問い合わせについては、iiページに記載の内容をお読みください。

● 落丁・乱丁本はお取り替えいたします。03-5362-3705までご連絡ください。

ISBN 978-4-7981-5516-6　　Printed in Japan